CONTINUOUS ARCHITECTURE IN PRACTICE

Software Architecture in the Age of Agility and DevOps

持续架构实践

敏捷和DevOps时代下的软件架构

[美] 穆拉特·埃尔德（Murat Erder）皮埃尔·普约尔（Pierre Pureur）伊恩·伍兹（Eoin Woods） 著

茹炳晟 刘惊惊 于君泽 曹洪伟 译

图书在版编目（CIP）数据

持续架构实践：敏捷和 DevOps 时代下的软件架构 /（美）穆拉特·埃尔德（Murat Erder），（美）皮埃尔·普约尔（Pierre Pureur），（美）伊恩·伍兹（Eoin Woods）著；茹炳晟等译．—北京：机械工业出版社，2022.11（2023.7 重印）
（架构师书库）
书名原文：Continuous Architecture in Practice: Software Architecture in the Age of Agility and DevOps
ISBN 978-7-111-71774-4

I. ①持… II. ①穆… ②皮… ③伊… ④茹… III. ①软件设计 IV. ① TP311.5

中国版本图书馆 CIP 数据核字（2022）第 187266 号

北京市版权局著作权合同登记 图字：01-2022-0851 号。

持续架构实践：敏捷和 DevOps 时代下的软件架构

出版发行：机械工业出版社（北京市西城区百万庄大街 22 号 邮政编码：100037）

责任编辑：冯秀泳	责任校对：李小宝 刘雅娜
印　刷：北京捷迅佳彩印刷有限公司	版　次：2023 年 7 月第 1 版第 2 次印刷
开　本：186mm×240mm 1/16	印　张：14.75
书　号：ISBN 978-7-111-71774-4	定　价：99.00 元

客服电话：（010）88361066 68326294

Praise 赞　誉

"我一直为这几位作者乐于分享的精神感到高兴，且深受鼓舞。他们的第一本书为理解如何演进软件密集型系统架构奠定了基础，而这本书在他们的第一本书的基础上增加了一些非常可行的方法。"

—— Grady Booch，IBM 研究院软件工程首席科学家

"本书抓住了当今软件架构师的几个主要关注点，如安全性、可伸缩性和弹性，并为机器学习、深度学习和区块链等新兴技术的管理提供了宝贵的见解。推荐大家阅读！"

—— Jan Bosch，瑞典查尔姆斯理工大学软件工程系教授和软件中心主管

"本书精心梳理了现代软件架构，解释了架构思维'左移'的重要性，为交付和持续架构的演进奠定了坚实的基础。我非常喜欢质量属性这部分内容，通过一个真实的案例研究，书中提供了一种方法来突出真实世界中权衡不同解决方案的复杂性。此外，一系列参考资料也令人印象深刻，对刚接触软件架构领域的读者来说非常有用。"

—— Simon Brown，*Software Architecture for Developers* 的作者

"在谈论敏捷软件的相关实践时，我们可能会忽视软件架构。但是，架构对软件系统而言很重要，而且这种重要性会一直延续下去。作者在本书中讨论了这一重要主题，并提供了决定系统成败的相关建议，涵盖了数据、安全性、可伸缩性和弹性。在当今快速发展的技术环境中，这是一本非常值得推荐的书，可以为系统开发涉及的所有角色提供实用指导。"

—— Ivar Jacobson

"本书着眼于持续的趋势，并在实际案例中应用了持续架构的准则。作者没有选择可能很

快就不再适用的流行工具，而是着眼于那些会影响架构决策的趋势。对任何想要设计和构建与时俱进的软件系统的人来说，这本书都是必不可少的读物。”

——Patrick Kua，首席技术官教练兼导师

“在‘基于设计的架构’和‘基于演进的架构’之间20多年的博弈中，软件架构师通常很难找到有意义的折中方案。本书为架构师提供了一条行之有效的途径。本书是一个巨大的飞跃：我喜欢作者对架构策略这种尚未被充分利用的设计工件更为系统化的使用。此外，作者将架构技术债务的概念摆在了技术和管理决策制定过程中更为突出的位置。”

——Philippe Kruchten，软件架构师

“现在是时候让敏捷架构从自相矛盾演变为它真正需要成为的样子了：一种精益的、可以加速下一代弹性可伸缩的企业级系统开发和交付的实践。本书是向该目标迈出的又一大步，为进行能响应不断变化的需求和技术的设计提供了实用指南。”

——Dean Leffingwell，规模化敏捷框架（SAFe）创立者

Foreword 推 荐 序

从足够远的距离观看，地球表面看起来宁静祥和，是一条由海洋、云层和大陆构成的美丽弧线。然而，地面上的景色通常并不平静，冲突和混乱的权衡比比皆是，在前行的道路上几乎很难得到明确的答案和共识。

软件架构与之类似。从许多作者提出的概念层面来看，软件架构似乎很简单：应用一些经过验证的模式或观点，记录特定的一些方面，并时常重构，一切就都会奏效。但现实情况要混乱得多，尤其是当一个组织发布了一些东西时，一切便进入了无序状态。

或许，根本问题在于我们用“建筑”来比喻“架构”。我们有一个宏伟的想法，即建筑大师纯粹根据想象做出设计。事实上，即使是在伟大的建筑中，建筑师的工作也涉及场地、预算、品位、功能和物理特性等各种对立力量之间的冲突。

本书讲述了开发团队日常面临的实际问题，尤其是某些功能开始运行之后遇到的问题。作者认识到软件架构不仅仅是相互脱节的专家的概念领域，也是团队成员为了提供有弹性、高性能且安全的应用程序每天必须要做的权衡和挣扎。

平衡这些相互竞争的架构力量极具挑战性，但本书作者描述的一系列准则有助于平息混乱，书中使用的案例也能将这些准则实际应用起来。由此，本书弥合了重构微服务代码的地球轨道视图与路面视图之间的重大差距。

最后，祝大家快乐地从事架构工作！

Kurt Bittner

译者序 The Translator's Words

当我们接触到原著时，因为它的名字，心里是带着一丝好奇的。系统架构涉及方方面面的知识，庞大而复杂，每一个知识点钻研下去都可以写成一本书。对技术人员来说，精力和时间有限，很难精通架构的每个细节，而某些关键细节恰恰决定了系统最终的成败。那么，有没有一本书，可以归纳出必须要解决的细节，并给出可以落地的解决方案呢？本书恰恰就是问题的“解药”，它遵循了“不重不漏”的 MECE 原则，对于新手架构师非常友好，他们可以按图索骥地检查系统架构的细节之处，保证项目的成功。

随着互联网兴起和企业数字化转型的蓬勃开展，国内技术界对于架构设计的探讨如火如荼，很多不错的架构书籍也涌现了出来。有些书籍高屋建瓴，从原理和心法方面告诉你基础知识，另外一些书籍则着重于方法论，告诉你不同的系统应该用什么样的架构。而本书兼而有之，它采用自上而下的原则，通过一个贯穿全书的金融系统的架构实践，将原理“揉碎”了告诉读者，并从方法论层面告诉读者为什么要选择这样的技术，好处和坏处分别是什么。

本书通过具体分析系统架构的数据、性能、安全性、可伸缩性、可修复性等子系统，提出了贯穿架构设计的 6 条核心准则。这 6 条核心准则不仅可以作为个人设计系统的指导意见，也可以作为架构师和开发团队合作的准则。架构设计从来就不是一个人的事情，开发团队的成员也需要按照架构准则去设计数据结构，编码，选择合适的技术栈和中间件。只有保持一致的设计标准，整个系统才能最终成功。

对于有志于成为软件架构师的技术人员，本书能提供极大的帮助。自学路上最困难的是分辨知识的真伪，避免误入歧途，走冤枉路。本书指明了一条清晰的道路，告诉你沿途的路标、需要的装备、打怪的心法，并贴心地用贯穿全书的金融系统设计案例来帮助你理解整个过程，扶上马再送一程。对于没有老师傅带领的入门者来说，本书可以作为自学手册；对于有一定经验的软件架构师来说，本书可以作为查漏补缺的技术手册。不论是基础框架架构师，还是业务架构师，都可以从本书的准则中有所收获。

对于技术团队的管理者来说，本书也很有用——拥有架构师的视角，使用架构师的语言，对上沟通时更专业，对下分配任务时做到心中有数。此外，本书还能帮助你更好地评估项目难度、所需花费、需要投入的人力。

本书的翻译由茹炳晟、刘惊惊、于君泽和曹洪伟合作完成，其中茹炳晟完成前言与第 1、2 章的翻译，刘惊惊完成第 3、4 章以及附录部分的翻译并撰写译者序，于君泽完成第 5、6 章的翻译，曹洪伟完成第 7 ～ 9 章的翻译。感谢曹洪伟在翻译过程中对大家的帮助。最后，感谢家人，是他们的支持和耐心陪伴让我们可以利用业余时间完成本书翻译工作。

前　言 Preface

距离我们（Murat 和 Pierre）出版《持续架构》[1]一书已经好几年了，这期间发生了很多变化，尤其是技术领域。因此，我们与 Eoin Woods 一起着手更新这本书。刚开始只是简单的修订，但慢慢地就演变成了这本新书。

《持续架构》主要是对概念、思想和工具进行概述和讨论，而本书则提供了更多基于实践的建议，侧重于指导读者如何利用持续架构方法，并涵盖了有关安全性、性能（performance）、可伸缩性、弹性、数据和新兴技术等主题的深入且最新的信息。

我们重新审视了架构在敏捷、DevSecOps、云和以云为中心的平台中的作用，也为技术人员提供了一份实用指南，指导他们通过不断更新经典软件架构实践的方式来应对当今应用程序所面临的一些复杂挑战。我们还重新审视了软件架构的一些核心主题：架构师在开发团队中的角色；如何满足软件涉众的质量属性需求；架构在实现如安全性、可伸缩性、性能和弹性等关键交叉需求方面的重要性。对上述每个领域，我们都提供了使架构实践有意义的一种新方法，这种方法通常建立在上一代软件架构相关书籍给出的传统建议之上，并解释了如何在现代软件开发环境中应对这些领域的挑战。

本书的结构如下：

- 第 1 章提供场景，定义术语，并概述在每章都会使用的案例研究（附录 A 包含了有关案例研究的详细信息）。
- 第 2 章列出我们的主要思想，希望读者了解如何在当今的软件开发环境中开展架构工作。
- 第 3 ～ 7 章探讨对现代应用程序开发来说至关重要的相关架构主题：数据、安全性、可伸缩性、性能和弹性。我们解释软件架构方法，尤其是持续架构方法，探讨如何在

[1] Murat Erder and Pierre Pureur, *Continuous Architecture: Sustainable Architecture in an Agile and Cloud-Centric World* (Morgan Kaufmann, 2015)

解决各个架构问题的同时保持敏捷的工作方式，以持续地向生产环境交付变更。

- 第 8 章和第 9 章主要着眼于未来，讨论架构在处理新兴技术方面的作用，并总结当今敏捷和 DevOps 时代下架构实践遇到的挑战以及应对这些挑战的一些潜在方法。

我们希望想成为软件架构师的读者了解该领域的经典基础知识（可能来自 *Software Architecture in Practice*[一][二]或 *Software Systems Architecture*[三]之类的书籍），同时认识到需要更新方法以应对当今快速发展的软件开发环境所带来的挑战。想要了解架构和设计的软件工程师也可能会被书中实用的、面向交付的重点内容所吸引。

为了使本书只涉及必要的内容并专注于上一本书以来发生的变化，我们假设读者已经熟悉包括信息安全、云计算、基于微服务的架构以及常见的自动化技术（例如自动化测试和部署流水线）在内的主流技术基础知识。我们希望读者熟悉架构设计的基本方法，了解如何创建软件的可视化模型以及领域驱动设计（Domain-Driven Design，DDD）等相关方法[四]。如果读者对架构设计基础没有把握，我们建议从定义明确的方法开始，例如软件工程研究所的属性驱动设计[五]或其他更简单的方法（如 *Software Systems Architecture* 第 7 章中概述的方法）。虽然软件建模被忽视了几年，但似乎正在重新回归主流实践。对于一开始错过了这些知识的人，*Software Systems Architecture* 的第 12 章提供了一个起点，另外 Simon Brown 的著作[六][七]对软件建模的介绍更新且更易于理解。

本书中未涉及的另一个基础架构实践是如何评估软件架构。该主题在我们上一本书的第 6 章、*Software Systems Architecture* 的第 14 章和 *Software Architecture in Practice* 的第 21 章都有介绍。读者还可以上网搜索有关架构评估方法的信息，例如架构权衡分析方法（Architecture Tradeoff Analysis Method，ATAM）。

[一] Len Bass, Paul Clements, and Rick Kazman, *Software Architecture in Practice* (Addison-Wesley, 2012)

[二] 该书第 4 版的英文版已由机械工业出版社出版（ISBN：978-7-111-69915-6），中文版也即将出版。——编辑注

[三] Nick Rozanski and Eoin Woods, *Software Systems Architecture: Working with Stakeholders Using Viewpoints and Perspectives* (Addison-Wesley, 2012)

[四] 有关领域驱动设计的更多信息，请参阅 Vaughn Vernon 所著的 *Implementing Domain-Driven Design* (Addison-Wesley, 2013)。

[五] Humberto Cervantes and Rick Kazman, *Designing Software Architectures: A Practical Approach* (Addison-Wesley, 2016). The AAD approach is also outlined in Bass, Clements, and Kazman, *Software Architecture in Practice*, chapter 17

[六] Simon Brown, *Software Architecture for Developers: Volume 1—Technical Leadership and the Balance with Agility* (Lean Pub, 2016). https://leanpub.com/b/software-architecture

[七] Simon Brown, *Software Architecture for Developers: Volume 2—Visualise, Document and Explore Your Software Architecture* (Lean Pub, 2020). https://leanpub.com/b/software-architecture

此外，我们还假设读者具备敏捷开发的相关知识，如敏捷、Scrum和规模化敏捷框架（Scaled Agile Framework，SAFe），因此对软件开发生命周期过程不做深入讨论，也不对DevSecOps等软件部署和操作方法做或深或浅的讨论，并且特意去除了数据库、安全性、自动化等特定技术领域的详细信息。当然，我们会在相关的地方引用这些主题，但假设读者熟悉这些知识。在上一本书《持续架构》中，我们涵盖了这些主题，但没有涉及技术细节。另外请注意，术语表中定义的术语首次出现在本书中时会以**粗体**突出显示。

过去几年，软件架构的基础并没有改变，架构的总体目标依然是使正在开发的软件能够尽早并持续地交付业务价值。不幸的是，许多架构从业者并不会优先考虑这个目标，甚至不理解这个目标。

我们三人称自己为架构师，因为我们相信日常工作中所做的事情至今没有更好的解释。我们曾就职于软硬件供应商、管理咨询公司和大型金融机构，主要从事软件和企业架构相关的工作。但是，当说自己是架构师时，我们觉得有必要对其进行限定，就像需要一个解释来将我们与不增加任何价值的IT架构师的刻板印象区分开来。读者可能比较熟悉这样一种表达方式：“我是一名架构师，但我也交付、编写代码，与客户打交道_________（填写你认为有价值的活动）。”

不管怎样，我们相信，表现出抽象派疯狂科学家、技术工匠或演讲狂人等品质的架构师只是少数从业者。作为软件交付团队的一部分，大多数架构师能够有效地工作，很多时候甚至可能不自居为架构师。实际上，无论你理解与否，所有软件都有一个架构，且大部分软件产品都会有一小组高级开发人员来创建一个可行的架构，而不论这个架构是否被记录下来。因此，最好将架构视为一种技能而非一种角色。

我们相信时代已经永久地摆脱了先前以文档为中心的软件架构实践，或许也已经摆脱了传统的企业架构。然而，根据经验，我们一致认为仍然需要一种架构方法，涵盖敏捷、持续交付、DevSecOps和云计算，并从架构的宏观视角将这些方法集成起来，并按照业务优先级进行需求交付。本书旨在解释这种我们称为持续架构的方法，并展示如何在实践中有效地利用这种方法。

Acknowledgements 致谢

《持续架构》出版后不久，我们就开始从读者那里得到反馈：“这本书很棒，但我希望你们就如何实施持续架构准则和工具化提供更实用的建议。数据部分如何处理？书中似乎缺少该主题。”本着“持续架构”的精神，我们立即开始考虑此反馈，并计划对其进行修订。

但是，我们很快发现，一个新版本的《持续架构》无法回应读者的所有反馈，我们需要一本新书来解释持续架构如何帮助开发团队应对当今复杂环境下面临的挑战——快速变化的技术、不断增长的数据量以及与现代系统相关的严格的质量属性（例如安全性、可伸缩性、性能和弹性）需求。正如读者所猜测的那样，由于本书范围的扩大以及在疫情期间撰写手稿遇到的不可预见的挑战，该项目花费的时间比最初预期的要长。但是，我们已经成功完成了这个项目，对以下人员给予我们的鼓励和帮助深表感谢。

感谢 Kurt Bittner 和 John Klein 花时间审阅我们的手稿并提供宝贵的意见和指导。感谢 Grady Booch、Jan Bosch、Simon Brown、Ivar Jacobson、Patrick Kua、Philippe Kruchten 和 Dean Leffingwell 的反馈和认可。感谢 Peter Eeles、George Fairbanks、Eltjo Poort 和 Nick Rozanski 多年来的许多发人深省的讨论。

感谢 R3 公司首席技术官 Richard Gendal Brown 在分布式分类账技术和区块链方面提供的宝贵建议。感谢 Andrew Graham 对我们贸易金融案例研究的合理性做了检查。感谢 Mark Stokell 为数据科学部分提供了更多内容。感谢 Philippe Kruchten、Robert Nord 和 Ipek Ozkaya 允许我们参考他们的著作 *Managing Technical Debt* 中的内容和图表。当然，特别感谢《持续架构》的所有读者提供的反馈，这促使我们创作了本书。

最后，我们要感谢 Pearson 公司的 Haze Humbert、Julie Nahil 和 Menka Mehta 在整个过程中对我们的支持和帮助。感谢 Vaughn Vernon 将本书作为其 Addison-Wesley 签名系列丛书的宝贵补充。

持续架构准则

准则 1：用产品思维，而非项目思维来设计架构

准则 2：聚焦质量属性，而不仅仅是功能性需求

准则 3：在绝对必要的时候再做设计决策

准则 4：利用“微小的力量”，面向变化来设计架构

准则 5：为构建、测试、部署和运营来设计架构

准则 6：在完成系统设计后，开始为团队做组织建模

Contents 目 录

第 1 章 Chapter 1

软件架构的重要性更胜往昔

尽管架构的目标依然是交付业务价值，但是企业内部信息技术（Information Technology，IT）从业者对于交付速度的期望值持续增高，从而带来了新的挑战。与此同时，在日常生活中，技术的迅猛发展推动着最终用户对于易用性以及全天候服务的期望。我们已经经历了从个人计算机到平板计算机，到智能手机，再到可穿戴技术设备的迁移。计算机已经从实验室溜出来，并在我们的口袋里安了家。设备几乎始终彼此相连，我们绞尽脑汁也无法想象到它们的性能会有多强。如今，我们始终期望软件交付团队在互联网和云上更好地运作。这一切都显著提升了来自软件涉众的业务需求，并使得敏捷开发、持续交付以及 DevOps 在应用中被广泛采用。

为了应对这些挑战并满足在快节奏环境中交付业务价值的目标，我们相信架构层面的活动变得前所未有地重要，这可以实现并且确保尽早以及**持续地交付**价值。

1.1 我们所说的架构到底是什么

当谈到架构的时候，我们关心的是软件架构。但如何定义软件架构呢？让我们来看一些通用的定义。

根据国际信息处理联合会（IFIP）工作组 2.10 所维护的门户网站上对于软件架构的定义[⊖]：

软件架构是指一个软件系统根本性的结构以及如何创建这个系统与结构的守

⊖ International Federation for Information Processing（IFIP）Working Group 2.10 关注于软件架构以及维护软件架构门户：http://www.softwarearchitectureportal.org。

则。每个结构包含了软件元素、元素间的关系，以及这些元素与关系的属性。一个软件系统的架构可以被比喻成一栋建筑的架构。它就像一个系统和开发项目的蓝图一样运作，拟定设计团队必须执行的活动。

软件架构是指做出基本的结构性选择，这些选择一旦实施，再进行修改的成本会很高。软件架构的选择包含来自可能的软件设计中的具体结构选项……

用文档记录软件架构可以促进涉众之间的沟通，捕捉上层设计中的早期决定，并允许在项目间重用设计组件。

电气与电子工程师学会（IEEE）使用了以下的定义[⊖]：

架构：一个系统在其环境中的基本概念或者属性，体现于其元素、彼此的关系，以及其设计和演化的原则中。

具体而言，本书涉及处理在商业性企业中软件开发的技术概念。

现今，开发一个软件架构有如下四个主要的原因：

1）实现软件系统的质量属性需求。架构关注于实施重要质量属性的需求，例如安全性、可伸缩性、性能和弹性。

2）为项目或者产品定义指导准则和标准并开发蓝图。架构是一个未来的愿景，以及有助于传达这个愿景的支持工具。蓝图使得架构在适当的级别得以抽象化，从而便于做出业务和技术的决定。它们也促进了属性分析以及选项的比较。

3）建立可用的（甚至可重用的）服务。软件架构的一个关键方面就是为服务定义良好的接口。

4）创建通往未来IT状态的路线图。架构通过处理过渡计划活动来成功实现IT蓝图的设计。

当快速有效地建立一个大型软件系统的时候，实现以上这些目标通常包含蓝图的创建，这通常被称为**软件架构**。这样的一个架构通常包含了用以帮助决策者理解组织运作的描述性模型（通过业务术语和技术术语定义），以及对于未来运作的期望，并帮助项目或产品团队成功地过渡到理想的技术状态。然而，这个方法也有例外。一些成功的大型企业相信它们并不需要用这个方法，毕竟大型蓝图难以维护，一旦过时也会变得没有价值。这些公司反而关注于标准和通用服务，因为它们相信标准和通用服务在长期的运作中是更有价值的。如何在传统的蓝图和这个关注于标准及通用服务的方法之间进行权衡，正是本书主要的目标。

现在有了软件架构的定义，让我们在当今软件行业的大背景中审视它。

1.2 当今的软件行业

大多数组织的确需要学习如何使其产品和服务与互联网时代相关，这通常涉及开发以

⊖ 此项定义被呈现在ISO/IEC/IEEE 42010:2011，系统和软件工程——架构描述（最近审阅于2017年）：https://www.iso.org/standard/50508.html。

及持续地更新复杂的软件系统。

过去，我们常常以相对可预见的方式开发软件，整个过程被视为一个项目，这个项目具有相当固定的需求，会在一个时间段内被开发和交付。在过去的这个时代，大量的关键设计在软件开发的初期就被确定，在开发过程中并不会有很多设计改动。

然而，在过去的40年中，技术的变革显著改变了我们开发应用软件的方式（见图1.1）。

20世纪80年代及以前是信息系统的单体时代。一个软件应用往往运行在一台单独的机器上，它会占用机器生产商提供的整个系统软件环境（屏幕管理器、事务监视器、数据库和操作系统）。这样的软件应用本身被视为一个单一的整体。软件架构主要取决于计算机生产商而不是最终用户软件开发者。

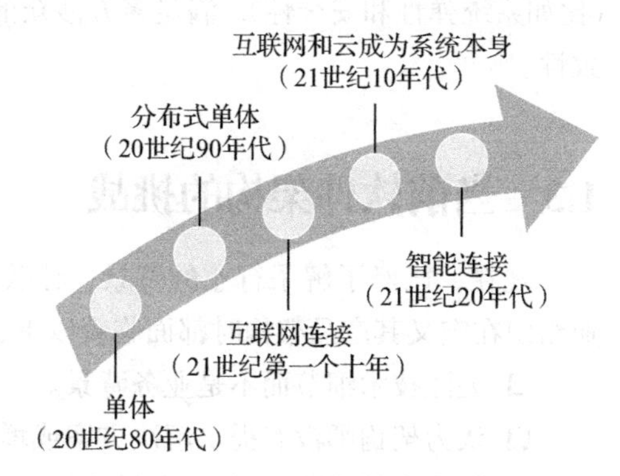

图1.1 软件系统的五个时代

然后，我们来到了客户端/服务器时代。由于台式PC和UNIX服务器的广泛使用，我们开始将应用拆分成二或三个物理层。那时的软件架构不是特别复杂，但我们必须开始做这些决定了：业务逻辑要放在哪里？放在用户界面中，放在数据库的存储过程中，还是两边都放？

后来，在2000年后互联网的扩张提供了新的机遇和功能，软件架构随之真正成熟了。我们也需要将系统接入互联网，让组织外部的用户，甚至全世界的用户来使用这个系统。安全性、性能、可伸缩性和可用性突然呈现出新的重要性和复杂性，软件行业也开始认识到质量属性和架构决策的重要性。

直到最近，互联网已经成为我们日常生活的一部分，云计算、互联网连接的服务和API经济，这些都意味着互联网已经是我们系统的一部分而不仅仅是系统连接到的一个服务。反过来，互联网的扩张又推动了对快速变化和完美质量属性的需求，从而掀起了诸如使用公有云计算、微服务以及持续交付等潮流。

我们无法预知未来，但现在的趋势看起来会持续下去。我们的系统会进一步互联，需要像Google和Facebook那样把伪智能放入面向客户的应用中，从而使我们对软件架构有了更高的要求。

随着在此期间的进展，需要响应对“更快、更可靠的软件交付”的需求，我们很快发现了经典的预先规划软件交付方式有局限性。这导致了敏捷软件交付方法的发展，这些方法在整个软件生命周期中都在拥抱变化。随后，问题往往就变成了部署的问题，因为调试一个新的基础设施动不动就需要几个月的时间。我们需要更快的部署，而采用云计算则消除了这一瓶颈。

一旦我们可以随心所欲地创建和更改基础设施，关注点又会回到软件部署的流程，这些流程往往是手动的且容易出错。为改进流程而付出的努力使得**容器**技术和高度自动化部署被广泛使用。从原则上讲，采用容器技术和自动化部署使得软件变更更快地流向生产环境。然而，很多运营团队无法接受这种快速的变更，因为它们需要协调一群孤立的专家手动进行的发布检查，而这再次减慢了流程的速度。因此，出现了DevOps和DevSecOps的实践，它们使整个跨职能团队能够以可持续和安全的方式定期将软件变更搬运到生产环境中。

虽然有了巨大的进展，但是一些历史遗留的挑战仍然存在，包括实现复杂系统的质量(比如系统弹性和安全性)，满足多方涉众的复杂需求，以及确保在大型复杂系统中的技术一致性。

1.3 当前软件架构的挑战

现在，已经了解了行业的背景，让我们来看看如今软件和企业架构的状态。大部分商业组织在定义其产品架构时都面临着以下这些挑战：

- 关注技术细节而不是业务背景。
- 认为架构师没有提供解决方案或增加价值。
- 架构实践无法应对IT交付的加速，也无法适应例如DevOps等现代的交付实践。
- 一些架构师不乐意或者缺乏合适的技能将他们的IT环境迁移到云平台上。

本节会进一步讨论以上这些问题。

1.3.1 关注技术细节而不是业务场景

软件架构是由业务目标所驱动，然而，在架构活动中，对业务及其需求的深入理解并不常见。同时，业务涉众并不理解架构的复杂度。当他们发现可以简单快速地在手机上下载到自己喜欢的App，而在企业中部署一个业务则需要几个月的时间和大量努力的时候，往往会感到很沮丧。

架构团队倾向于花时间用文档记录现有系统的当前状态，然后创建复杂的架构蓝图，用来修复他们预见的缺点。不幸的是，这类蓝图往往来自当前的IT趋势和潮流，例如，近期被设计出来的架构往往包括微服务、serverless架构、云计算和大数据的一些组合，而不管它们对手头的问题是否适用。究其根本，大部分的IT架构更适用于解决技术问题而不是业务问题。

1.3.2 认为“架构不能增加价值”

架构遇到的第二个问题在于企业架构和企业架构组织的概念。广义来说，架构师有三类：应用架构师、解决方案架构师和企业架构师。企业架构师可以根据其专长被进一步分类，比如应用、信息、安全和基础设施。企业架构师通常集中在一个组里，解决方案架构师的组织可以是集中式的或分布式的，而应用架构师往往和开发者协同工作。

解决方案架构师和应用架构师专注于为业务问题提供解决方案。应用架构师关注解决方案中的应用程序维度，而解决方案架构师侧重于解决方案中的所有维度，比如应用程序、基础设施、安全、测试和部署。企业架构师试图为企业中的某些重要部分或者全部创建战略、架构计划、架构标准和架构框架。反之，解决方案和应用架构师在项目中理应遵守这些战略、计划、标准和框架。因为一些企业架构师并不熟悉日常的业务流程，项目团队可能觉得他们的产出不太有用，甚至是障碍。

除此之外，区分企业架构师与解决方案架构师和应用架构师这些术语的用意在于，企业架构师不被认为是关注于提供解决方案和设计应用，所以被认为可能是问题的一部分。企业架构师的形象被描绘成学术的、理论的，甚至与IT系统的日常交付和维护脱节的。公平一点儿，也有人说一些解决方案架构师和应用架构师也是如此。

1.3.3 架构实践也许太慢了

架构的第三个问题在于要加快来自软件涉众的反馈，而不仅仅是交付速度。随着业务周期的加速，业务伙伴们希望IT**组织**能更快地交付价值。有大量的证据表明，无论交付频率如何，很多的交付都不太具有价值。通过衡量已交付软件的结果，团队更容易发觉哪些是有价值的，哪些是没有价值的。为了实现快速变更，有一类新的系统出现了：参与系统，这类系统提供了支持企业与外部世界（潜在客户、客户和其他公司）进行交互的功能。在创建和实施这类系统的时候，我们会比以往更多地重用来自开源社区和云提供商的软件。所以从理论上来说，架构师需要做的决策似乎比以往更少，毕竟很多架构决策隐含在了被重用的软件中。然而，我们相信架构师的角色在这些情况下和在更传统的软件系统中一样重要[⊖]。改变的是需要做出决策的性质和当今软件开发者利用各种工具集的能力。

相比之下，与企业架构相关的计划流程最适合老式的**记录系统**，这些系统不需要像新的**参与系统**那样频繁进行改动。而问题是，在构建新的参与系统时，传统的企业架构师往往坚持使用原有的一组战略、框架和标准，这种态度也进一步造成了业务、软件开发者与架构师之间的隔阂。

造成这个状况的一个潜在问题是，“架构师”这个叫法在快速推进的软件系统设计中可能不太合适，至少不像我们通常理解的那样。大多数人认为架构师先会把计划和样图画出来，然后再交给真正落实的人。而在现实中，优秀的架构师总是深度参与到项目的进程中去的。弗兰克·劳埃德·赖特在亚利桑那州塔利辛西部学徒时被要求在沙漠中设计并建造可以居住的一座小房子[⊖]。赖特则把自己在伊利诺伊州橡树园的家（以及工作室）做成了一个生活实验室，并从此中学到了很多。类似地，根据我们的经验，大多数有经验的软件架构师也会深入参与到构建系统的流程中。

⊖ 架构云解决方案有一个非常有趣的点，我们可以以全新的视角来看待成本。在云上架构系统会显著影响其成本。

⊖ https://www.architecturaldigest.com/story/what-it-was-like-work-for-frank-lloyd-wright

1.3.4 一些架构师可能并不适应云平台

最后，云平台的接受度在指数级增长，相应地，一些架构师也在努力让他们的技能与时俱进。云平台上组件和工具的即时可用性以及开发团队在应用的快速开发中使用这些能力，对于传统架构师来说是额外的挑战。在努力更新自己技能的同时，他们对基于传统架构方法和工具开发的软件产品的影响力也变小了。他们可能认为为云供应商工作的架构师对自己公司的IT架构有更多的掌控力。SaaS（Software as a Service）的流行进一步加剧了这一困境。

1.4 敏捷化世界里的软件架构

我们已经讨论了当下架构师在实践中面对的挑战，现在把注意力转向另一股力量——敏捷，它在过去二十年中彻底改变了软件开发行业。

第一个敏捷方法论，极限编程（eXtreme Programming，XP），是由肯特·贝克（Kent Beck）于1996年3月在克莱斯勒公司工作时创建的[1]。第一本关于敏捷开发的书 *Extreme Programming Explained* 于1999年10月出版[2]，在接下来的几年中，诞生了许多受极限编程启发的敏捷方法论。从那时起，这些方法论出人意料地被大量采用。敏捷现在已经从IT领域扩展到了业务领域，被管理顾问们推广成一种优秀的管理技术。

那么软件架构从业者是如何应对敏捷的浪潮呢？很多情况下，我们认为并不理想。

1.4.1 一切的开始：软件架构与极限编程

起初，敏捷（这里指的是XP）和软件架构相互看不顺眼。在XP实践者的心目中，软件架构师的繁文缛节非常没效率，应该被消除。如果某个角色或活动对可执行代码的开发没有直接贡献，XP就会消除它，而软件架构就被认为是这一类。在XP的方法中，架构来自代码构建和重构活动，因此称为应急架构[3]。架构师不再需要创建明确的架构设计，因为自组织团队会带来最好的架构、需求和设计。

不幸的是，这种方法不能很好地扩展**质量属性**，尤其是面对新需求时，随着系统规模的增长，重构活动变得越来越复杂、冗长且昂贵。从我们的经验来看，团队往往在产品负责人的推动下专注于更快地交付功能，代价就是不断推迟**技术债务**和**技术特性**，例如获得

[1] Lee Copeland, " Extreme Programming, " *Computerworld* (December 2001). https://www.computer world.com/article/2585634/extreme-programming.html

[2] Kent Beck, *Extreme Programming Explained: Embrace Change* (Addison-Wesley, 1999)

[3] 在哲学、系统论、科学和艺术中，应急（emergence）是一个过程，其中较大的实体、模式和规律通过较小或较简单的实体之间的相互作用浮现出来，而这些实体本身并不表现出这些特性。参见 Murat Erder 和 Pierre Pureur 的 *Continuous Architecture: Sustainable Architecture in an Agile and Cloud-centric World*（Morgan Kaufmann, 2015）第8页。

质量属性。

那么大多数软件架构师对第一次敏捷浪潮有何反应？主要是忽略它。他们预计敏捷会逐渐消失，并坚信钟摆会回到严肃的“现代”迭代方法论，例如**统一软件开发过程**（Rational Unified Process，RUP），这些方法论通过明确地包括架构活动来尊重架构师。

1.4.2 我们究竟在哪一步：架构、敏捷性还是持续交付

我们都看到了，传统软件架构师并没能得偿所愿——敏捷方法并没有逝去。架构师意识到敏捷已经在此扎根并且它们可以帮助到敏捷团队，同时敏捷团队也意识到架构师可以帮助它们的系统更好地满足整体涉众的需求，例如可伸缩性、可靠性和安全性。因此，架构师开始考虑调整他们的方法，使其更加符合敏捷的模式。由西蒙·布朗[1]和乔治·费尔班克斯[2]等架构思想领袖撰写的书籍讨论了如何有效地将架构与敏捷结合起来。

与此同时，一些敏捷途径和方法论已经开始包含正式的架构步骤。由迪安·莱芬韦尔创建的**规模化敏捷框架**（Scaled Agile Framework，SAFe）明确包含了分组到**架构跑道**中的架构步骤，并使用了有意架构的概念。

其他框架则在尝试结合架构和敏捷。LeSS（Large Scale Scrum，大规模 Scrum）框架[3]非常灵活，并强调技术的卓越性。LeSS 通过提供实用技巧为架构和设计提供了不同的视角。自律的敏捷交付（Disciplined agile Delivery，DaD）[4]框架试图提供一个更具凝聚力的敏捷软件开发方法，并将“架构所有者”角色作为其主要角色之一，重视架构且重视真正敏捷性的团队更可能有效地利用这些框架。

当这种进化继续演变下去的时候，软件开发人员会意识到仅仅以敏捷方式开发软件是不够的。他们还需要将软件快速交付到测试和生产环境，以便真实用户可以尽早使用它。这种意识正在推动软件开发团队采用持续交付，然而，一些软件架构师对此趋势响应得很慢，也没能快速调整他们的架构方法和工具以支持这种方式。我们显然需要用新的视角来看待持续交付世界中的架构，特别是如今的软件更多被部署到外部云平台而不是在本地。

1.4.3 未来的方向

如今 Amazon、Google 和 Microsoft 等云平台以及 Salesforce 和 Workday 之类的 SaaS 解决方案势不可挡，IT 组织的工作会发生变化，架构师的角色会发生更多变化。未来，IT 工作需要更多的配置与整合，代码部署会大量减少。代码部署主要用以创建和维护与外部云平

---

[1] Simon Brown, *Software Architecture for Developers: Volume 2—Visualise, Document and Explore Your Software Architecture* (Leanpub, 2017)

[2] George Fairbanks, *Just Enough Software Architecture: A Risk-Driven Approach* (Marshall & Brainerd, 2010)

[3] More with LeSS, *LeSS Framework*. https://less.works/less/framework/index.html

[4] Project Management Institute, *Disciplined Agile Delivery (DaD)*. https://www.pmi.org/disciplinedagile/ process/introduction-to-dad

台的整合。在这种情况下，除了为云供应商工作的架构师之外，是否需要架构师呢？我们坚信答案是肯定的，只是架构师需要掌握更先进的技能来面对软件配置和整合上的挑战。

1.5 持续架构的引入

正如我们之前所说的，如今定义前期架构的价值降低了很多，但系统仍必须满足其具有挑战性的质量属性；软件涉众仍然有着复杂、冲突且重叠的需求；仍有许多设计选项需要被理解和权衡；为了使系统能够满足涉众的需求，也许我们比以往任何时候更需要解决交叉问题。这些挑战与长久以来困扰软件架构师的挑战是一样的。然而，在当今的环境里使用软件架构来应对这些挑战的方式必须要改变了。敏捷性和 DevOps 实践正在从根本上改变 IT 专家（包括软件架构师）的工作方式。软件架构的实践方式可能会发生变化，但我们相信它比以往任何时候都更加重要。

虽然软件架构仍然是产品交付成功的重要因素，但它需要发展以应对这样的环境，在这种环境中，系统通常被开发为一组并行且很大程度上独立的组件（微服务）。对于这种软件开发风格，如果像过去一样采用单一架构师或由一小组技术主管做出所有关键决策，最终只会让架构师负担过重并导致开发停滞。这种软件交付方法需要由更多的人以较小的增量来执行架构工作，并且比以往更注重早期的价值交付。

让我们用物理上的建筑来类比并理解软件架构的重要性。在这个假设的场景中，我们受雇建造位于加利福尼亚州科罗纳多的标志性建筑 Hotel Del Coromado 的复制品。这家酒店出现在 1959 年著名的电影《热情如火》中，它实际上代表了佛罗里达州南部的塞米诺尔丽兹酒店。这部电影的一位富有的粉丝想要在佛罗里达州拥有一座该酒店的复制品。

建造原本的酒店并不是一个简单的过程。工程于 1887 年 3 月开始，原始建筑计划在施工期间不断修改和添加。酒店于 1888 年 2 月开业且尚未完全完工，在其 132 年的历史中经过多次翻修和升级。那么我们将如何处理这个项目呢？

敏捷开发人员可能希望立即开始建造。相比之下，企业架构师会说，鉴于酒店的复杂历史，立即着手建造会造成大量浪费。相反，他希望做大量的前期规划，并根据当前的建筑技术和实践制定一个五年的建设计划。

然而这两种方法可能都不是理想的方式。而持续架构的目标则是弥合两种方法之间的差距以获得更好的整体结果。

1.5.1 持续架构的定义

满足以下六个简单准则的架构就可以被称为**持续架构**：

准则 1：用产品思维，而非项目思维来设计架构。从产品的角度进行构建比单纯设计点的解决方案更有效率，更容易让团队专注于客户的需求。

准则 2：聚焦质量属性，而不仅仅是功能性需求。质量属性需求驱动着架构。

准则3：在绝对必要的时候再做设计决策。架构设计取决于事实，而不是猜测。设计和实施可能永远都用不到的功能是无意义的，是对时间和资源的浪费。

准则4：利用"微小的力量"，面向变化来设计架构。大的、单体的、紧耦合的组件很难改变。相反，应该使用小且松耦合的软件元素。

准则5：为构建、测试、部署和运营来设计架构。大多数架构方法只关注软件构建活动，但我们认为架构师也应该关注测试、部署和运营，以支持持续交付。

准则6：在完成系统设计后，开始为团队做组织建模。团队的组建方式驱动着系统的架构和设计。

这六个准则在本书前言中列出的《持续架构》[⊖]一书中有详细的解释。这些准则得到了许多著名架构工具的补充，例如效用树和决策日志。《持续架构》中也详细描述了这些工具。在本书下一章中，我们将介绍一组基本的架构活动来扩展我们的实践建议。这六项准则、基本活动和工具可以帮助我们进行架构活动并定义软件架构的关键组件，例如：

- 系统上下文
- 影响架构的关键功能性需求
- 驱动架构的质量属性
- 架构和设计决策
- 架构蓝图

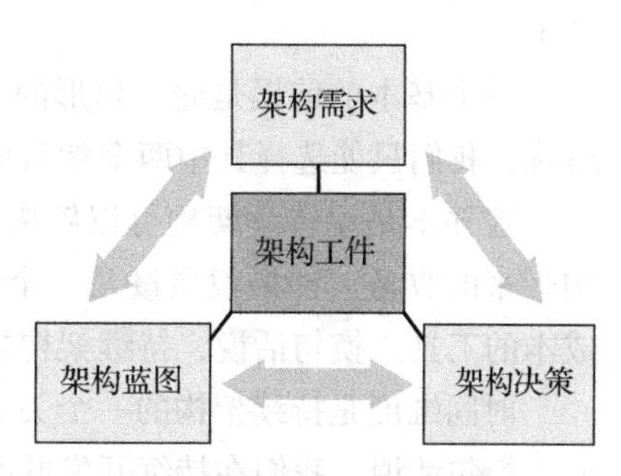

图 1.2　软件架构的关键组件

有趣的是，软件架构的组件并不是孤立存在的，而是相互关联的（见图 1.2）。创建软件架构需要在需求、决策、蓝图甚至最终架构工件（可执行代码本身）之间做出一系列权衡。

例如，根据性能需求做出的决策很可能会影响许多其他质量属性需求，例如可用性或安全性，并推动其他会影响架构蓝图的决策，最终影响到由可执行代码交付的功能。

那么持续架构与其他架构方法有什么不同呢？首先，我们不认为它是一种方法论，而是一组准则，工具、技术和思想可以被视为架构师有效处理持续交付项目的工具集。使用这些准则、工具、技术和思想，没有预设的顺序或流程可遵循，完全取决于每个架构师。我们发现它们对我们运作过的项目和产品很有效，而且它们本质上是动态的且具有高适应性。我们希望读者会受到启发，适应持续架构工具集的内容，并用新的想法来扩展工具集，为快速交付健壮且有效的软件项目提供架构支持。

我们坚信利用持续架构方法可以帮助架构师处理和消除前几节中提到的瓶颈。持续架构的目标是通过在整个过程中系统地应用架构视角和准则来加速软件开发和交付过程。因此，我们能够创建一个可持续的系统，在很长一段时间内为组织创造价值。

与大多数主要关注软件交付生命周期（Software Delivery Life Cycle，SDLC）的软件设

⊖ Erder and Pureur, *Continuous Architecture*

计和构建方面的传统软件架构方法不同，持续架构为整个过程带来了架构视角，就如准则5所说，*为构建、测试、部署和运营来设计架构*。它的存在尽可能地避免了大架构超前综合征，架构团队不需要再创建复杂的工件来描述技术功能，软件开发人员也不再会陷入等待而无事可做。它帮助架构师创建弹性、高适应性且灵活的架构，这些架构可以快速实现为可执行代码，测试并部署到生产环境中，以便该系统的用户能够提供反馈，而这是对架构的最终验证。

此外，持续架构方法侧重于交付软件而不是文档。与传统的架构方法不同，我们将工件视为一种手段，而不是目的。

1.5.2 持续架构的收益

"成本－质量－时间"三角形是一个众所周知的项目管理辅助工具，它基本上说明了任何项目的关键约束（见图1.3）。

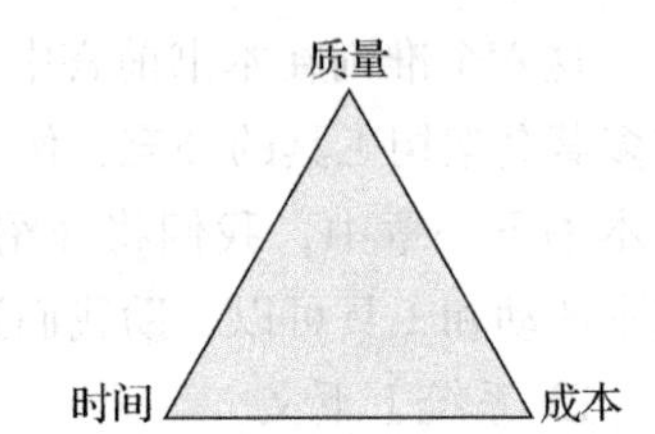

图1.3 成本－质量－时间三角形

一个基本的前提是此三角形的三个角不可能同时达到最优，我们只能选择其中两个然后牺牲第三个。

这并不是说持续架构可以解决这个问题，但这个三角形可以让我们更容易理解持续架构带来的收益。如果说质量是一个好架构的标尺，那么持续架构就让我们有了平衡时间和成本的工具。换句话说，持续架构帮助我们在不牺牲质量的前提下平衡时间和成本。

时间维度是持续架构的一个关键方面。架构实践应与敏捷实践保持一致，而不是成为障碍。换句话说，我们在持续开发并改进架构，而不是一次完工。持续架构强调质量属性（准则2——*聚焦质量属性，而不仅仅是功能性需求*）。总而言之，持续架构不是解决"成本－质量－时间"三角形中的问题，而是为我们提供了在保持质量的同时平衡时间与成本的工具。

随着过去几年持续架构和类似方法的引入，使用这些准则和工具的团队已经发现了他们交付的软件质量有所提高。具体一点，他们很少再由于架构质量问题（例如安全性或性能问题）而需要进行重构。因为在测试中发现的与架构相关的缺陷更少了，所以整体交付时间表正在缩短。这在创新项目和涉及新兴技术的项目中更为明显，参见第8章。大多数创新团队专注于开发**最小可行性产品**（Minimum Viable Product，MVP），很少或根本不考虑软件架构方面的关注点。然而，将最小可行性产品转化为实际的生产级软件就变成了挑战。这可能会导致MVP被完全重写，然后才能用于生产环境。利用持续架构或类似方法的创新团队倾向于避免这个问题。

成本－质量－时间三角形中缺少的一个元素是可持续性。由于多年的业务变革和IT项目，大多数大型企业都有着复杂的技术和应用程序环境。敏捷和持续交付实践注重于快速交付解决方案，但并不能解决这个复杂性，而持续架构解决了这种复杂性并努力为单个软件应用程序以及整个企业创建一个可持续的模型。

可持续性并不仅仅是在技术层面，它同样体现在人和团队中。当我们使用持续架构时，团队会更具有凝聚力，同时也增加了延续支持软件产品架构决策知识的能力。

采用了持续架构或类似方法的团队已经在个别应用层面注意到，它实现了可持续性的交付模型和可靠的技术平台来弹性应对未来的变更。在企业级运用这些方法的公司则观察到了交付解决方案时的效率提升、健康的通用平台生态和更多的知识共享。

1.6　应用持续架构

持续架构提供了一组准则和工具

如前所述，我们并不是要定义一个具体的架构方法论或开发流程。我们的主要目标是分享一组在实际工作中的核心准则和工具。事实上，应用持续架构是关于如何理解准则和理念，并把它们应用到自己的环境中去。这么做的时候，读者可以自主决定使用哪些工具以及如何解读必要的活动。

为了应对当前的挑战，即在敏捷与持续交付的实用主义中建立坚固的架构基础，我们已定义了这个基于价值的方法。然而，这并不意味着使用持续交付是使用持续架构的先决条件。类似地，我们意识到一些公司可能还没有准备好在各方面都采用敏捷方法论。甚至，即使一个公司已经完全投入到敏捷工作中，某些情况下（比如采用第三方软件包时），其他方法也可能更为合适（见图 1.4）。

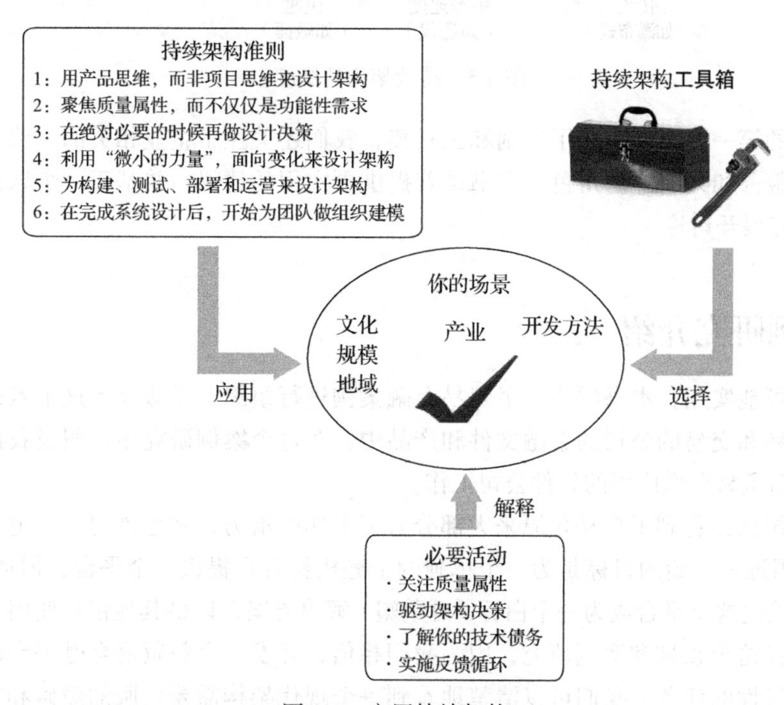

图 1.4　应用持续架构

这是不是意味着持续架构在这种情况下不可用呢？绝对不是。持续架构的好处之一就是，其工具可以很好地与其他软件开发方法融合，不是仅限于敏捷开发。

持续架构也在两个维度中运作：规模和软件交付速度（见图1.5）。软件交付速度的维度决定着如何在这个加速交付循环的世界中采用架构实践。尽管规模维度注重于运营层面，我们相信持续架构准则可以被稳定地应用在所有的产品规模中，只是关注的层次和需要使用的工具会有所不同。

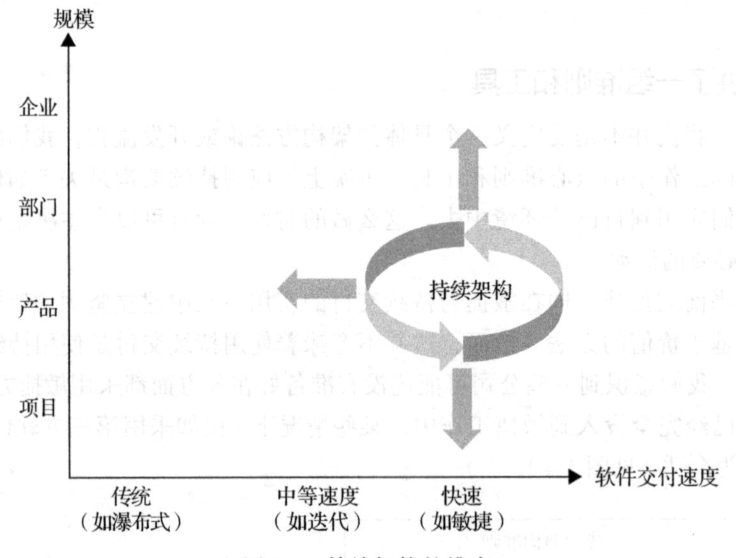

图1.5　持续架构的维度

在我们的第一本书中，除了准则和工具集，我们还关注了企业相关的一些方面，比如管理、通用服务和架构师的角色。本书试着提供更实用的建议，并基于一个软件系统的连续性案例研究展开讨论。

1.7　案例研究介绍

为了尽可能实用，本书围绕一个贸易金融案例进行组织。贸易金融这个术语被用在推进全球化贸易和交易的公司的金融文件和产品中。在这个案例研究中，假设我们为一家正在创建一个新贸易金融应用的软件公司工作。

我们公司已经看到了自动化原来大部分人工工作的潜力，并想创建一个电子平台来签发/处理信用证。初始的目标是为一个单独的金融机构客户提供一个平台，但从长远上看，我们的计划是使这个平台成为一个白标（可重塑）解决方案，以供其他银行使用。

我们选择这个领域和案例研究，因为我们相信，开发一个新贸易金融平台的架构将是一项具有挑战性的任务。我们可以清楚地看到一个现代架构需要克服的障碍和需要做出的妥协。

请注意：我们没有人是这个业务领域的专家，所以这个案例研究是完全虚构的。如果本案例与任何真正的贸易金融系统相似，那么纯属巧合，并非我们有意为之。这并不是关于如何构建和设计贸易金融平台的教程。然而，一个通用的案例研究可以更好地展示为满足质量属性需求而做出的不同权衡。我们相信这个案例研究提供了涉及广泛的架构问题的良好平衡。最后，使用贸易金融案例研究也是为了避开我们过于熟悉的电子商务平台示例，该示例已经在很多书籍中被使用过。

在下一节中我们提供了此案例研究的概述，更细节的描述可以在附录 A 中找到。在后面的章节中，我们参考此案例研究及其细节，或者会扩展说明如何实现与该章节相关的重要架构需求（例如，额外的数据存储、分布式分类账和可伸缩性机制）。然而，我们还没有为此案例研究创建最终版本的架构规范。读者可以使用本节和附录 A 作为基准，进而了解持续架构方法的不同方面。

案例研究背景：自动化贸易金融

贸易金融关注于在全球的贸易中促进买卖双方间的货物和资金流动。贸易金融需要克服的挑战是确保买卖双方之间顺利支付货物或服务的费用。有不少机制可以实现这个目标，其中之一就是信用证（Letter of Credit，L/C），参见图 1.6 以了解使用信用证的货物和资金流动。

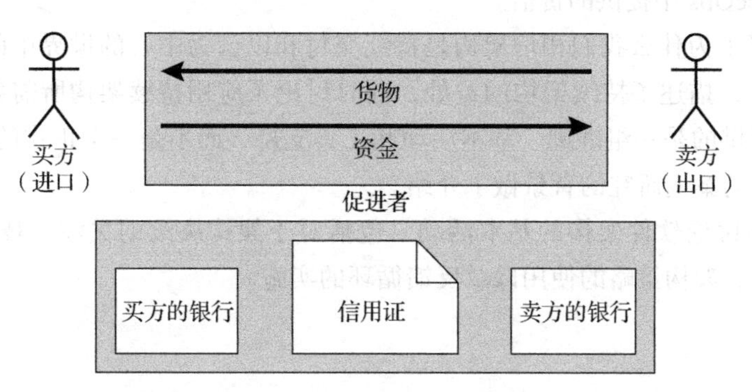

图 1.6 使用信用证的货物与资金流动概览

信用证已经由国际商会制定的公约（在其 UCP 600 指南中）进行了标准化。除了货物的买方和卖方，信用证还涉及两个中间机构，通常是银行，分别为买方与卖方运作。银行在交易中充当担保人，确保卖方在出示证明货物已运至买方的文件后就能获得付款。

如果我们暂时忽略中间机构，那么高层用例就如图 1.7 所示。

买方与卖方设立信用证协议。完成后，卖方可以根据信用证发货并要求付款。需要注意的是，根据传统，货物的实际运送跟踪并不基于信用证，而是基于过程中提供的相关文件。如果我们将中间机构加回来，那贸易金融系统中涉及的主要参与者就如图 1.8 所示。

如前所述，更多关于此案例研究的细节可以在附录 A 中找到。

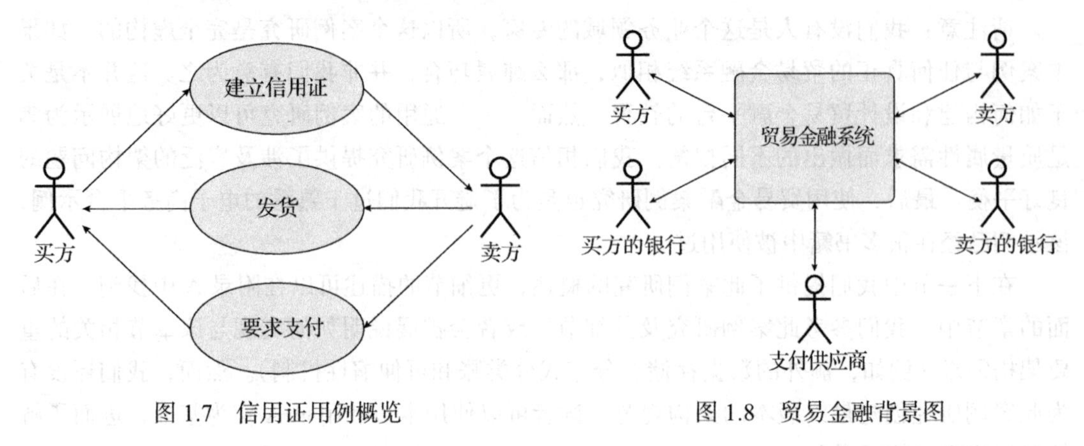

图 1.7 信用证用例概览

图 1.8 贸易金融背景图

1.8 本章小结

在本章中，解释了为什么我们坚信软件架构前所未有的重要，尽管它需要进化。特别地，我们解释了架构的意义，也概述了当今软件业界的状态并描述了软件架构正面临的挑战。同样，我们也讨论了架构实践在愈发敏捷化的世界中所扮演的角色及其在敏捷、DevOps、DevSecOps 中提供的价值。

本章还解释了为什么我们相信架构是持续交付和以云为中心的世界中的关键角色，并定义了持续架构，描述了持续架构的益处，同时讨论了应用持续架构所需要的指南。我们强调持续架构提供的是一组准则、基本活动和工具支持，而不是一个正式的方法论。最后，我们对本书核心的案例研究的背景做了介绍。

第 2 章详细讨论软件架构的基本活动，包括对于架构决策的关注、技术债务的管理、质量属性的实现、架构策略的使用以及反馈循环的实施。

第 2 章 Chapter 2

架构实践：基本活动

为什么架构很重要？架构的基本活动有哪些？这些活动有什么实际意义？本章主要回答这些问题。在第 1 章，我们讲述了架构的定义及其相关内容，了解了软件架构比以往任何时候都要重要的原因。

应用准则 1（*用产品思维，而非项目思维来设计架构*）告诉我们，为正确看待架构，应该把专注点放在软件系统的开发上。在本书的其余部分，我们使用软件系统（或系统）一词来指代正在开发的产品，并以贸易金融交易（TFX）系统为例做案例研究。

正如我们在第一本书[1]中所述，所有成功的软件系统都有三组关键的活动（或角色）（见图 2.1）。

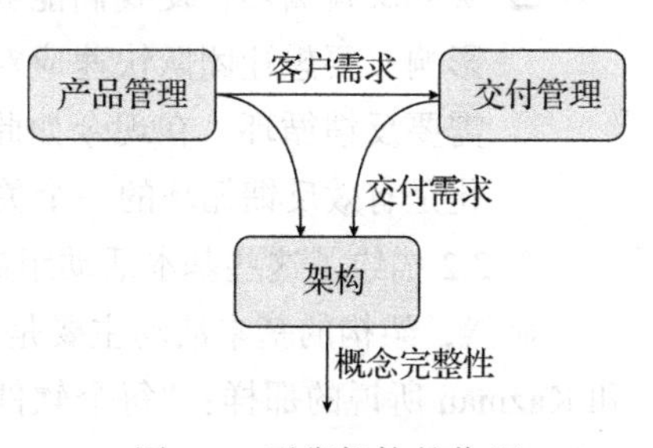

图 2.1　平衡架构的作用

由此可见，架构的目标是客户需求和交付能力的平衡，以创建一个连贯、可持续的系统。一个系统不仅应满足其功能要求，还应满足相关的质量属性，这点我们会在本章后半部分讨论。

架构和架构师这个话题，其关键在于，传统上假设从事架构工作的人是全能且充满智慧的。在持续架构中，我们建议远离这一假设，并以“架构工作”和“架构责任”代替。这些词汇不仅指出了架构活动的重要性，还强调了架构是团队而非个体的责任。

弗里德里克·布鲁克斯（Frederick Brooks）在他的开创性著作《人月神话》[2]中对概念

---

[1] Murat Erder and Pierre Pureur, “Role of the Architect,” in *Continuous Architecture: Sustainable Architecture in an Agile and Cloud-centric World* (Morgan Kaufmann, 2015), 187–213

[2] Frederick P. Brooks Jr., *The Mythical Man-Month: Essays on Software Engineering* (Addison-Wesley, 1995)

完整性给予了高度重视，并表示让架构来自一个单一的思想对于实现这种完整性是必要的。我们完全赞同概念完整性的重要性，但也相信通过团队密切合作可以实现同样的目标。

本节中概述的持续架构的准则和基本活动，有助于保护软件系统的概念完整性，同时让团队分担责任。这并不意味着个体永远不应该承担架构师的角色，只要这样做对团队来说是合适的即可。关键在于，如果某一个体确实承担了架构师这一角色，那么该个体必须作为团队的一部分，而非某个外部实体。

2.1 基本活动概述

从持续架构的角度来看，我们为架构定义了以下基本活动：

- 关注质量属性，它代表了一个好架构应该解决的关键交叉需求。性能、可伸缩性和安全性等质量属性非常重要，它们推动了最重要的架构决策，这些决策决定了一个软件系统的成败。在随后的章节中，将详细讨论能帮助我们解决质量属性的架构策略。
- 驱动架构决策，这是架构活动的主要工作单元。持续架构建议应明确关注架构决策，如果不理解或没有捕捉到这些架构决策，我们就会缺乏在特定上下文中进行权衡所需的知识。没有这些知识，团队就无法支持该软件产品的长期发展。在案例研究中，我们强调团队所做的关键架构决策。
- 了解技术债务，认识和管理技术债务是可持续架构的关键。缺乏对技术债务的认识最终将导致软件产品无法以具有成本效益的方式响应新的**特性**需求。不仅如此，团队的大部分精力将用于解决技术债务带来的挑战，即偿还债务。
- 实施反馈循环，使我们能够在软件开发生命周期中顺利迭代并了解架构决策带来的影响。要想让团队快速应对需求变化和架构决策所造成的任何不可预见的影响，就需要反馈循环。在现今如此快速的开发周期下，我们必须能够尽快纠正方向。自动化是有效反馈循环的一个关键方面。

图 2.2 描绘了这些基本活动组成的持续架构循环。

显然，架构的基本活动主要是为了影响生产环境中运行的代码[1]。正如 Bass、Clements 和 Kazman 所说的那样：“每个软件系统都有一个软件架构。”[2]这些基本活动的主要关系可以概述如下：

- 架构决策直接影响生产环境。
- 反馈循环能够评估架构决策的影响以及软件系统如何满足质量属性需求。
- 质量属性需求和技术债务帮助我们确定架构决策的优先级。

---

[1] 在第 1 版《持续架构》中，我们称此为已实现的架构。

[2] 《软件架构实践》（*Software Architecture in Practice*）第 3 版的第 6 页：Len Bass、Paul Clements 和 Rick Kazman 著，Addison-Wesley 出版社，2012 年版。此外，《ISO/IEC/IEEE 42010:2011 系统和软件工程——架构描述》中也指出：“每个系统都有一个架构，无论你是否理解，是有记录的还是概念上的。”

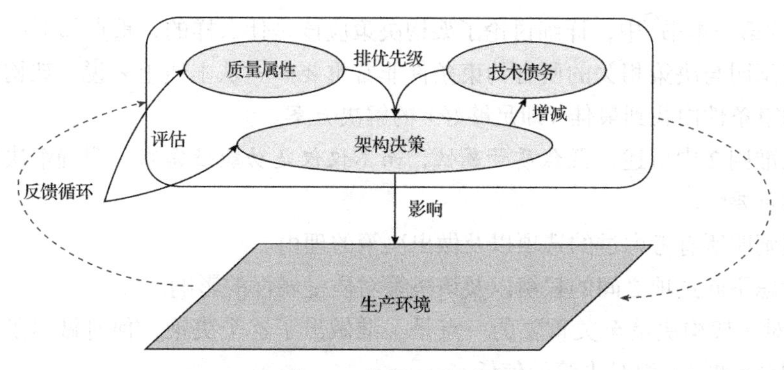

图 2.2　架构基本活动

- 架构决策会增加或消除技术债务。

读者可能会感到惊讶，为什么我们不讨论模型、透视图、视图和其他架构工具，而这些都是非常有价值的工具，这些工具可以用来描述和交流架构。但是，撇开我们强调的基本活动，只谈架构工具是不够的。换句话说，模型、透视图、视图和其他架构工具应该被视为达到目的（即创建可持续软件系统）的一种手段。

以下各节会详细讨论每项基本活动，总结我们在当今软件架构实践中观察到的一些共同主题，这些主题对架构的基本活动进行了补充。

2.2　架构决策

如果问一个软件从业者，架构活动最明显的输出是什么，很多人可能会指向一张突出关键组件及其交互的精美图表，而且往往图表的颜色越多、复杂程度越高越好。

通常来说，这种图表在普通页面上很难阅读，而且需要特殊的大型打印机来制作。架构师想让自己看上去很聪明，通过制作复杂的图表来显示自己有能力解决极其困难的问题。虽然这种图表看似能够控制住作图者和看图者，但实际上对推动架构变化的影响往往很有限。一般来说，大家对这些图表的理解都不太一致，在没有作图者加入画外音的情况下，很难进行有效解读。此外，这种图表还很难更改，最终会与生产环境中运行的代码产生分歧，从而在制定架构决策时让人产生困惑。

这就给我们带来了一个问题：架构师（或架构工作）的工作单元是什么？是花哨的图表、逻辑模型还是运行中的原型？持续架构指出架构师的工作单元是架构决策。因此，任何架构活动最重要的输出之一就是在软件开发过程中做出的一系列决策。但是，对于以一致且容易理解的方式达成并记录架构决策，大多数组织所付出的精力少之又少，这点让我们非常惊讶。当然，在过去几年中，我们也看到了这一问题在不断得到纠正。GitHub[⊖]中对记录架构决策的关注就是一个很好的例子。

⊖ https://adr.github.io

在我们的第一本书[1]中，详细讨论了架构决策应该是什么样的，重点如下：

- 清楚阐明与决策相关的所有约束条件非常重要——从本质上来说，架构就是在给定的约束条件内找到最佳（即足够好）的解决方案。
- 正如准则 2 中所述，聚焦质量属性，而不仅仅是功能性需求。明确解决质量属性需求的重要性。
- 必须阐明所有考虑过的选项以及做出决策的理由。
- 应考虑不同选项之间的权衡以及该决策对质量属性的影响。

最后，对于架构决策至关重要的一点是：谁做出了这个决策，何时做出了这个决策？适当的问责制能增加人们对决策的信任。

2.2.1 架构决策的制定和治理

让我们看看企业中不同类型的架构决策。图 2.3 展示了一个典型企业做架构决策的方法，这种方法也是我们所推荐的[2]。

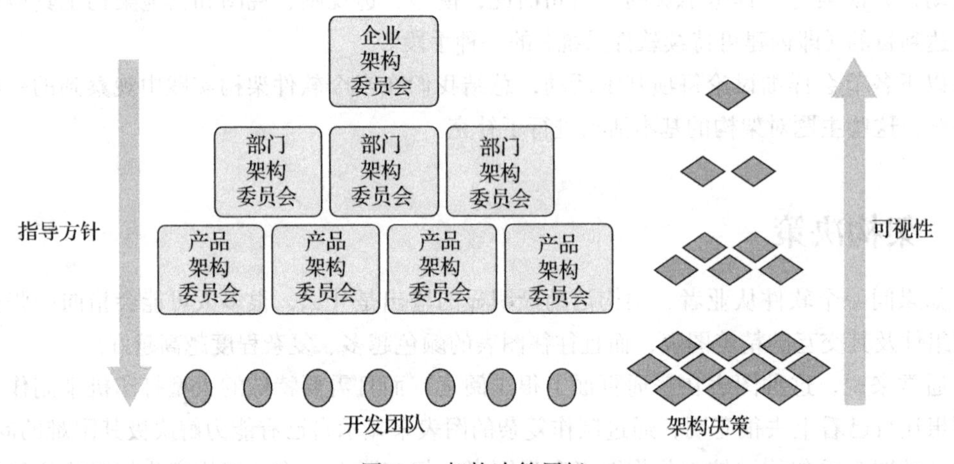

图 2.3 架构决策层级

假设一个企业已经建立了批准决策的治理机构，那么该治理机构的级别越高，所做的决策和审查自然就越少。譬如，与产品级治理委员会相比，企业架构委员会做出的决策要少得多。值得注意的是，架构决策的范围和重要性会随着规模的增加而增加。但是，大多数可能影响架构的决策都是由开发团队实地推动的。离实施越近，做的决策就越多。尽管这些决策的范围通常比较有限，但随着时间的推移，这些决策会对整体架构产生显著影响。在开发这个级别，做更多的决策本身没有错，我们反对的是给需要敏捷的开发团队造成不

[1] Erder and Pureur, "Evolving the Architecture," in *Continuous Architecture*, 63–101

[2] Ruth Malan 和 Dana Bredemeyer 的文章"Less Is More with Minimalist Architecture"中也有类似的观点：*IT Professional*，2002 年，第四卷第五期，47-48。

必要的负担和官僚主义。为交付软件系统，开发团队必须快速做出决定。从持续架构的角度来看，有两大要素能使我们有效利用敏捷的项目团队，扩大架构决策治理的范围：

- 指导方针：实际上，如果开发团队有明确的指导方针要遵守，它破坏架构的可能性就会大大降低。比方说，如果我们在何处实现以及如何实现存储过程方面有明确的指导方针，就能避免在架构的任意地方编写存储过程从而导致整体架构变脆弱的情况[⊖]。回到图2.3，读者会看到上级治理机构的主要工作不是做出决策，而是制定指导方针。推荐的做法是，针对组织中级别越高的人制定的原则应该越少。
- 可视化：如前所述，我们不想妨碍开发团队按照自己的交付节奏做出决策。同时，我们也不希望系统或企业的整体架构因开发团队的决策而受到损害。回到之前所举的存储过程的例子，我们可以想象这样一个场景：团队随意放置了一些存储过程以满足它的即时交付。在某些情况下，团队甚至忘记了这些存储过程的存在，从而导致了一个重构成本极高的脆弱架构。在一个组织的各个级别实现架构决策的可视化并在不同团队之间共享这些决策将大大降低重大架构妥协发生的可能性。从技术层面上讲，实现决策可视化并不困难，只需要就如何记录架构决策达成一致即可。读者可以使用我们第一本书中提供的模板或架构决策记录表，也可以利用组织中现有的通信和社交媒体渠道来分享这些决策。虽然技术难度不高，但培养架构决策共享的企业文化目前依然很难实现，因为它需要原则、毅力和开放的沟通。让每个人都可以看到你的决策，同时在工作时与团队保持密切联系（例如，进入它的Git仓库查看），这两者之间也天然存在一种紧张的关系。

让我们简单看一下持续架构几大准则是如何帮助我们处理架构决策的。这些准则与领域驱动设计[⊜]的方法是一致的，它是一种非常强大的软件开发方法，可以用来解决持续架构所面临的类似挑战。

- 应用准则4（利用“微小的力量”，面向变化来设计架构），创造松散耦合的内聚组件，组件内的架构决策对其他组件的影响有限。某些架构决策仍然会影响其他组件（譬如最低限度来说，如何定义组件及其集成模式），但我们可以通过制定专门针对该组件的一些决策来单独解决。
- 应用准则6（在完成系统设计后，开始为团队做组织建模），以建立专注于组件交付的协作型团队。当团队间以合作的方式开始运行时，相关架构决策的知识共享也会变得更加自然。

2.2.2 敏捷项目中的架构决策

现在，让我们研究一下敏捷开发环境中的架构决策。大多数技术从业者都对来自象牙

⊖ 存储过程与其说是一种架构，不如说它是一个设计决策。决策就是决策，设计和架构之间的区别在于规模。持续架构适用于所有规模。

⊜ https://dddcommunity.org/learning-ddd/what_is_ddd

塔的高层架构方向持谨慎态度。团队会做出必要的决策并在需要时对这些决策进行重构。我们支持这种观点。持续架构强调应明确关注架构决策，而非在激烈的讨论中忘记它们。架构决策应该被视为重要的软件工件，这是使敏捷扩展到更广泛的企业环境并与更广泛的企业环境相关联的关键。

明确定义所有已知的架构决策，其实是在创建一个架构的待办事项。这些架构决策包括你已经做出的决策以及你知道自己必须要做的决策。显然，该架构决策列表会随着你做出的一个个决策以及产品的开发而不断演进。但重要的是，我们有这样一个已知的架构决策列表，然后确定哪些问题是需要立即解决的。牢记准则 3——*在绝对必要的时候再做设计决策*。

要将架构决策与产品待办事项结合起来，主要有两种方式。一种方式是将架构决策的待办事项分离开来。另一种方式是将它们作为产品待办事项的一部分，但进行单独标记。具体采用哪种方法应基于自身情况而定，选择适合自己的，关键是不要忘记这些架构决策。图 2.4 说明了架构决策待办事项如何在逻辑上与单个产品待办事项相关联。

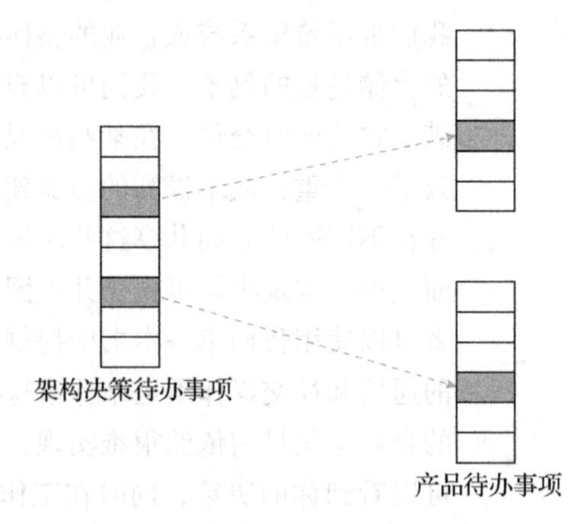

图 2.4 架构决策待办事项和产品待办事项

如果基于风险进行优先级排序，读者最终会优先关注架构上重要的场景，然后在前几个冲刺周期专注于做出关键的架构决策。

之后，如果能让其他团队和相关架构团队看到你的架构待办事项，那么它们就能完全无障碍地了解你的架构演进方式。

尽管关注架构决策是一项基本活动，但对架构进行一定程度的描述来实现架构的分享和交互仍然十分必要。我们认为，50% 以上的架构是关于沟通和协作的。你需要借此来培训新的团队成员并向不同涉众解释你的系统。《持续架构》中详细介绍了沟通和协作这两方面[⊖]。

在后续章节中，我们会扩展案例研究，重点介绍关键的架构决策。这些案例只是示例，并不是一整套完整的决策。此外，我们只抓取每个决策的一些基本信息，如表 2.1 所示。对于大多数架构决策，我们希望能捕捉更多的信息，包括与分析及决策理由相关的约束条件和细节。

表 2.1 决策日志条目示例

类型	名称	ID	简要描述	选项	逻辑依据
基本型	原生移动应用	FDN-1	移动设备上的用户界面以原生 iOS 和安卓应用程序实现	选项一：开发原生应用 选项二：通过浏览器实现响应式设计	更好的最终用户体验。更好的平台集成 但是，这两个平台开发存在重复性工作，并且跨平台功能可能存在不一致

⊖ Erder and Pureur, "Continuous Architecture in the Enterprise," in *Continuous Architecture*, 215–254

2.3　质量属性

对所有软件系统而言，需求分为以下两类：

- 功能性需求：描述了系统必须提供的业务能力以及系统在运行时的行为。
- 质量属性（非功能性）需求：描述了系统在交付功能性需求时必须满足的质量属性。

质量属性可以被视为软件系统需要提供的特性（例如，可伸缩性、易用性、可靠性等）。尽管非功能性需求这一术语在企业软件部门中已经得到广泛使用，但在行业中使用得越来越普遍的却是质量属性一词。相对于非功能性需求，质量属性更具体地解决了软件系统需要处理的关键属性问题[㊀]。

如果一个系统不满足任何质量属性需求，它就无法按要求运行。这种系统满足了所有功能性需求，但由于性能或可伸缩性问题，最终会导致系统失败，经验丰富的技术人员可以举出好几个这样的例子。盯着屏幕等待软件更新可能是你能想到的最令人沮丧的用户体验之一。安全漏洞不是所有技术人员都愿意处理的事件。这些例子都强调了解决质量属性的重要性。质量属性与架构决策密切相关，因为后者是对如何满足质量属性这一问题的一个可重用的架构性建议[㊁]。

很少有从业者意识到，质量属性的正式定义在标准界已经相当成熟。例如，ISO/IEC 25010 中定义的产品质量模型[㊂]，作为 SQuaRe 模型的一部分，包括八个质量特性，如图 2.5 所示。

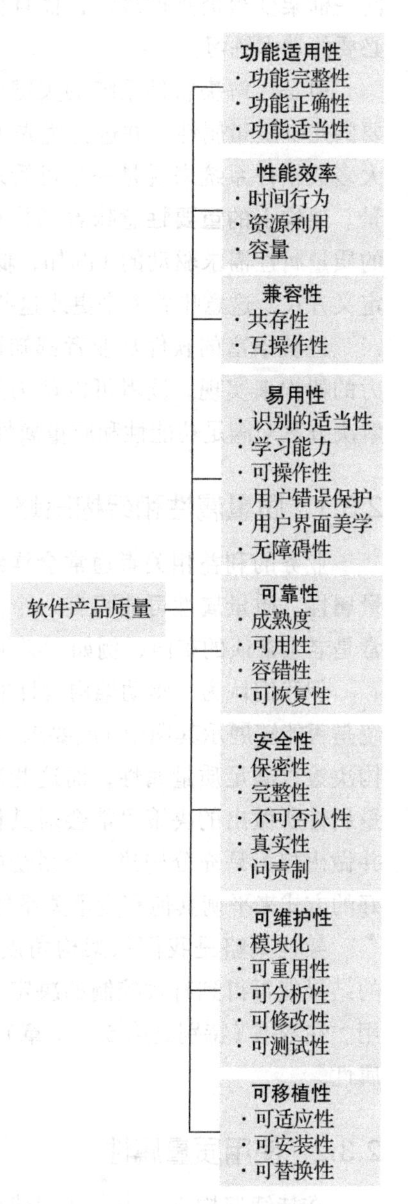

图 2.5　产品质量模型

脱离具体的系统环境来描述质量属性是很困难的。例如，延迟这一属性在报税应用程序中可能工作良好，但对于自动驾驶仪来说却是灾难性的。这就使整体采用

㊀ 一种比较幽默的批评认为“非功能性需求”这一术语暗指需求本身是非功能性的。

㊁ Nick Rozanski and Eoin Woods, *Software Systems Architecture: Working with Stakeholders Using Viewpoints and Perspectives* (Addison-Wesley, 2012)

㊂ International Organization for Standardization and International Electrotechnical Commission, *ISO/IEC 25010:2011 Systems and Software Engineering — Systems and Software Quality Requirements and Evaluation (SQuaRE) — System and Software Quality Models* (2011). https://iso25000.com/index.php/en/iso-25000-standards/iso-25010

同一框架变得极具挑战性，而且会让制定一份所有质量属性的完整列表这项活动看似没有必要的学术练习。

但是，解决软件系统的关键质量属性是最重要的架构考虑因素之一。应该选择出最重要的几个质量属性，并进行优先级排序。在实践中，我们可以说大约 10 个质量属性场景对大多数软件系统来说是一个可管理的列表。读者可以认为这个列表是**有重要架构意义**的场景。**架构上的重要性**意味着场景对软件系统的架构影响最大。这些场景通常是由难以实现的质量属性需求驱动的（例如，低延迟、高可伸缩性）。此外，场景会影响系统基本组件的定义方式，这意味着未来更改这些组件的结构将会是一项代价高昂且困难重重的工作。

经验丰富的软件从业者都知道，一组给定的功能通常可以由几种具有不同质量属性能力的架构来实现。读者可以认为架构决策是关于找寻平衡的方法，试图找到一个足够好的解决方案来满足功能性和质量属性需求。

2.3.1 质量属性和架构策略

业务的利益相关者通常会详细记录并仔细审查功能性需求，而以更简洁的方式记录质量属性。质量属性可能只有一个简单的列表，记在单页上，一般不会被仔细审查，而且通常是老生常谈的东西，例如“必须是可扩展的”“必须是高度可用的”。

但我们认为，驱动架构设计的正是质量属性。正如 Bass、Clements 和 Kazman 所说：“系统是否能够展示其期望（或要求）的质量属性在很大程度上取决于架构。”[⊖] 我们需要做出架构决策以满足质量属性，而这些决策通常是妥协的结果，这是因为为了更好地实施给定质量属性所做出的决策可能会对其他质量属性的实施产生负面影响。准确理解质量属性需求并做出权衡是充分构建一个系统的最关键先决条件之一。通常，架构决策旨在找到当下最好的方式来平衡其他有竞争关系的几个质量属性。

架构策略是我们从架构角度处理质量属性的一种方式，是影响一个或多个质量属性的结果能否得到有效控制的决定。策略通常记录在目录中，以提高架构师对这些知识的重用。在本书（特别是第 5 ～ 7 章）中，我们都提到了架构策略，这些策略侧重于特定的质量属性。

2.3.2 使用质量属性

在持续架构方法中，我们建议介绍和描述会用于驱动架构决策的质量属性需求。但是如何描述质量属性呢？一个质量属性的名称本身并不能提供足够具体的信息。例如，我们所说的*可配置性*是什么意思？可配置性既可以指让系统适应不同基础设施的需求，也可以指改变系统业务规则的需求，这两种描述截然不同。诸如“可用性”“安全性”和“易用性”之类的属性名称可能同样不够明确。不同的作者用于描述质量属性的词汇可能会有很大差

⊖ Bass, Clements, and Kazman, *Software Architecture in Practice*, 26

异，所以试图用非结构化方法记录质量属性需求也不尽如人意。

现代系统普遍面临的一个问题是无法准确预测质量属性。应用程序确实可以在用户和交易量上实现指数级增长。但与此同时，我们可能会为了永远无法实现的预期量对应用程序进行过度设计。这时，我们就需要应用准则 3（*在绝对必要的时候再做设计决策*）来避免过度设计。另外，我们需要实施有效的反馈循环（本章稍后讨论）和相关评估，以便能够快速应对变化。

我们建议使用架构权衡分析方法中的效用树方法，即 ATAM[⊖]。使用该方法的关键在于记录下能够说明质量属性需求的架构场景。

2.3.3　构建质量属性效用树

ATAM **效用树**在第一本书[⊖]中已经提过，这里我们不再进行详细介绍。对构建效用树而言最重要的是清楚了解每个场景的三个属性：

- ❑ *激励*：架构场景的这一部分描述了用户或系统的任何外部激励（例如，时间事件、外部或内部故障）如何启动架构场景。
- ❑ *响应*：架构场景的这一部分描述了系统应该如何响应激励。
- ❑ *度量*：架构场景的最后一部分对激励的响应进行了量化。这种评估不必非常精确，它可以是一个范围，重要的是能够捕捉最终用户的期望并推动架构决策。

读者可以在定义场景时包含的另一个属性是：

- ❑ *环境*：激励所发生的环境，包括系统的状态或任何有效的异常情况。例如，该场景与正常负载或峰值负载下的响应时间有关吗？

以下是可伸缩性的质量属性场景示例：

- ❑ *激励*：采用 TFX 后，进口信用证（L/C）的开证量每六个月增加 10%。
- ❑ *响应*：TFX 能够应对开证量的增加。响应时间和可用性评估没有显著变化。
- ❑ *度量*：在云中运行 TFX 的成本不会随着开证量的增加每次都增加 10% 以上，平均响应时间的增加总体上不超过 5%，可用性下降不超过 2%。因此，TFX 架构无须重构。

随着本书中案例研究的扩展，我们提供了更多使用相同方法的案例。

2.4　技术债务

技术债务一词在软件行业中获得了很大的关注。它是一个比喻，用来解决由几个短期

⊖ Software Engineering Institute, *Architecture Tradeoff Analysis Method Collection*. https://resources.sei.cmu.edu/library/asset-view.cfm?assetid=513908

⊖ Erder and Pureur, "Getting Started with Continuous Architecture: Requirements Management," in *Continuous Architecture*, 39–62

决策导致的长期问题，对技术债务与金融债务的运作方式进行了比较。技术债务并不总是坏事，它有时是有益的（例如，将产品推向市场的快速解决方案）。这个概念是由沃德·坎宁安（Ward Cunningham）首次提出的。

尽管该术语在行业中被广泛使用，但并没有明确地定义。它的普及类似于用例一词，失去了其最初的意图和明确的定义。在 *Managing Technical Debt* 一书中，Kruchten、Nord 和 Ozkaya 解决了这种歧义，并全面概述了技术债务的概念以及如何管理技术债务。他们对技术债务的定义如下：

> 在软件密集型系统中，技术债务包括结构的设计或实施，它们在短期内是有利的，但会建立一个技术环境，增加未来的更改成本或使之变得不可能。技术债务是一种或有负债，其影响仅限于内部系统质量——主要包括但不限于可维护性和可演进性[一]。

这个定义非常好，因为它没有严格遵循金融债务的比喻，而更多地关注了技术债务产生的影响，这种比喻虽然有用，但并不能完全准确地表达其含义。对可维护性和可演进性的关注是如何看待技术债务的关键，如果预测某系统不会演进，那么应该尽量减少对技术债务的关注。例如，为航海家号宇宙飞船编写的软件，对技术债务的关注应该非常有限[二]，因为我们预期该软件系统不会演进且维护机会有限。

如图 2.6 所示，技术债务可以分为三类：

- 代码：此类技术债务包括难以维护和演进（即引入新功能）的容易编写的代码。源代码分析工具可以使用 OMG 的自动技术债务测量规范[三]来评估代码类技术债务。读者可以将该规范视为循环管理、变量初始化等常见问题的标准化最佳实践。本书主要探讨架构而非实现，所以对此类技术债务不做进一步的讨论。
- 架构：此类债务是软件开发过程中架构决策的结果。这种类型的技术债务很难通过工具来衡量，但通常与其他类型的债务相比，它对系统的影响更大。例如，决定使用无法提供所需质量属性的数据库技术（例如，在一个普通键值型数据库可以提供质量属性的情况下使用了关系型数据库）对系统的可伸缩性和可维护性有重大影响。
- 生产基础设施：这类技术债务涉及用于构建、测试和部署软件系统的基础设施和代码的决策。构建 – 测试 – 部署越来越成为软件开发不可或缺的一部分，并且是 DevOps 的主要关注点。持续架构将构建 – 测试 – 部署的环境视为整体架构的一部分，如准则 5（为构建、测试、部署和运营来设计架构）所述。

[一] Philippe Kruchten, Rod Nord, and Ipek Ozkaya, *Managing Technical Debt: Reducing Friction in Software Development* (Addison-Wesley, 2019)

[二] Or at least no intentional debt. It is almost impossible to avoid creating unintentional debt. See Kruchten, Nord, and Ozkaya, Managing Technical Debt, principle 3, "All systems have technical debt"

[三] Object Management Group, *Automated Technical Debt Measure* (December 2017). https://www.omg.org/spec/ATDM

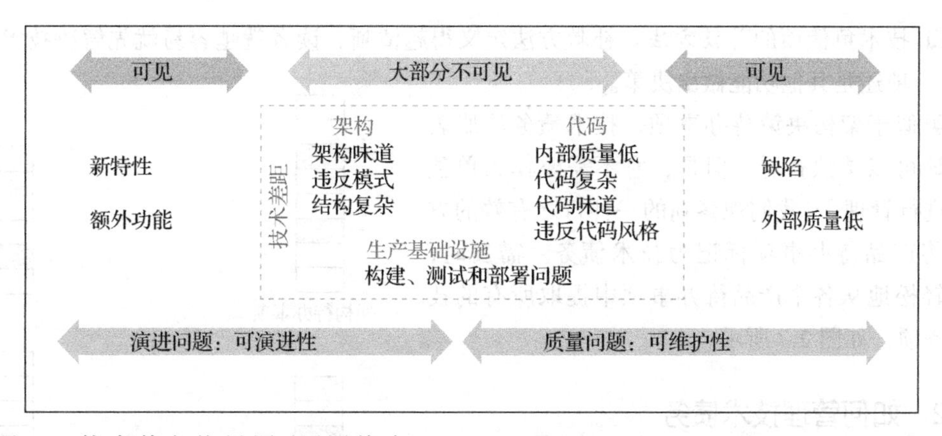

图 2.6 技术债务格局图（原图摘自 *Managing Technical Debt*：Philippe Kruchten，Rod Nord，Ipek Ozkaya，*SEI Series in Software Engineering*，Addison-Wesley，2019）

我们建议读者阅读 *Managing Technical Debt* 以及其他书籍，来获取这方面更多更深入的信息。在接下来的章节中，我们从产品架构的角度就如何结合实践来识别和管理技术债务给了几点建议。

> Alex Yates[⊖]有一篇很有意思的文章，他在里面提出了*技术债务奇点*一词。
>
> *技术奇点*被定义为计算机智能（或人工智能）将超过人类能力的点。在此之后，所有事件都将变得不可预测。
>
> 尽管技术债务奇点对人类来说不会产生如此可怕的后果，但对受影响的团队来说仍然很重要。Yates 定义了技术债务奇点。
>
> 我们可以将这一概念扩展到更广泛的企业中去，并认为当企业无法以具有成本效益的方式平衡业务需求的交付和 IT 环境的持续稳定性时，它就已经达到了架构债务奇点。

2.4.1 捕获技术债务

我们建议读者创建一个技术债务注册表，将它作为管理系统架构的关键工件。就产品待办事项的可见性和关联性而言，技术债务注册表应该以类似于架构决策待办事项的方式进行管理。

对任何技术项目而言，捕捉以下相关信息至关重要：

- *不解决技术债务项的后果*。这种后果既可以是未来业务需求无法满足，也可以是产品质量属性有所限制。这些后果应该以对业务友好的方式进行定义，最终，解决技术债务将优先于满足即时业务的需求。

⊖ Alex Yates, " The Technical Debt Singularity, " *Observations* (2015). http://workingwithdevs.com/technical-debt-singularity

- 技术负债项的补救方法。补救方法定义得越清晰，读者就越容易就先解决技术负债项还是其他功能做出决策。

类似于架构决策待办事项，技术债务注册表也应该可以单独查看。但是，它不需要作为单独的项进行管理[⊖]。我们观察到的一种行之有效的方法是将产品待办事项标记为技术债务。需要时，可以轻松地从各个产品待办事项中提取所有的技术债务项，如图 2.7 所示。

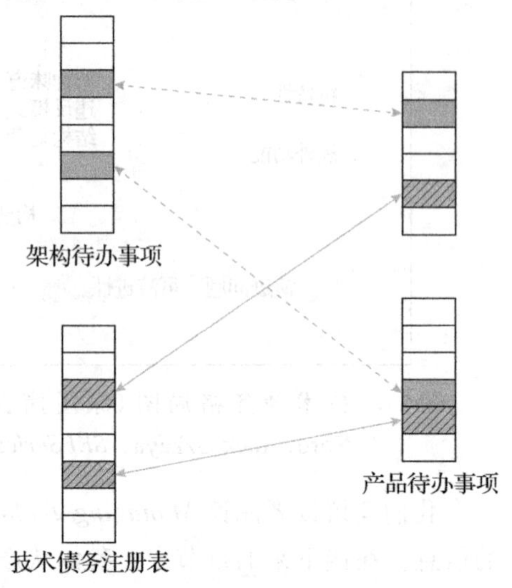

图 2.7　技术债务注册表和待办事项

2.4.2　如何管理技术债务

除了技术债务注册表，就确定技术债务项优先级的流程达成一致也很重要。我们建议优先考虑技术债务项的后果，不要过分担心“技术纯度”。例如，将基于文件的批量处理接口转换为基于 API 的实时接口似乎是一件好事，但如果对系统业务价值的影响有限，则不应优先考虑。

我们看到架构上对技术债务的关注主要有两个驱动因素：一是为了制定恰当的架构决策；二是为了影响未来产品发布的优先级。

制定架构决策的关键是，了解我们是在减轻现有的某个技术债务项，还是在引入新的技术债务。清楚了这一点，能让我们在每一步都确保产品长期具备概念完整性。

现在，让我们看看待办事项的优先级如何排序。在敏捷模式下，产品负责人决定优先考虑哪些项。即使读者没有以完全敏捷的模式运营，仍然可以与业务涉众就优先级和预算进行对话。如果业务债务看不到技术债务及其影响，那么相较于新功能，这些技术债务项的优先级就会低一点。就性质而言，技术债务项没有功能特性那么清晰可见，主要是对质量属性产生影响[⊜]。这就是架构的关注点所在[⊜]。我们的目标是阐明延迟解决技术债务项带来的影响。如果我们拖延的时间过长，软件系统可能会遇到技术债务奇点。

确保技术债务不会因新功能开发时间紧而被忽略的另一种策略是在每个版本中专门划拨一部分来解决技术债务。如何对待办事项进行分类不在本书讨论范围内，该领域范围很

⊖ Kruchten, Nord, and Ozkaya, *Managing Technical Debt*, chapter 13

⊜ 如果某一质量属性需求（例如正常运行时间）在很大程度上没有满足，其后果是非常明显的。然而，大多数技术债务项并没有那么清晰，但通常会影响未来产品能力的有效响应。

⊜ Kruchten, Nord, and Ozkaya, *Managing Technical Debt,* principle 6, “Architecture technical debt has the highest cost of ownership”

大。Mik Kersten 提供了一个令人信服的观点[⊖]。他指出，待办事项中需要考虑四种类型的项（即流程项）：特性、缺陷、技术债务和风险（例如安全、监管风险）。

为了将本书限制在可实现的范畴内，我们决定不在其余部分讨论技术债务。但是，我们认为架构师积极管理技术债务是很重要的，并且推荐读者参阅书中所提供的一些资料。

2.5 反馈循环：架构演进

从生物系统（如人体）到电气控制系统，反馈循环存在于所有的复杂系统中。反馈循环最简单的方法是将任何过程的输出作为输入反馈到同一过程中。一个极其简单的例子是用于控制房间温度的电气系统（见图 2.8）。

在这个例子中，传感器提供了实际温度的读数，这让系统能够使实际温度尽可能接近所需温度。

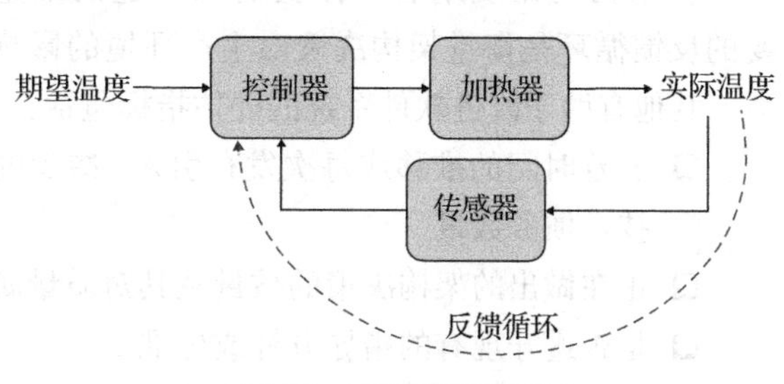

图 2.8 反馈循环示例

让我们将软件开发视为一个流程，它的输出是一个能满足所有功能性需求和所需质量属性的理想化系统。敏捷和 DevOps 的主要目标是实现更大的变更流，同时增加此流程中的反馈循环数量，最大限度地缩短变更发生和收到反馈之间的时间。自动化开发、部署和测试活动的能力是实现该目标的关键。在持续架构中，我们强调了频繁有效的反馈循环的重要性。快速交付软件解决方案且满足所有质量属性需求，此类要求越来越多，而反馈循环是我们应对这种要求的唯一方式。

什么是反馈循环？简单来说，当运行流程的结果用于改进流程本身在未来的工作方式时，流程有一个反馈循环。

如图 2.9 所示，实现持续反馈循环的步骤可总结如下：

1）收集评估指标：评估指标可以从多种来源进行收集，譬如适应度函数、部署流水线、生产缺陷、测试结果或系统用户的直接反馈。关键是不要通过实现一个复杂的仪表板来启动流程，这可能需要花费大量的时间和金钱来启动和运行。此外，我们只需收集少量对架构意义重大的指标。

2）评估：组建一支包括开发人员、运维人员、架构师和测试人员在内的多学科团队。该团队的目标是分析反馈的输出，例如，没有解决某个质量属性的原因。

3）增量调度：根据分析确定架构的增量变更。这种变更可以分为缺陷或技术债务。同样，这一步需要所有涉众的共同努力。

⊖ Mik Kersten, *Project to Product: How to Survive and Thrive in the Age of Digital Disruption with the Flow Framework* (IT Revolution Press, 2018)

4）实施变更：返回步骤 1（收集评估指标）。

反馈对于有效的软件交付至关重要。敏捷流程通过以下工具来获取反馈：

- ❑ 结对编程
- ❑ 单元测试
- ❑ 持续集成
- ❑ 每日站会
- ❑ 冲刺周期
- ❑ 向产品负责人演示功能

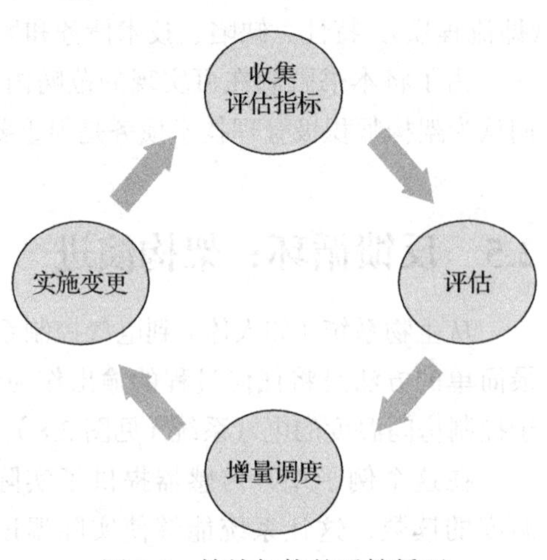

图 2.9 持续架构的反馈循环

从架构的角度来看，让我们感兴趣的最重要的反馈循环是衡量架构决策对生产环境的影响力。其他有助于改进软件系统的评估指标包括：

- ❑ 随着时间的推移或每次发布引入 / 减少的技术债务数量
- ❑ 正在做出的架构决策的数量及其对质量属性的影响
- ❑ 是否遵守现有的指导方针或标准
- ❑ 接口依赖与组件间的耦合情况

注意，该列表并不详尽，我们的目标不是建立一整套评估指标和相关的反馈循环。这种练习最终会形成一个有趣但在特定环境外并无作用的通用模型。我们建议重点关注那些对读者当前环境相对重要的策略和反馈循环。记住，反馈循环会对一些输出做出决策并采取相应措施将评估指标维持在某个允许范围内。

随着架构活动越来越接近开发的生命周期，并且由团队而非一个单独的群体负责，考虑如何将架构活动尽可能多地集成到交付生命周期中就显得非常重要。如前所述，一种方法是将架构决策和技术债务与产品待办事项联系起来。要专注于架构决策的评估和自动化，此外，质量属性也是另一个值得研究的方面。

读者可以采取这样一种方法来考虑架构决策，即将每个决策视为一种断言：明确断定某一可能的解决方案需要测试并证明其有效或测试不通过。理想情况下，我们通过测试的方式越快验证架构决策的正确性，我们的效率就越高。这项活动本身就是另一个反馈循环。随着系统的演进，未经快速验证的架构决策可能会给我们带来风险。

2.5.1 适应度函数

如何建立一种有效的机制，在架构为解决质量属性而演进的开发过程中加入反馈循环，这是架构师面临的一个主要挑战。在 *Building Evolutionary Architectures*[⊖]中，Ford、Parsons

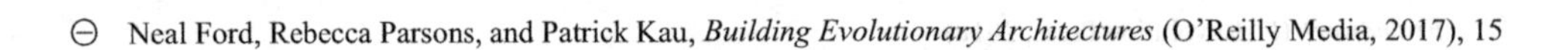

⊖ Neal Ford, Rebecca Parsons, and Patrick Kau, *Building Evolutionary Architectures* (O'Reilly Media, 2017), 15

和Kua引入了适应度函数这一概念来应对该挑战。在书中，他们详细介绍了如何定义适应度函数并使之自动化，以便创建一个关于架构的持续反馈循环。

Ford、Parsons和Kua建议尽早定义适应度函数。这样做使团队能够确定与软件产品相关的质量属性。构建自动化和测试适应度函数的能力还可以让团队对所有需要做架构决策的方案进行测试。

适应度函数与我们讨论过的四项基本活动有着内在的联系。适应度函数是一个强大的工具，应该对参与软件交付生命周期的所有涉众可见。

2.5.2 持续测试

如前所述，测试和自动化是实施有效反馈循环的关键。持续测试采用了左移方法，即通过自动化流程来显著提高测试速度，在各个开发阶段都确保质量达标。左移方法包括一组自动化测试活动，与分析和指标相结合，以便清晰、真实地了解交付软件的质量属性。这个过程如图2.10所示。

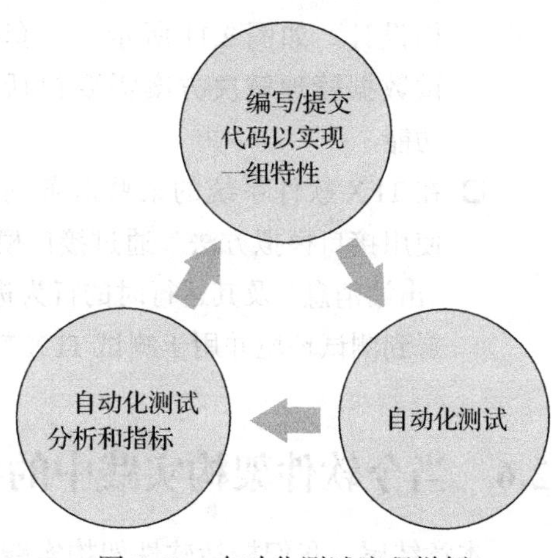

图2.10　自动化测试流程样例

持续测试方法为项目团队提供了开发中软件的质量属性的反馈循环。团队可以通过消除测试瓶颈（例如访问共享测试环境或必须等待用户界面稳定下来）来更早地进行测试并扩大测试范围。持续测试有如下好处：

- 将性能测试活动转移到软件开发生命周期的“左侧”，并将性能测试融入软件开发活动中。
- 在软件开发生命周期的每个步骤都集成了测试、开发和运营团队。
- 尽可能实现性能等质量属性的自动化测试，以持续测试所需交付的关键功能。
- 为业务合作伙伴提供系统质量属性的早期反馈和持续反馈。
- 消除测试环境的可用性瓶颈，使测试环境持续可用。
- 在整个交付过程中积极地、持续地管理质量属性。

持续测试所面临的挑战包括测试数据集的创建和维护、环境的安装和升级、测试运行所需时间以及开发过程中测试结果的稳定性。

持续测试依赖于测试和部署过程的广泛自动化，确保软件系统的各个组件在开发结束后都可以进行测试。例如，TFX团队可以采用以下策略[⊖]进行性能的持续测试：

⊖ 有关这些策略的更多详细信息，参见Erder和Pureur所著*Continuous Architecture and Continuous Delivery*之*Continuous Architecture*一节，103-129。

- 设计可用 API 测试的服务和组件。服务需独立于 TFX 软件系统的其他组件进行全面测试。这样做是为了在构建每个服务时对其进行全面测试，最大限度减少将这些服务放在一起做整体系统测试时可能出现的意外情况。创建新服务时，对遵循持续架构方法的架构师而言，关键问题应该是："这个服务是否可以作为一个独立单元进行轻松和全面的测试?"
- 为持续测试构建测试数据。拥有一套强大且完全自动化的测试数据管理解决方案是持续测试的先决条件。该解决方案需要作为持续架构方法的一部分进行适当的架构设计。如图 2.11 所示，一套有效的测试数据管理解决方案需要包括几个关键功能。

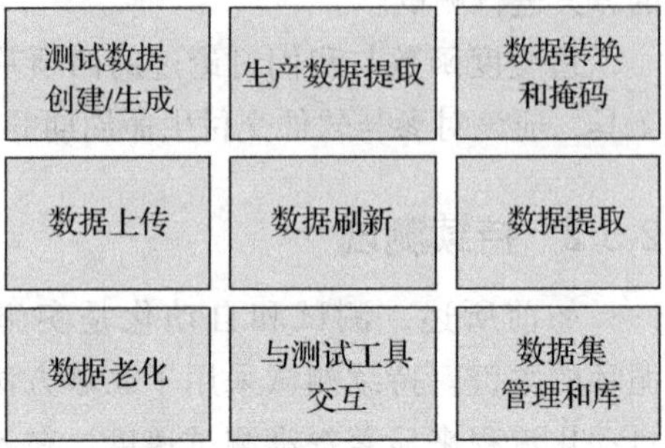

测试数据创建/生成
生产数据提取
数据转换和掩码
数据上传
数据刷新
数据提取
数据老化
与测试工具交互
数据集管理和库

图 2.11 测试数据的管理能力

- 在 TFX 软件系统的某些服务尚未交付时使用接口模拟方法。通过接口模拟工具，TFX 项目团队可以对服务接口定义（入站 / 出站消息）及其运行时的行为进行分析来创建虚拟服务。模拟接口创建后，将其部署到测试环境并用于测试 TFX 软件系统，直到实际服务均可用。

2.6 当今软件架构实践中的共同主题

本章结尾，我们概括软件架构实践中看到的一些关键趋势，对各趋势做简述并突出相关要点。本书不对这些趋势进行详细概述。

2.6.1 以准则为架构指南

准则是架构从业者使用最广泛的指南类型之一。

如果团队完全接受一小组关键准则并以此来影响自己的决策，那么这些准则就变得非常有价值。准则在与主要涉众进行沟通和谈判决策方面意义重大，有助于我们进行有效的对话，且对违反这些准则后可能会出现的问题做了强调。

例如，为了在截止日期前交付产品，团队可能决定通过直接访问后端数据库来快速构建用户界面。如果这样做，团队就违反了"通过 API 接口集成"这一原则。绕过 API 会将用户界面与后端数据库紧密耦合，并使两个组件的后续开发变得更加困难。事先对这一准则有一个共同的认识，将使团队与软件涉众的对话简单化。软件涉众仍然可以决定继续采用直接访问数据库的方式，但做出决策的同时，他们也知道这样做会给软件产品带来技术债务。

创建一套完整、涵盖所有可能性的准则，是业内常见的一种不良做法，这种准则清单极长且细微到令人难以忍受，而且通常需要冗长的编辑工作。然而很多时候，实际做出决策的团队在思考过程中并没有应用这些准则。

我们看到的另一个挑战是如何编写准则。有时，它们是老生常谈，例如："所有软件都应该以可扩展的方式编写。"一个团队不可能会去开发不可扩展的软件。准则的编写方式应该能够帮助团队做出决策。

如前所述，能让团队在软件系统开发和架构决策制定上得以生存和发展的才是最有价值的准则。它们通常是一些基本语句。

对架构准则来说，一个简单但很好的例子是"先购买后构建"，这句话具有以下特点：

- 清晰：准则应该像营销口号一样易于理解和记忆。
- 为决策提供指导：在做出决策时，读者可以轻松地从准则中寻求指导。在这个例子中，这意味着如果读者要购买一个可行的软件产品，在构建解决方案前就应该买下这款软件。
- 原子性：该原则不需要理解其他上下文或其他知识。

2.6.2　由团队负责的架构

专注于构建跨职能、有自主权的团队，是敏捷实践的一个关键优势。一个有效的团队可以为组织创造巨大的价值。过去，有些企业一直在寻找比普通开发人员效率高出数倍的明星开发人员，但现在他们已经认识到了建立和维护高效团队的必要性。这样说并不意味着不应该认可明星开发工程师，而是这样的人才很难找到。从长远来看，建立有效的团队是一个更容易实现的模式。

这样一来，架构活动就会成为整个团队的责任。现在，架构越来越成为一门学科（或技能），而非一个角色。进行架构活动所需的关键技能，主要有以下几项[⊖]：

- 设计能力：架构是一种面向设计的活动。架构师可能会设计网络这种非常具体的东西，或者类似流程这样不太具体的东西。不管怎样，设计都是架构活动的最重要环节。
- 领导能力：架构师不仅仅是领域的技术专家，也是技术领导者，他们在自己的影响范围内塑造和指导技术工作。
- 聚焦软件涉众：架构本质上是为广大软件涉众服务的，要平衡他们的需求，进行清晰的沟通，澄清定义不明确的问题，并识别潜在的风险和机遇。
- 将系统范围内的问题概念化并加以解决的能力。架构师关心的是整个系统（或系统的系统），而不仅仅是其中的一部分，因此他们倾向于关注系统的质量而非具体的功能。
- 参与系统的生命周期：架构师不仅仅是构建系统，他们可能会参与系统生命周期的所有阶段，从系统需求的确定到系统的最终下架和替换，架构性地参与通常跨越系

⊖ Eoin Woods, " Return of the Pragmatic Architect," IEEE Software 31, no. 3 (2014): 10–13. https://doi.org/10.1109/MS.2014.69

统的整个生命周期。

- 平衡问题的能力：最后，架构工作的方方面面，很少有一个正确的答案。

尽管我们声明架构越来越成为一种技能而非角色，但对角色进行定义仍然是有益的。如前所述，在《人月神话》[一]一书中，Brooks 谈到了软件产品的概念完整性。这是定义架构师角色的一个很好的起点——总体来说，架构师对正在构建或设计的实体的概念完整性负责。

持续架构指出，架构师负责以保护软件系统概念完整性的方式驱动架构决策，最终实现软件系统的落地。

在我们的第一本书《持续架构》[二]中，我们详细概述了架构师这一角色（或能够完成架构工作的人）所需要的性格特征、技能和沟通能力。

2.6.3 模型与符号

架构活动是否成功的关键是沟通。不幸的是，在 IT 世界里，我们花了很长的时间去讨论不同的术语（如用例与**用户故事**）、符号和架构工件（如概念架构、逻辑架构与物理架构）的确切含义。

统一建模语言（Unified Modeling Language，UML）是软件行业创建通用符号的最成功尝试之一，并在 1997 年成为 OMG 标准[三]。20 世纪 90 年代后期和 21 世纪初，UML 看似会成为可视化软件的默认标准，但近年来它的受欢迎程度却一直在下降。我们不能确定发生这种变化的原因，但有一点是肯定的，那就是软件工程是一个快速发展且非常年轻的行业。所以，大部分形式主义的东西都被新技术、新时尚和全新的工作方式压倒了。可以说与开发人员唯一相关的工件是代码，其他任何表现形式都需要付出额外的努力来维护，因此随着团队对系统的不断开发演进，形式主义的东西很快就会过时。

为软件创建可视化语言的另一个尝试是 ArchiMate，它最初是在荷兰开发的，并于 2008 年成为 Open Group 的一个标准[四]。和以系统为中心的 UML 不同，ArchiMate 尝试对企业架构工件进行建模。

尽管 UML 具有了更大的吸引力，但目前行业中仍然没有一个统一的符号可以用来交流软件工件和架构工件。矛盾的是，UML 和 ArchiMate 反而会使这种沟通变得更加困难，因为很少有开发人员和相关涉众能够很好地理解它们。通常情况下，大多数技术人员和团队最终会通过绘制自由图表的方式来描绘架构。这是一项重大挑战，因为沟通是开发和维护系统成功或企业架构成功的关键。

[一] Brooks, *The Mythical Man-Month*

[二] Erder and Pureur, "Role of the Architect," in *Continuous Architecture*, 187–213

[三] https://www.omg.org/spec/UML/About-UML

[四] https://pubs.opengroup.org/architecture/archimate3-doc

解决这一问题的最近的一次尝试是由西蒙·布朗创建的 C4 模型[1]。这种模型极为有趣，它用更加正式的符号解决了我们面临的一些挑战。作为一种哲学，它试图创建一种方法，使架构的表现接近于代码并且可供开发人员使用。

从持续架构的角度来看，我们可以进行以下观察：如本章开头所述，推动可持续架构所需的核心要素是关注质量属性、架构决策、技术债务和反馈循环。然而，有效的沟通也至关重要，但是我们又不能过度沟通！因此，使用通用语言来定义和交流架构工件就很合乎情理了。虽然行业在这方面的探索仍未找到方向，但这并不意味着读者不应该在自己所在的领域为此努力，无论自己在系统、部门还是企业内。

虽然我们没有推荐某种特定符号，但并不否认图形化沟通和有效建模的重要性。读者在确定所选择的方式时，可以考虑以下几个关键因素[2]：

- 简洁性：图表和模型应该易于理解并能传达关键信息。一种常见的方法是使用单独的图表来描述不同的问题（如逻辑、安全、部署等）。
- 目标受众的可访问性：每个图表都有一个目标受众，图表应向其受众传达关键信息。
- 一致性：使用的形状和连接应该具有相同的含义。一个能够识别每种形状和颜色的含义的关键字可以促进一致性，使团队和利益相关者之间的沟通更加清晰。

最后需要注意的是，出于本书的目的，我们在案例研究中使用了类似 UML 的符号。

2.6.4 模式和风格

1994 年，Erich Gamma、Richard Helm、Ralph Johnson 和 John Vlissides 出版了他们的开创性著作 *Design Patterns*[3]。在书中，他们确立了 23 种模式来解决面向对象的软件在开发过程中普遍面临的挑战。与提供的解决方案同样重要的是，他们引入了设计模式的概念并定义了一种方式来一致地解释这些模式。

随后的一些出版物将模式的概念扩展到从分析到企业应用等不同的领域。更重要的是，软件设计者能参考设计模式来进行相互交流。

我们在行业中看到的挑战是，大多数技术人员不了解模式或在使用模式时不严谨，在使用模式做权衡时尤其如此。但即便这样，组织内能有一个通用模式库还是很有意义的。而且，能在代码或运行软件中展示的模式越多越好。

2.6.5 架构作为决策流

如前所述，架构的关键工作单元是架构决策。架构决策的共同作用最终定义了架构，

---

[1] https://c4model.com

[2] https://www.edwardtufte.com

[3] Erich Gamma, Richard Helm, Ralph Johnson, and John Vlissides, *Design Patterns: Elements of Reusable Software Architecture* (Addison-Wesley, 1995)

这一说法在行业中已经流行了一段时间[⊖]，并且在当今世界变得更加突出。如果通过看板的方式将架构决策视图作为一个工作单元与用于任务管理的常见软件开发实践相结合，读者可能很容易会说架构只是一个决策流。图 2.12 描述了一个简单的看板设置，用于追踪架构决策。

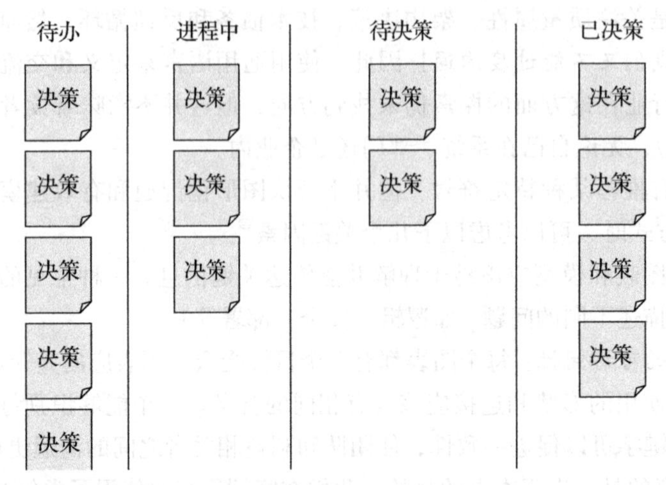

图 2.12 架构决策看板

本示例有助于从执行角度将架构决策作为一个流程进行管理。我们建议，除了记录架构决策，还要定义需要预先确定的架构决策，并明确它们之间的依赖关系。

2.7 本章小结

本章讨论了架构的基本活动及其在当今敏捷和云世界中产生的实际影响。在这个时代，人们总是希望我们能在更短的时间内更大规模地交付解决方案。我们首先定义了以下几个基本活动，这些活动强调了架构的重要性：

- 质量属性：它代表了一个好的架构应该解决的关键交叉需求。
- 架构决策：这是架构的工作单元。
- 技术债务：理解并管理好技术债务是可持续架构的关键。
- 反馈循环：它使我们能够以敏捷的方式演进架构。

我们强调了架构的基本活动，目的是影响生产环境中运行的代码，也谈到了架构工件（例如模型、透视图和视图）的重要性，并且认为这些是非常有价值的工具，可以用来描述和交流架构。但是，撇开我们强调的基本活动，光有这些工具是不够的。

随后，我们着重介绍了每项基本活动，提供了定义、示例和行业现有材料的参考资料，

⊖ Anton Jansen and Jan Bosch, "Software Architecture as a Set of Architectural Design Decisions," in 5th Working IEEE/IFIP Conference on Software Architecture (WICSA'05), pp. 109–120

强调了自动化和测试反馈循环的重要性。

落实这些活动的方式不是单一的，我们建议采用适合读者自己环境和开发文化的工具和技术。

在本章结束时，我们讨论了在软件架构实践中看到的一些关键趋势：准则、由团队负责的架构、模型和符号、模式和风格，以及作为决策流的架构。对于这些趋势，我们讲述了《持续架构》所持的观点。我们相信这些趋势与当今的软件行业息息相关，而且与所有趋势一样，皆有利弊。

在本书的其余部分，我们将讨论软件架构的其他方面，并适时参考本章中介绍的基本活动，以将它们应用到上下文中。

Chapter 3 第3章

数据架构

信息系统是为处理数据而存在的。可以说，迄今为止开发的每项技术的目的，都是为了保证更高效地处理数据。因为术语数据的过度使用，它快要失去意义了。本章将为读者解释，持续架构如何解决数据架构所关注的各种问题。

我们首先简要研究一下数据本身的含义，这可以帮助我们聚焦如何定义讨论的话题。然后，我们会概述行业的主要趋势，即数据成为一个极速演进并有趣的架构话题。我们特别关注下列趋势：NoSQL和多开发语言环境下的存储、可伸缩性和可用性（最终一致性）、事件溯源和分析。最后我们会深入探讨处理数据需要考虑的关键性架构因素。

关于数据的话题是非常宽泛的，我们不打算覆盖所有的边边角角。我们会提供有效的概述，来建立一种关于持续架构场景下数据的架构思维。我们从三个方面来确定讨论话题的方法。

首先，可用来做数据管理的底层技术日益多样化。大家可以选择不同的技术和架构风格，来解决特定问题。后面会看到，有了这些新技术，软件系统的数据结构不再需要被单独考虑。因此，关于数据技术的常识，是所有技术人员在做架构决策时必须掌握的。我们会阐述这些数据技术所涉及的话题，这些话题会直接用在贸易金融交易（TFX）案例中。

其次，任何软件系统都需要以数据为中心来考虑基本架构。包括理解数据如何管理（数据所有权和元数据），如何共享（数据集成），以及随时间推移的演进（数据结构演进）。我们将分享通过上述架构思考得到的想法和建议。

最终，我们会聚焦持续架构的准则如何作用于数据架构，并将演示TFX案例需要的关键架构决策点。

我们不会讨论数据话题的细节，比如数据建模和关联、元数据管理、创建和管理标识符、动态数据和静态数据。不过，这些话题我们会在 3.5 节的书单中列出。

3.1 数据即架构的考虑

随着接入设备和互联网使用量的激增，全世界的数据量正在呈指数级增长[㊀]。这产生了以灵活的方法管理、关联、分析这些数据的需求。这些方法可以帮助我们找到联系并推导出深层见解。满足这种需求的技术对如何开发系统有着显著的影响。从数据架构的角度来看，我们可以发现三个主要的驱动因素：

- 以 FAANG（Facebook、亚马逊、苹果、Netflix、谷歌）为代表的互联网巨鳄，让各种数据库技术的爆炸式增长变得更普遍。
- 数据科学能够使用相对廉价且可伸缩的技术，从数字世界产生的日益增长的大量数据中，为公司获取战略价值。
- 从商业和监管角度关注数据。在高度监管的行业例如制药和金融，这是尤其正确的思路。

在这些因素浮出水面之前，数据架构仅仅属于一小群数据建模师、数据架构师和技术人员，他们使用数据仓库和数据集市等技术来处理报告。不过在分布式系统日益增长的今天，聚焦数据需求成为架构设计的核心问题。

3.1.1 什么是数据

问问自己如何做数据可视化，这是个有趣的练习。读者看到了数据模型吗？像《黑客帝国》里面那样向下滚动的数字屏幕？一个饼图？无论读者如何做数据可视化，数据可视化对系统架构的重要性都是不言而喻的。在深入研究架构的方方面面之前，让我们快速将数据放入 DIKW 金字塔视图[㊁]来观察，请参考图 3.1。它代表术语数据、信息、知识和智慧之间的一种公认关系。

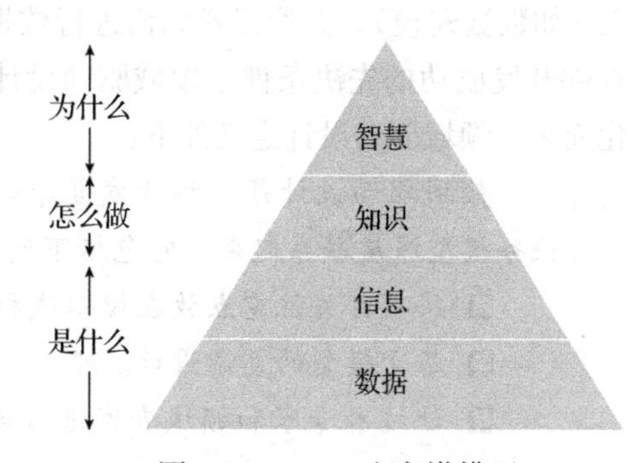

图 3.1 DIKW 金字塔模型

这里简单解释一下 DIKW 金字塔：

- 数据是我们收集的比特和字节。
- 信息是可以被理解和处理的结构化数据。
- 知识来源于使用数据和信息来回答问题、达成目标。它通常被认为回答怎么做的问题。

㊀ David Reinsel, John Gantz, and John Rydning, *Data Age 2025: The Digitization of the World from Edge to Core*, IDC White Paper Doc# US44413318 (2018), 1–29

㊁ 从历史上看，人们认为金字塔起源于 T.S.Eliot 诗句中的几行："我们在生活中失去的生命在何方？我们在知识中失去的智慧在哪里？我们在信息中失去的知识在何处？"(来自"岩石"组曲，副歌一)。

- ❑ 智慧的定义有些模糊，不过它可以被视作揭示数据、信息和知识之间的关系。（它回答为什么的问题。）

从持续架构的角度来看，如何定义*数据*不重要。我们感兴趣的是以数据为中心的思路如何影响架构设计。管理数据的架构决策对软件系统的可靠性有显著的影响，同样也影响着诸如安全性、可伸缩性、性能、可用性等质量属性。

早期有线电视公司如何做领域建模是个有趣的例子，它展示了初始数据架构决策如何影响软件产品的长期演进。最早有线电缆是物理铺设的，每个房子只有一个连接。该领域的软件是以房屋为中心建模的，它假设一个房子只有一个连接和账号。当多种服务（如无线互联网）和账户（如不同的住户）开始服务于相同的地址时，这些软件的演进会变得困难。另一个例子是，历史上银行采用以账户为中心的模型，导致每个客户都需要通过账户定义他们与银行的联系。如果用户拥有多个账户，它们会被看作不同的联系，导致难以整合客户级别的联系，对公司来说更是如此。上述模型必须被转换成以客户为中心的视图，帮助银行为其客户提供多种产品和服务。

3.1.2 通用语言

计算机系统处理数据的方式是明确的，但是建造和使用计算机系统的人却很难用一种通用语言来交流。在编写本书时，我们花了很长时间来设计一种通用概念模型。我们争论如何定义术语：比如*交易员*（最终没有使用）、*买方*、*卖方*和*出口商*。这些关于通用词汇的挑战最起码会造成延误和挫败感，甚至在最坏情况下会导致软件的缺陷。举个例子，在贸易金融领域，银行具备几种不同的角色：开证行、通知行[㊀]等。这些角色之间的误解，以及他们如何申请信用证，可能会在开发团队和业务方之间造成许多困惑。

为了应对这些挑战，软件专家通常会专注于梳理清楚业务实体的定义和彼此之间的联系（如数据建模）。无论读者如何进行数据建模，有一个沟通良好、定义清晰的数据模型是软件开发成功的先决条件。领域驱动设计是一种方法，它从解决通用语言挑战的需求中演化而来。领域驱动设计定义如下：

> 领域驱动设计是一种开发复杂软件的方法，它将软件实施与不断演进的核心业务模型深度联系起来。它包括下列前提：
>
> - ❑ 将项目关注重点放在核心域和领域逻辑上。
> - ❑ 基于模型的复杂设计。
> - ❑ 让技术专家和领域专家进行创造性合作，以迭代方式更接近问题的概念核心[㊁]。

领域驱动设计是由 Eric Evans[㊂]提出的。领域驱动设计引入的一个核心概念是限界上下

㊀ 从开证行处收到信用证，并将其通知受益人。——译者注

㊁ https://dddcommunity.org/learning-ddd/what_is_ddd

㊂ Eric Evans. *Domain-Driven Design: Tackling Complexity in the Heart of Software* (Addison-Wesley, 2004)

文，它指出大的领域可以拆分成一组叫作限界上下文的子域。数据模型、定义和关系的细节都定义在这个子域中，负责这部分系统的组件会绑定在这个模型上。换句话说，组件拥有这些数据并保证其完整性。

另一个核心概念是通用语言，它是一种在特定限界上下文范围内使用的语言，用来在开发团队和业务方之间进行沟通。根据领域驱动设计的定义，通用语言在所有代码和关联设计组件中应该表达一致。

准则 6：*在完成系统设计后，开始为团队做组织建模。*这个准则的主要好处在于，它引导你围绕着各个组件，创建有凝聚力的团队。这个准则极大地提升了团队创造通用语言的能力，并与限界上下文和通用语言的理念保持一致。

我们可以轻松地说，TFX 应用程序的核心组件是符合领域驱动设计准则的。每一个组件都工作在限界上下文中。然而，本书不是一本关于领域驱动设计的书，我们在 3.5 节给出了这个话题的一些阅读建议。

通用语言的话题在我们的第一本书《持续架构》[⊖] 里有详细描述。但是如何应用于开发诸如 TFX 这样的系统呢？这里有一些基本的方法论，可以帮助开发一种通用语言。第一种方法是使用词汇表定义业务术语。尽管定义工作一开始看起来有些烦琐，但是确保所有人对术语的一致理解是非常重要的。TFX 团队使用的另一个有趣的方法是，词汇表不是定义在单个文件里，而是采用 URI 引用的方式。这些 URI 可以在代码和组件中被反复引用。

第二种方法是让定义更进一步，并开始查看它们之间的联系，即开始定义数据模型。因为模型的目标是创建通用语言，它应该聚焦于领域级别的定义和关系，而不应该从系统实施角度去建模。附录 A 的案例研究提供了例子，可以帮助大家从概念级别理解领域。不过，我们希望一个真正的信用证系统有更加全面的模型定义。

总而言之，创建通用语言是成功开发任何软件系统的关键因素。领域驱动设计介绍的实施技术，以及参考词汇表等实践手段，可以帮助开发团队开发通用语言。

3.2　关键技术趋势

从 20 世纪 80 年代关系型数据库和 SQL 标准化的出现开始，一直到 21 世纪第一个十年后期的互联网数据规模爆炸式增长，对大部分技术人员来说，管理数据是相对直截了当的。当读者需要一个数据库时，基本上会选择关系型数据库。当读者需要处理更大规模的报告时，最终会选择数据集市和数据仓库。人们会争论，数据结构规范化要做到哪一步，该从星形和雪花形结构中选择哪一种。不过这些通常不被认为是架构要考虑的问题，而是留给数据仓库的专家们去讨论。

⊖ Murat Erder and Pierre Pureur, " Continuous Architecture in the Enterprise, " in *Continuous Architecture: Sustainable Architecture in an Agile and Cloud-centric World* (Morgan Kaufmann, 2015)

然而，在最近20年，数据技术的显著进步，给技术人员提供了新的机遇和挑战。我们关注了下列趋势：

- SQL 统治地位的消亡：NoSQL 和多种持久化。
- 可伸缩性和可用性：最终一致性。
- 事件与状态：事件溯源。
- 数据分析：来自信息的智慧和知识。

3.2.1 SQL 统治地位的消亡：NoSQL 和多种持久化

新技术的出现可以支持不同的数据访问模式和数据质量属性，不同的需求导致人们需要挑选合适的技术。

这些比较新的技术统称为 NoSQL，这个名字清晰地表明我们寻找的技术并非传统的关系型数据库。关系型数据库的 SQL 模型，为了保证原子性、一致性、隔离性和持久性（ACID）[⊖]，主要以牺牲可伸缩性为代价，做出了一系列的权衡。这是它和 NoSQL 数据库的主要区别。ACID 特性并不是所有系统都需要考虑的。NoSQL 数据库通过权衡不同的质量属性，减少编程语言结构和数据存储接口之间的不匹配，提升了可伸缩性和服务的性能。每一种 NoSQL 数据库都为特定类型的访问 / 查询模式做了裁剪。NoSQL 技术是一个宽泛的话题，几乎没有贯穿整个范畴的概括性描述。在本章中，我们简要介绍一些实用的不同选项。有几本书和文章讨论了这个话题，推荐列表见 3.5 节。

多种持久化意味着应用正确的技术来解决每个应用程序所需的不同数据访问模式。这种方式强调一个系统可以使用多种数据库平台，每个数据库平台都适合它的技术关注点。多种持久化和另一种演进中的架构方法——**微服务**，有着密切的关系。这意味着从数据角度看，每个微服务都可以有自己的持久化机制，并通过设计良好的 API 与其他微服务交换数据。我们将在第 5 章进一步讨论微服务。

作为微服务的注释，我们所强调的总体目标是定义可以独立演化的松耦合组件（准则 4——利用“微小的力量”，面向变化来设计架构）。然而，微小可以被解释成使用范围极小的组件，这会导致管理依赖项和交互模式的不必要的复杂性。而且，这会导致性能问题。在第 6 章中会提到，太多微服务间的调用，在总体时间上代价高昂。读者面临的环境和要解决的问题，决定了自己定义微服务的范围。按照功能（或特性）间的协同演进来考虑是个好的办法。我们的目标是设计出松耦合、高内聚的模块，而不是为了微服务而微服务。

在 TFX 项目中，第一个与数据相关的重要决定是每个模块拥有自己的数据库。对每种数据类型，只允许通过模块暴露的定义良好的 API 来访问，请参考图 3.2。这个决定通过解耦 TFX 平台的主要模块，清晰对应着准则 4——利用“微小的力量”，面向变化来设计架构。

⊖ ACID 是数据库为启用事务处理而提供的一组属性。

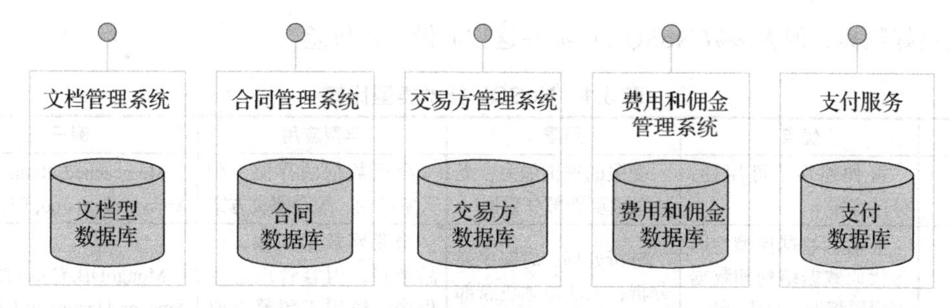

图 3.2 TFX 数据库组件

希望组件之间松耦合的愿望，驱动着我们做出了这个决定，这样一来，每个组件都可以独立管理和发布。这样的组件也具备了独立的可伸缩性。第 5 章会更详细地讨论可伸缩性。从数据架构的角度来看，这个决定允许我们基于数据质量属性的权衡，选择最适合每个组件存储和检索需求的数据库技术。因为每种数据库技术都需要特定的专业知识，我们需要在选择最适合数据质量属性的数据库技术和最适合团队技能的数据库技术之间进行权衡。

第二个重要的决定是每个数据库使用什么技术。在讨论这个决定之前，我们快速过一下不同 NoSQL 数据库技术，它们可分为四大类。囿于篇幅，我们不会展开这些技术细节，只列了一个简要说明和一张比较表，概述了它们之间的主要区别。

- 键值型：数据结构基于一个键值对。最简单的 NoSQL 数据库，具备强大的可伸缩性和高可用能力，数据模型的灵活性和查询的便利性有限。
- 文档型：数据结构基于自描述文档，通常以 JSON（JavaScript Object Notation）等格式表示。这些数据库支持强大的数据模型演进，因为相同类型的文档无须具有完全相同的结构。
- 宽列型：数据结构基于一组列[⊖]（相较于传统关系型数据库的行）。这些列不需要满足第一范式（1NF）的要求。好处是可伸缩性，不过实时查询是其弱点。
- 图数据库：数据结构基于节点和边（即实体以及实体之间的关系）。图数据库主要在节点间的关系上建模，因此它提供了非常强大的查询能力。不像其他 NoSQL 数据库，图数据库的查询引擎为高效的图遍历做了优化。

表 3.1 强调了每种 NoSQL 技术的主要优点、局限，以及典型的应用。这是个活跃的技术领域，每种产品都不尽相同。因此，这些特征可能不完全适用于所有示例。表 3.1 是技术的方向性视角，请不要作为全功能的比较。

为软件产品的模块选择哪种数据库技术，是最重要的决策之一。底层技术的调整非常困难，而且代价高昂。对 NoSQL 数据库来说，更是如此。SQL 数据库提供了数据库和应用

⊖ 这里我们指的是 NoSQL 数据库使用的宽列型存储。关系型数据库也支持面向列的操作，也有一些遵循关系型数据库模型的面向列的数据库。请参考 Daniel Abadi 的 *DBMS Musings*（2010）（https://dbmsmusings.blogspot.com/2010/03/distinguishing-two-major-types-of_29.html）。

程序的良好隔离，但大多数 NoSQL 产品在这方面做得比较差。

表 3.1 NoSQL 技术类型比较

类型	优点	局限	典型应用	例子
键值型	可伸缩性，可用性，分区容错	受限的查询能力；无法单独更新部分数据	会话数据的存储，聊天室启用，缓存解决方案	Memcached, Redis, Amazon Dynamo, Riak
文档型	灵活的数据模型，因为代码数据结构和数据表现层相近，易于开发；有些数据库支持 ACID	分析处理，时间序列分析；无法单独更新部分文件	物联网数据抓取，产品类目，内容管理应用程序；适用于频繁修改或不可预测的数据结构	MongoDB, CouchDB, Amazon Document DB
宽列型	大容量高速读取，可伸缩性，可用性，分区容错	分析处理，重负载聚合处理	类目搜索，时序数据仓库	Cassandra, HBase
图数据库	基于关系的图算法	事务处理差，可伸缩性配置困难	社交网络，n 维关系	Neo4j, Amazon Neptune, Janus Graph, GraphBase

使用 NoSQL 方案来实施大规模数据解决方案，会导致应用程序、数据架构、网络拓扑等不同的关注点[⊖]搅在一起。为了选择数据库方案，建议读者关注核心质量属性，并针对主要的查询模式测试质量属性。按照数据库质量属性，用结构化的方法来评估不同的 NoSQL 数据库技术，如果读者对这些感兴趣的话，卡内基–梅隆大学软件工程研究所提供的大数据轻量级评估和架构原型（LEAP4PD）方法，将是一个很好的参考[⊜]。

回到 TFX 系统，开发团队决定在每个组件中使用的数据库技术如表 3.2 所示。

表 3.2 TFX 数据库技术选择

组件	数据库技术	原因
文档管理系统	文档型数据库[①]	支持文档的自然结构， 按需扩展 支持按预期模式 查询结构（整个文档）
合同管理系统	关系型数据库	满足质量要求 ACID 事务模型和访问模式一致 团队熟悉这项技术
交易方管理系统	关系型数据库	
费用和佣金管理系统	关系型数据库	
支付服务	键值型	实际支付服务是外部平台 满足可伸缩性和高可用性要求 有日志和审计追溯的基础数据库功能

①内容和元数据存储在数据库中。如果需要，任何图像都可以直接存储在存储服务中（如对象存储）。

表 3.2 告诉我们的是，对于系统的核心事务组件，关系型数据库是不二的选项，因为

⊖ Ian Gorton and John Klein, "Distribution, Data, Deployment: Software Architecture Convergence in Big Data Systems," *IEEE Software* 32, no. 3 (2014): 78–85

⊜ Software Engineering Institute, *LEAP(4BD): Lightweight Evaluation and Architecture Prototyping for Big Data* (2014). https://resources.sei.cmu.edu/library/asset-view.cfm?assetid=426058

ACID 事务模型系统和访问模式一致，并且没有已知的质量问题。SQL 知识在团队和更广泛的市场中被熟知，这个事实也是幕后推手。不过，开发团队决定在两个组件（文档管理系统和支付服务）中使用不同的数据库技术，这将有益于开发工作。每个组件都有自己的功能和质量属性，这与选择的原因有关。在支付服务中，我们谈论的是一个可以轻松扩展的基本数据库。在文件存储的例子中，一个文档型数据库可以赋能团队根据不同类型的文档提供更灵活的数据模型。

我们在 TFX 案例研究中做出的特定选择并不重要，大家应该更关注，基于服务的架构模式如何让开发团队为每个服务都选出正确的技术。遵循准则 2（*聚焦质量属性，而不仅仅是功能性需求*），对于你的数据库技术选择至关重要。

3.2.2 可伸缩性和可用性：最终一致性

在介绍互联网规模的系统前，数据一致性和可用性对大多数系统来说并不是主要的考虑因素。人们通常认为，传统的关系型数据库可以为系统提供所需的一致性，同时能满足可用性。开发人员信任关系型数据库，信任它的故障转移处理能力和灾难恢复的备份能力。备份方式可以是同步或异步的，通常由数据库管理员（DBA）来决定。不过，互联网规模的系统改变了一切。单实例的关系型数据库无法满足新的可伸缩性要求，公司需要处理分布在全球许多节点上的数据。传统的关系型数据库难以满足非功能性需求，NoSQL 数据库开始跻身主流应用场景。

在分布式系统中，很难保证数据在所有节点一致并同时满足可用性。Eric Brewer 在 CAP 定理中优雅地给出了这个难题的结论[⊖]。任何分布式系统只能保证以下三个属性中的两个：一致性、可用性和分区容错性。鉴于大多数分布式系统本质上就是处理分区架构的，这个问题有时简化成一致性和可用性之间的权衡。如果优先考虑可用性，则所有的数据读取将无法保证同时看到最新的更新。然而，在某些非特定的时间点，一致性协议会保证整个系统的数据一致性。这被称为*最终一致性*，NoSQL 数据库用这个关键策略来兼顾可伸缩性和性能。

CAP 定理在 Daniel Abadi 的 PACELC[⊜]中得到了进一步扩展，它对该定理提供了一个实际的解释：如果存在分区（Partition），则系统必须在可用性（Availability）与一致性（Consistency）之间做取舍。否则（Else），在通常情况下没有分区，系统必须在延迟（Latency）与一致性（Consistency）之间进行权衡[⊜]。

看一下 TFX 的案例研究，开发团队已经决定在许多模块中使用关系型数据库，因为他们相信关系型数据库能提供足够的质量（性能，可用性和可伸缩性），这符合准则 2——聚

⊖ Eric Brewer, "CAP Twelve Years Later: How the 'Rules' Have Changed," *Computer* 45, no. 2 (2012): 23–29

⊜ David Abadi, "Consistency Tradeoffs in Modern Distributed Database System Design," *Computer* 45, no. 2, (2012): 37–42. http://www.cs.umd.edu/~abadi/papers/abadi-pacelc.pdf

⊜ PACELC 是上面句子中一些单词首字母的组合。——译者注

焦质量属性，而不仅仅是功能性需求。关系型数据库的查询语言是SQL，这点同样重要，因为SQL是语义丰富且功能完善的查询语言，大多数开发者或多或少都知道怎么使用。最后一点，ACID事务模型适合组件的数据一致性要求。

然而，一段时间后，出现了对TFX平台的新要求，因为其中一个商业前提发生了变化。比起依赖文件来证明货物装运并触发相关付款，公司更希望使用货物的实际交付证明。亚洲销售团队要求提供一个解决方案原型，可以和装载货物的集装箱上附着的传感器做直接的数据集成。他们与一家公司合作，由该公司负责处理物理安装的复杂性和跟踪每批货物的传感器。这些传感器产生的数据需要和TFX集成；负责集成的组件叫作货物追踪系统（Goods Tracking Service）如图3.3所示。

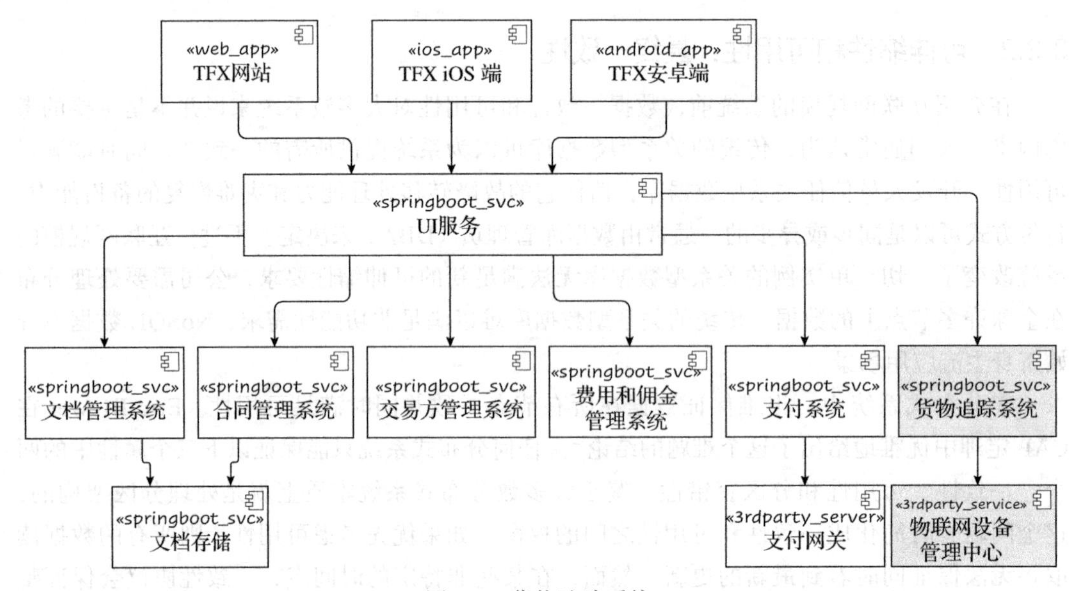

图3.3 货物追踪系统

开发团队现在需要决定货物追踪系统使用哪种数据库技术。货物追踪系统的核心持久化需求是捕获传感器产生的所有事件，并可用于合同管理系统（Contract Manager）㊀。然而，这个功能有两个未知因素：未来的可伸缩性需求，交付传感器使用的数据模型。预计TFX需要和多个传感器供应商对接，他们提供相似却格式不完全相同的数据集。

基于以下两个原因，团队得出结论，一个文档型数据库存储是最好的选择。

- ❑ 文档型数据库的模式（Schema）灵活。因为预计传感器供应商将提供类似但略有不同的数据类型，一个文档型数据库使我们能够演化模型。
- ❑ 文档型数据库对开发人员友好，使得团队可以快速构建原型。

然而，开发团队意识到，一旦这种商业模式站到风口上，将会非常迅速地增长，程序

㊀ 因为货物追踪的事件会改变合同的状态，货物追踪系统和合同管理系统的集成将通过异步消息层来实现。

的可伸缩性需求将随之而来。这将导致需要使用架构策略来扩展数据库，我们将在第5章中介绍。如果团队认为可伸缩性是一个更重要的驱动因素，他们可以选用键值型或者宽列型数据库。但归根结底，更重要的考量点是灵活性和易用性。

3.2.3 事件与状态：事件溯源

基于事件的系统已经存在了几十年，不过最近作为一种架构风格越来越流行。变得流行的主要原因之一是人们希望系统既要大，又要尽量实时。我们没精力讨论不同的事件范式和架构风格[1]，不过我们的确想提供一个事件溯源的概览，这对如何思考事件与状态的关系有着有趣的影响。

传统数据库系统的一个常见用途是维护一个程序的状态。通过查询数据库，读者可以获得该业务域的一致性视图。如何做到这一点呢？ 通过使用数据库底层机制（如触发器、引用完整性）和更新数据库的业务代码，确保存储在数据库中的数据和业务域的业务规则是一致的。

例如，如果我们的TFX系统只有一个数据库，它将保持一致状态，如图3.4所示。

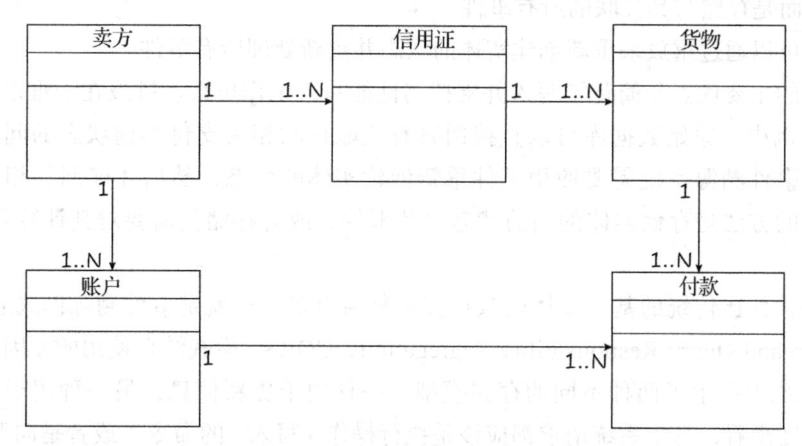

图3.4 TFX业务域视图的例子

开启引用完整性规则的关系型数据库可以确保系统在任何时间点的内部状态都是一致的。举个例子，一旦有证据表明货物通过货物追踪系统交付，基于我们定义的事务边界，数据库可以确保货物表和相关的付款和账户信息被一起更新[2]。另一个例子，数据库的约束确保数据库应用所有我们定义的业务一致性规则（例如，所有账户都有一个关联的卖方作为外键）。

---

[1] Martin Fowler的文章“What Do You Mean by‘Event-Driven’？”（2017）提供了一个很好的概述。https://martinfowler.com/articles/201701-event-driven.html。

[2] 假设我们的应用程序的事务边界包含了交付和相关支付，你很可能会在实际系统中定义更小的事务边界。

如果把关注重点从维护基于实体的系统当前状态，转移到捕获所有进入系统的事件，我们可以在任何时间点重置系统状态，让我们考虑一下会发生什么。图 3.5 展示了如何将此类事件视图应用于简化的 TFX 域模型。

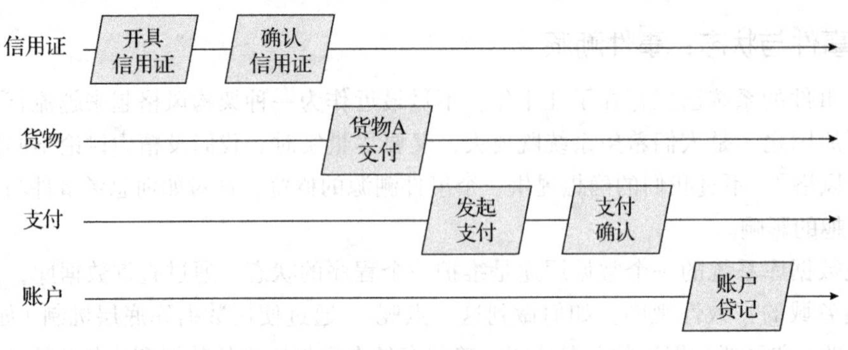

图 3.5　TFX 业务域事件

在这种称为事件溯源的架构模式中，每个实体（如账户）不会在传统数据库表中跟踪其当前状态，而是存储与其关联的所有事件。

然后，可以通过重放来重新创建实体的状态并重新处理所有事件。

此模式的主要优点是简化了写入并支持高性能写入工作负载。挑战在于难以支持查询。在我们的示例中，原始数据库可以直接回答有关账户和相关支付当前状态的问题。然而，一个“纯”事件溯源系统需要使用事件重新创建实体的状态，然后才能回答相同的问题。解决此问题的方法是存储实体的当前状态以及事件，或者存储只需要对其计算几个事件的最新快照。

该模型仍然比传统的基于实体的数据模型复杂得多。这就是事件溯源模式通常与读写分离（Command Query Responsibility Segregation，CQRS）模式结合使用的原因[⊖]。这种架构模式在系统中产生了两种不同的存储模型，一种用于更新信息，另一种用于读取信息。从另一个角度来看，每个系统请求都应该是执行操作（写入）的命令，或者是向调用方返回数据的查询（即读取），但不能两者兼而有之。请注意，命令和事件不是一回事。命令是更改系统状态的指令，而事件是通知。

对于 TFX 系统，我们已经决定每个组件都有自己的数据库。每个组件的持久层决策独立于其他组件。因此，系统中的任何组件都可以决定从关系型数据库切换到事件存储模型。基于事件的系统超出了本书的讨论范围，我们不会进一步探讨事件溯源和读写分离。但是，这些模式在设计同时具有大量更新和查询的系统时非常有用。

⊖ 查询命令分离最早由 *Bertrand Meyer* 在 *Object-Oriented Software Construction*（Prentice Hall，1988）中提出。查询命令责任分离是由 *Greg Young* 提出（*CRQS Documents*），https://cqrs.files.wordpress.com/2010/11/cqrs_documents.pdf。

3.2.4 数据分析：来自信息的智慧和知识

伴随着数据驱动的分析和人工智能的增长趋势（将在第 8 章中介绍），*数据分析*、*数据科学*和*数据工程*等术语在技术世界之外也已司空见惯。从技术和伦理角度来看，数据分析是一个不断扩展和有趣的研究方向。在这一节中，我们只考虑案例研究中与数据分析相关的基本架构元素。

让我们简单地谈谈数据科学和数据工程的概念。如果回到 DIKW 三角，我们可以说数据科学专注于从我们拥有的信息中提取知识和智慧。数据科学家将数学和统计学的工具结合起来，分析信息，得出见解。数据量呈指数级增长，计算能力比以往任何时候都更强，算法不断改进，使数据科学每年都能提供更强大的见解。然而，数据科学家面临的一个重大挑战是能够将来自多个来源的数据组合起来并将其转换为有效信息。这就是数据工程的用武之地。数据工程师专注于寻找、组合数据并将其结构化为有用的信息。

如前所述，推动数据分析的最重要方面是不断增加的可用数据量，以及利用非结构化和结构化数据的能力，相对廉价的可伸缩计算资源和开源数据中间件的能力。先捕获数据，而后决定如何分析数据的能力非常重要，是现代分析方法的主要优点之一。这被称为**读模式与写模式**。读模式与写模式的权衡也可以作为一种性能策略。事实上，在早期的 NoSQL 数据库中，读模式的使用主要是为了性能。尽量减少在进入系统的过程中进行的转换，自然会提高系统处理更多写入的能力。

关于读模式有很多炒作。这是一种强大的架构策略，但读者依然需要了解自己的数据。不过，通过读模式，不必预先理解和建模所有内容。在数据科学领域，数据工程（即理解和准备你的数据，以便能够支持所需的分析）是一项费力的工作。

假设 TFX 应用程序的分析要求可分为三大类：

- *客户分析*：特定买方 / 卖方或银行及其特定信息的需求。该类别有两种广泛的模式：简单的交易视图，如“向我显示我的账户或付款状态”，以及更详细的分析，如针对特定信用证或买方 / 卖方的付款趋势。
- *租户分析*：平台特定租户的分析（即金融机构利用本平台为其客户服务）。
- *跨租户分析*：被平台所有者和运营人员用作匿名**商业基准测试**的分析。

团队需要考虑多个架构决策来满足这些需求。让我们来看看开发团队解决这些问题的一种方法。

团队从客户分析开始。请记住，分析所需的数据分布在多个组件中。为了便于说明，我们将重点介绍两个组件：交易方管理系统和合同管理系统。团队需要做出第一个决定，是否应该创建一个单独的分析组件。遵循准则 3（*在绝对必要的时候再做设计决策*），他们决定在不向系统添加任何额外组件的情况下，看看是否能够满足需求。

团队注意到，大多数交易查询都是针对交易方管理系统的。这符合大家的预期，因为这些查询与账户状态相关。第二组事务查询是关于信用证状态的，这是合同管理系统的职责。团队为针对组件的事务查询构建了测试工具。该团队还使用类似于读写分离模式的方法，将查询 API 与更新 API 分开。根据这些性能测试的结果，他们可以选择几种不同的路径。请注意，所有选项的目标都提供相同的查询 API 功能。接着，UI 服务可以利用标准技术[1]来赋能分析功能（见图 3.6）：

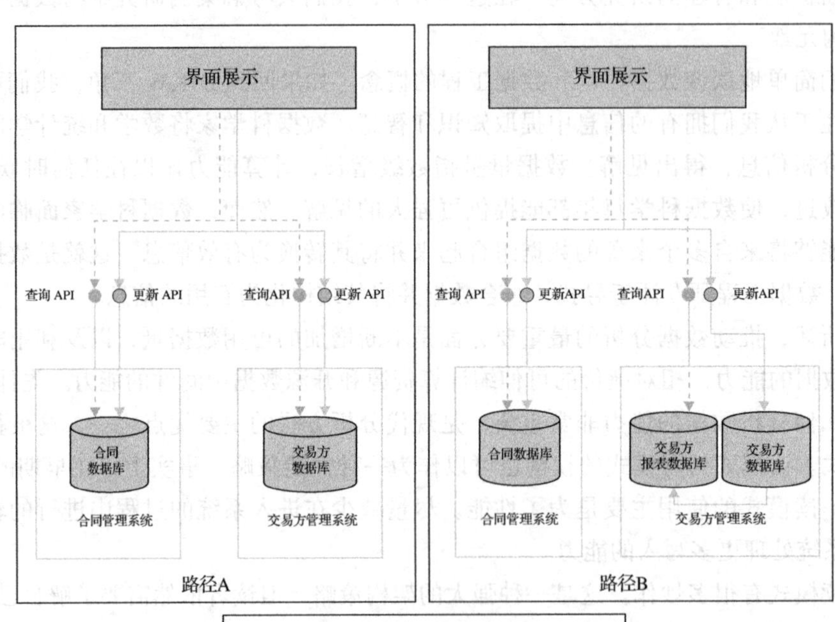

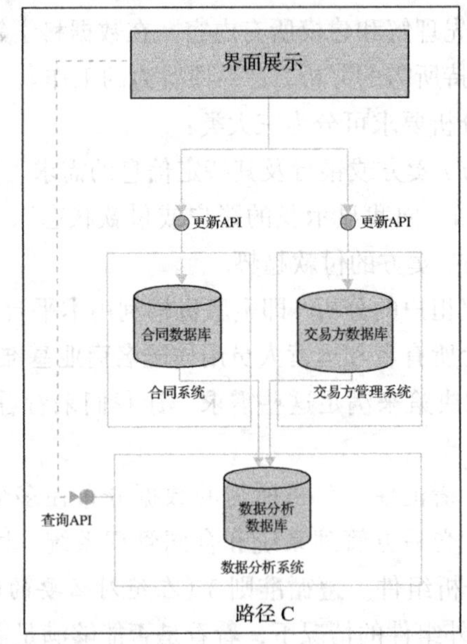

图 3.6 TFX 客户数据分析调用路径

[1] 比如，Tableau 工具或者是亚马逊的 QuickSight 工具。

- 如果性能是可接受的，它们不会对架构（路径 A）进行任何改变。
- 如果某个组件（例如，交易方管理系统）出现性能瓶颈，他们可以在该组件内创建单独的分析型数据库——路径 B。
- 如果在许多组件中存在性能瓶颈，他们可以创建一个完全独立的分析组件——路径 C。

让我们简要看一下这些选项的数据库技术选择。很明显，对于路径 A，团队没有改变数据库技术。同样，对于路径 B，最直接的选择是分析用的数据库与核心数据库采用相同的技术类型，主要是因为能够利用数据库提供的工具进行复制。对于交易方管理系统，这意味着第二个 SQL 数据库。然而，路径 C 创建了一个完全独立的分析组件，为使用不同的数据库技术进行分析提供了一个更可行的案例。

如果团队遵循路径 C，他们会遇到另一个架构决策：如何从核心组件和数据分析系统中移出数据。团队会考虑两种选择：

- 解耦（例如，利用消息队列）：分析组件监听核心事务层中发生的所有事件。此选项的好处是彻底解耦环境之间的模式依赖，并且是一种实时方法。但是，此选项的一个困难之处在于如何确保事务和分析环境之间的一致性。例如，如果支付未成功处理，如何确保事务层和分析层具有一致的状态？
- 耦合（例如，利用数据库复制）：在事务组件和分析组件之间使用数据库复制技术。此选项的好处是一致性更易于管理，特别是考虑到 TFX 系统在其大多数核心事务组件中主要使用 SQL 数据库。通过使用数据库提供的标准特性，也可以相对快速地实现它。然而，事务和分析环境的模式耦合更紧密。

数据库复制选项的一个关键挑战是事务和分析组件的紧密耦合。团队将无法独立演化这些组件。例如，如果他们决定更改交易方管理系统的底层数据库技术，那么更改数据库复制的工作方式将不是一件小事。如果选择这个选项，团队可能会注意到紧耦合是技术债务。随着软件产品的发展，他们将跟踪这一决策，并评估是否应该改变方法。

租户和跨租户分析有着完全不同的目标。这两种需求的基本技术要求是相同的：使用该平台的金融机构或 TFX 平台的所有者都希望生成分析和基准测试报告，以便能够向其客户提供更好的建议。对于分析和基准测试，都需要匿名化的数据。因此，团队决定创建一个单独的分析组件来启用这些功能。如果 TFX 团队在最初的决策中沿着路径 C 推进，那么他们最终会得到如图 3.7 所示的结构。

这种方法使客户分析和租户 / 跨租户分析能够分别发展，并满足其自身的功能和质量属性需求。在 TFX 之旅开始时，租户 / 跨租户分析需求并不那么广为人知。对于大多数软件系统来说，这是一个常见的挑战。让我们从基于特定场景的数据架构角度来研究 TFX 团队将如何应对这一挑战。

产品经理提出的第一组需求包括查看出口商、行业和财务状况之间的关系。团队可能会得出结论：图数据库技术最适合处理此类查询。然后，他们应该如何构建租户和跨租户分析组件呢？在几轮讨论之后，团队聚焦了两个架构选项。

- 选项 1 是将匿名数据直接存到图数据库中。此选项可以让产品快速推向市场，并满足当前已知的需求。
- 选项 2 是创建一个组件，该组件可以以匿名方式将每个事件存储到 TFX 基准数据湖中（见图 3.8）。选择此选项的决定因素是准则 3（*在绝对必要的时候再做设计决策*）。团队认识到，不同类型的问题需要不同的方法来分析数据，可能需要不同的数据库和分析技术。通过获取原始数据，团队有效赢得了做选择的时间，不过这会延长第一版的交付时间，并付出更多努力。

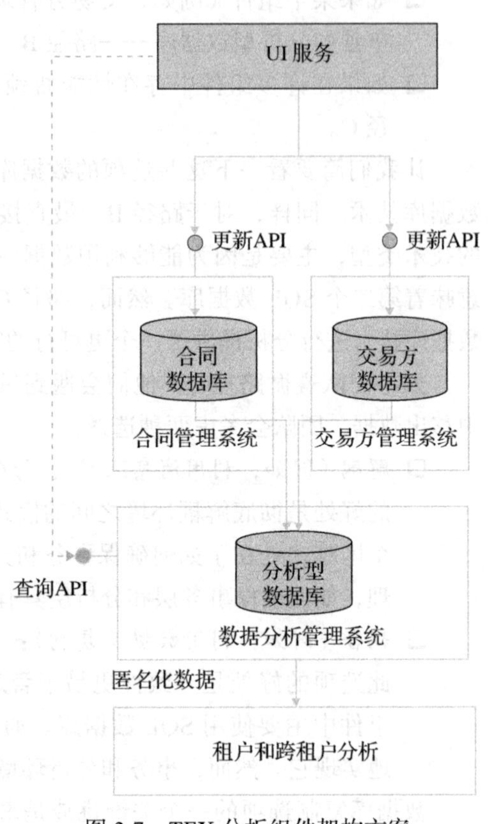

图 3.7 TFX 分析组件架构方案

如果团队选择选项 2，他们可以为不同类型的查询构建额外组件。如果图数据库不能提供有价值的洞见，他们还可以移除该数据库。团队选择选项 1 的逻辑是，图数据库技术最适合已知用例，如果添加额外组件来构建基准数据湖，就会在架构中造成不必要的复杂性。例如，它需要额外的功能来管理不同组件之间的数据集成。这个选项还增加了交付时间和工作量。

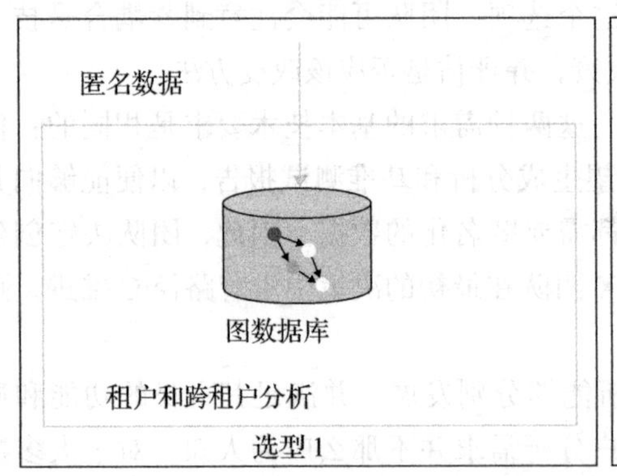

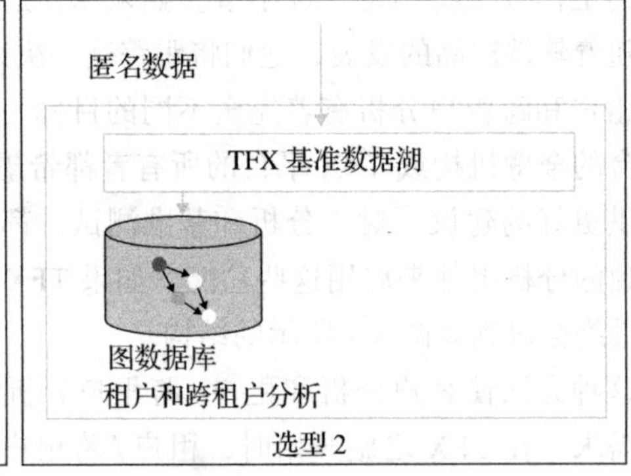

图 3.8 TFX 跨平台分析组件的架构选择

对于大多数经验丰富的软件技术人员来说，这种困境很熟悉。架构本来就要做出艰难的权衡，并知道何时以及为什么要进行权衡。

请注意，使用任何新数据库（如图数据库）都会增加团队需要熟悉的技术。然而，因为应用准则 6（*在完成系统设计后，开始为团队做组织建模*），所以这些决策是在处理特定组件的团队（在本例中，是租户和跨租户分析团队）内部做出的。

最后，与事务组件和分析管理组件之间的数据集成决策类似，必须就如何在分析管理组件和租户 / 跨租户分析组件之间集成数据做出决策。由于需要匿名化，这是一种不同类型的决策。此外，团队意识到公司希望向更多客户提供 TFX 系统。这意味着跨租户分析将需要来自 TFX 平台多个租户的数据。假设我们为多租户提供整体复制模型，这将引入多实例的数据集成。我们不会进一步探讨这个主题，不过我们强调，这种模式类似于分析环境中数据管道的管理方式。本质上，我们讲的是将数据从不同的数据源移动到目标，其间有一系列的转换动作。根据读者的环境，此任务可能会变得相当复杂，并且是一个技术和方法不断扩展的领域。

3.3 其他架构考虑事项

在本章结束时，我们将讨论与数据相关的三个架构考虑事项：数据所有权、数据集成和模式演化。

3.3.1 数据所有权和元数据

数据在我们的应用程序中流转。它在不同的组件之间共享，每个组件按需解释数据。对于每个应用程序，都有感兴趣的业务领域的核心概念。例如，在 TFX 平台中，每个组件都需要理解与买方和卖方相关的交易方数据以及信用证。

从架构角度来看，考虑到系统中的关键数据实体是大多数组件所必需的，因此清楚地描述数据所有权并决定如何共享公共数据非常重要。所谓所有权，我们指的是定义特定数据元素的权威系统，也称为*主数据*或*真理的单点性*（Single Point Of Truth，SPOT）。

对于大型系统或系统嵌套的情况，数据所有权变得更加相关。忽视恰当的数据所有权，会导致不同的组件以不同的方式解释数据，在最坏的情况下会导致业务数据的不一致。

让我们回到 TFX 系统中的组件，从数据优先的角度考虑它们。了解哪个组件**拥有**哪些数据是很重要的。一个简单但有效的架构实践是创建一个关键数据实体表，并将它们映射到服务，如表 3.3 所示。如果需要，可以使用传统的 CRUD（创建、读取、更新、删除）视图进一步详细说明。不过，我们相信这张表足够管理依赖关系了。

从数据优先的角度来观察系统，可以看到哪些组件拥有大量数据，哪些是数据的消费者。我们得以清楚地了解整个系统的数据依赖关系。在表 3.3 中的简单示例中，很明显，交易方管理系统和合同管理系统拥有大部分主要数据；其他系统基本都是消费者。文档管理系统和支付服务是只拥有少量数据，对其他组件的依赖有限。通过管理数据的依赖关系，开发团队保证了组件的松耦合和系统的可演化性，这符合准则 4（*利用“微小的力量”，面*

向变化来设计架构)。在我们的案例研究中，开发团队采用了一个组件拥有一个数据类的方法。

我们一旦决定一个数据实体由单个组件拥有，就必须决定如何与其他组件共享数据。在整个系统中始终一致地解释数据很重要。安全地实现这一点的办法是通过引用共享数据，也就是传递唯一的数据标识符来标识数据。任何需要数据详情的组件，都可以向数据源请求它所需要的其他属性。

表 3.3 TFX 数据所有权

主数据实体	文档管理系统	合同管理系统	交易方管理系统	费用和佣金管理系统	支付服务
信用证术语		拥有者	消费者	消费者	
信用证文件	拥有者	消费者			
货物		拥有者	消费者		
买方 / 卖方		消费者	拥有者	消费者	
银行		消费者	拥有者		消费者
支付			消费者		拥有者
费用和佣金		消费者		拥有者	

当你的系统拥有分布式数据时，你还必须注意**竞态条件**，比如对同一数据的多次更新，可能会导致数据的不一致。按值传递数据会增加这种情况发生的可能性。例如，假设一个组件（如 UI 服务）调用费用和佣金管理系统来计算某卖方的费用和佣金。这需要有关卖方和合同的数据。如果仅传递卖方和合同的相关标识符，则费用和佣金管理系统可以调用合同管理系统和交易方管理系统，来获取计算所需的其他属性。这保证了卖方和合同数据始终保持一致，并将我们与合同管理系统和交易方管理系统的任何数据模型变更隔离开来。如果将其他数据属性（例如，合同价值、结算日期）添加到原始调用中，因为合同或卖方的详细信息可能已被其他服务修改，特别是如果 UI 服务缓存了一段时间的数据，则可能会产生数据一致性风险。考虑到 TFX 业务流程的本质，我们可以假设这是一个较小的风险，但这在分布式系统中是一个重要的考虑因素。

从这个示例可以看出，引用数据实体会在组件之间形成额外的通信。这是一个重要的折中方案，可能会在数据库上增加额外的读负载，如果不进行有效管理，可能会对系统造成严重损害。从另一种角度看，我们在可修改性和性能之间进行了权衡。

假设 TFX 团队进行性能测试并发现来自费用和佣金管理系统的调用会给交易方管理系统带来额外的压力。他们确认了费用和佣金管理系统只需要少数几个卖方属性，并且已经存在于 UI 层中了。如前所述，数据不一致的风险（即，在调用费用和佣金管理系统前后，这些属性改变了）很低。因此，他们决定将这些卖方属性直接传给费用和佣金管理系统。

在本例中，为了满足性能要求，TFX 团队决定不严格遵守仅通过引用来传递信息。相反，它们通过值传递所需的所有属性（即传输的数据）。这个决定被明确地执行并记录下来。

在本例中，我们还提到更新之间数据不一致的风险很低。分布式系统中，管理不同组件对相同数据的多个更新可能会变得复杂。例如，开发团队应该如何处理两个不同组件要更新合同管理系统中同一个合同的场景？在TFX案例中通常会发生，进口商和出口商同时更新合同属性的情况。如果两个前端UI服务访问同一个数据库，则可以使用锁等传统数据库技术来避免冲突。但是，在TFX案例中，数据库不共享。进口商和出口商的UI服务都可以从合同管理系统获得相同版本的合同，并通过API调用各自提交更新。为了防止不一致的更新，开发团队需要在合同管理系统和UI服务中添加额外的逻辑。例如，合同管理系统可以检查更新请求所针对的合同版本。如果数据库中的版本较新，则必须将最新版本数据返回给UI服务，并重新提交。UI服务还需要额外的逻辑来处理这种情况。分布式系统给了我们灵活性和弹性，但我们也需要让组件能够处理意外事件。我们将在第7章中介绍弹性架构。

在结束数据所有权的话题之前，我们先简单地谈谈**元数据**的话题，每个技术人员都知道，元数据是关于数据的数据。它基本上意味着你拥有特定于业务的数据，例如与合同关联的属性。然后，读者就有了描述属性或整个合同的数据，例如它的创建时间、上次更新时间、版本以及更新它的组件（或人员）。对于大数据系统和人工智能，管理元数据变得日益重要。有以下三个主要原因使得这种重要性日益增加。

首先，大型数据分析系统包含多个来源的不同格式的数据。如果读者有足够多的元数据，就可以高效地发现、集成和分析此类数据源。

其次是数据溯源的需求。对于系统产生的任何输出，读者都应该能够清楚地了解数据从创建到输出的全过程。例如，在TFX系统中，假设开发团队在数据分析服务中实现了一个功能，它计算并通知某卖方针对多张信用证的平均付款金额。他们需要清楚地追踪该功能是如何计算的，以及作为计算输入所需的每个服务（如交易方系统、合同管理系统）的所有数据。对于简单的数据流来说，这听起来很容易，但在大型数据分析和系统套系统的环境中，这会变得复杂。元数据使得解决这一挑战变得更加容易。

最后，正如准则5（为构建、测试、部署和运营来设计架构）所强调的，持续架构不仅强调了软件开发自动化的重要性，同时也强调了数据管理过程（如数据管道）自动化的重要性。元数据赋能了此类功能。

3.3.2　数据集成

上一节介绍了以数据为中心的观点，并简要介绍了数据共享。现在让我们更详细地了解数据集成。数据集成的话题涵盖了广泛的领域，包括批处理集成、传统的提取－转换－加载（ETL）、传递消息、流式计算、数据管道和API。提供数据集成的详细概述超出了本书的范围。宏观上来看，数据集成有两个原因：

- 为了促进业务发展在组件间进行数据集成，例如如何在TFX系统中的不同服务之间共享数据。在这里，我们可以找到消息传递、API、远程过程调用（Remote Procedure Call，RPC），有时还可以找到基于文件的集成过程。我们还可以利用流计算技术构建系统，这将是一种完全不同的数据集成方法。

- 将数据从多个数据源移动到单一环境中，来促进监控和分析等附加功能。这是我们通常使用ETL组件的场景，现在考虑其他解决方案，例如数据管道。

本节重点介绍API，提供一些例子来演示如何考虑第一种集成类型。本节的目的是简要介绍更宏大的集成思路，并强调从以数据为中心的角度思考集成的重要性。我们之所以关注API，主要是因为它们作为一种集成风格在业界占据了主导地位。同样的方法也可以很容易地应用于消息传递。正如我们在第5章中所解释的，开发团队可以根据他们权衡的结果构建TFX系统，在同步和异步通信之间切换。

让我们先简要介绍一下Web语义和资源。Web是最成功的分布式系统，具有可伸缩性和弹性。它建立在通过一个公共协议分发数据的基础上，该公共协议即超文本传输协议（Hypertext Transfer Protocol，HTTP）。Web语义（有时称为*链接数据*）是一种发布结构化数据的方法，以便通过语义查询将其链接起来并变得更有用。它建立在HTTP、资源描述框架（Resource Description Framwork，RDF）和URI（Universal Resource Identifier，通用资源标识符）等标准Web技术的基础上，除了使用这些技术为人类读者提供网页服务，还扩展了这些技术，以计算机自动读取的方式共享信息[1]。Tim Berners-Lee[2]定义了Web语义的四个原则：

1）使用URI作为事物的名称。

2）使用HTTP URI以便人们可以查找这些名称。

3）当有人查找URI时，使用RDF、SPARQL等标准来提供有用信息。

4）包括指向其他URI的链接，方便人们发现更多内容。

Web语义方法在行业中的应用不如最初预期的那样广泛。然而，该方法背后的概念非常强大，并为如何进行数据集成提供了见解。数据分发的核心是*资源*的概念。资源是一种期望由Web端点（endpoint）返回的数据结构。表述性状态转移（REpresentational State Transfer，REST）是依赖于资源概念的最流行的集成方法。REST的巨大成功[相较于以前的集成方法，如简单对象访问协议（Simple Object Access Protocol，SOAP）]部分是因为它是一种架构模式，而不是一个严格指定的标准或一组特定的技术。REST架构模式的初始元素由Roy Fielding于2000年[3]首次引入，它主要由一组架构限定条件组成，这些限定条件指导用户以特定的方式使用成熟且易于理解的Web技术（特别是HTTP），从而实现松耦合的交互操作。REST为数据集成带来了两个关键好处，一是将对接口的关注从以动词为中心转变为以名词为中心，二是消除复杂的、集中管理的中间件，如企业服务总线（Enterprise Service Bus，ESB）。实际上，与其定义一组庞大的发送请求的动词（如get_

---

[1] https://en.wikipedia.org/wiki/Linked_data

[2] Tim Berners-Lee, *Linked Data* (last updated 2009), https://www.w3.org/DesignIssues/LinkedData.html

[3] Fielding R. Architectural styles and the design of network-based software architectures. University of California, Irvine, Dissertation. http://www.ics.uci.edu/~fielding/pubs/dissertation/top.htm

customer, update_account)，不如定义一组基本动词（HTTP 方法，例如 GET、PUT、POST、DELETE)，它们可以在名词（比如账号这类资源）上执行。需要注意的是，有几种不同的方法可以用来建模和构建不错的 REST API，这超出了本书的范围。

尽管 RESTful API 被广泛使用，但它们不是我们可以使用的唯一方法。举两个例子，它们使用了其他方法：

- GraphQL[㊀]使客户端能够在一个调用中请求特定的数据集，而不是在多个调用中请求，这在 REST 中是必需的。
- gRPC[㊁]是一种轻量级、高效的方式，通过定义的协议执行远程过程调用。

对于 TFX 系统，开发团队决定对外公开一组 REST API，让合作伙伴和客户能够访问他们的信息。通过 API 公开数据是平台方提供的一种很常见的机制，不仅用于技术集成，也用于支持不同商业模式的创收，称为 API 经济模式。选择 REST 主要是因为其在业界被广泛接纳。

然而，正如前面提到的，这并不意味着每个 API 都必须是 RESTful 的。例如，RESTful API 可以在移动组件和提供数据的服务之间创建一个聊天界面。这就是 GraphQL 等方法可以提供价值的地方。但是，开发团队认为没有必要在 TFX 中使用 GraphQL，因为 TFX 的架构中包括了 UI 服务。UI 服务的目标是通过创建一个根据 UI 需求定制的 API 来确保没有聊天交互。

总体而言，集成的话题非常广泛，这不是本书的核心重点。重要的是，在考虑数据架构时，不仅要关注如何存储和管理数据，还要关注如何集成数据。

3.3.3 数据（模式）演进

我们表达和共享数据的方式随着软件产品而发展。我们如何管理数据的演进通常称为*模式演进*。模式演进可以从两个角度来考虑：组件内部（组件内）和组件之间（组件间）。

在组件内，**模式**（schema）是数据库向应用程序代码展示数据的方式。当使用一个数据库时，我们总是围绕实体、字段和数据类型做决定，也就是说，定义了一个模式（正式的或非正式的）。SQL 数据库有严格定义的模式，而 NoSQL 数据库并没有预先设置很多严格的规定。但是，即使在使用 NoSQL 数据库时，我们仍然可以对实体的表示方式及其关系进行建模，生成模式，尽管数据库并不会展示出来。

随着时间的推移，我们意识到需要增强对数据的理解，引入新的实体、属性和关系。在一个组件中，管理应用程序代码如何处理底层数据结构的变更是模式演进的意义所在。在这种情况下，后向兼容性是一种常用的策略，基本上意味着较旧的应用程序代码仍然可以读取演进中的数据模式。不过团队需要权衡增加的应用程序代码的复杂性。

㊀ https://graphql.org

㊁ https://grpc.io

为构建、测试、部署和运营来设计架构（准则5）有助于应对这一挑战。只要有可能，我们就应该将数据库模式视为代码。希望对它进行版本管理和测试，就像我们对任何其他软件工件所做的一样。将这个概念扩展到测试中使用的数据集也是非常有益的。当我们在第8章中介绍人工智能和机器学习时，将更详细地讨论这个主题。

在组件之间，模式演进侧重于在两个组件之间的接口中定义的数据。对于大多数应用程序而言，它是一种接口定义的技术实现，如实现OpenAPI标准的Swagger[⊖]。组件内的模式演进，与组件间模式演进关注点类似。随着组件演进形成分布式数据，我们希望确保使用数据的组件能够这些变化。

现在让我们来看一些关键策略，它们可以帮助我们从组件内的角度来处理模式演进。同样的策略也适用于其他接口机制以及组件间的模式演化。

首先是Postel定律，也称为健壮性原则，简单地说就是：如果读者是API的生产者，就应该遵守约定的格式和模式。相比之下，如果读者是API的消费者，就可以处理自己进行消费的API中的未知内容。例如，可以忽略任何未使用的新字段。我们在第一本书《持续架构》中更详细地介绍了健壮性原则。

通过使用健壮性原则，新加数据字段在模式演进中变得容易管理了。需要这些字段的消费者可以使用它们，不需要它们的消费者可以忽略它们。如果API生产者需要删除某些数据字段或重构整个模式（通常称为*破坏性修改*），那么麻烦就大了。这就引出了版本控制以及如何管理变更的话题。

作为生产者，我们需要对API（即我们使用的数据模式）进行版本管理。版本管理通过提供与数据消费者通信的机制，实现了对变更的有效管理。API数据模式中的任何重大变更都需要在一段时间内进行管理。在当今的分布式应用程序环境中，期望一个API的所有使用者都能同时处理剧烈的数据模式变更是不现实的。因此，作为API的生产者，读者需要支持多个API版本。需要新版本数据来实现自身功能的消费者可以直接访问新版API，其他消费者继续使用老版API，它们有充足的时间来升级到新版本API。

这种处理变更的API演进方式通常被称为*伸缩模式*。在这个模式中，首先同时支持数据模式的新、旧版本API。然后，你仅支持新版本数据模式，根据使用的技术栈，有多种实现此模式的方法。

总之，我们要解决数据模式演进问题，就需要将数据表达作为软件资产进行管理。这可以是传统的数据库模式或API表达。然后，需要制定处理重大数据变更的机制，以服务数据的消费方。

3.4 本章小结

本章介绍了持续架构如何处理数据，这是我们系统存在的主要原因。这是一个非常广

⊖ 面向大众的API开发（https://swagger.io）和OpenAPI协议（https://www.openapis.org）。

泛的话题，也是一个技术不断发展的领域。我们首先简要探讨了数据的重要性，并强调了数据架构决策如何对系统的可演化性及其数据质量产生了重大影响。我们谈到了在团队中使用通用语言的重要性，并提到了领域驱动设计如何解决这一问题。

然后，我们将重点转向数据技术领域的主要趋势：NoSQL 和多种持久化、可伸缩性和可用性（最终一致性），以及事件溯源和分析。鉴于话题的规模，我们总结了一些关键点，并聚焦了可用于 TFX 案例的技术。

特别地，我们讨论了如何将多种持久化应用于 TFX，其中每个关键组件都有自己的数据库（准则 4——利用“微小的力量”，面向变化来设计架构），并使用合适的技术以满足其质量属性（准则 2——聚焦质量属性，而不仅仅是功能性需求）。我们还讨论了，不断变化的需求如何产生新增的数据组件和存储，用来服务货物交付，以及如何选择文档存储解决方案来处理该领域中的未知问题。在数据分析的话题中，我们研究了所需的架构决策，并讨论了准则 3（在绝对必要的时候再做设计决策）的适用性和准则 6（在完成系统设计后，开始为团队做组织建模）。

在本章的结尾，我们从持续架构的角度讨论了更广泛的数据架构考虑事项：数据所有权、数据集成和数据（模式）演进。总之，你需要知道数据在哪里和如何管理数据（数据所有权），如何共享数据（数据集成），以及如何管理随时间变化的数据（数据演进）。

本章的要点可概括如下：

- 聚焦研发一种通用语言，服务于开发团队和业务方。领域驱动设计是一种很好的方法，它可以普及通用语言的使用，并支持松耦合服务的开发。
- 通用语言包括数据和元数据，它应该存在于代码和其他组件中。
- 各种各样的数据库技术可供我们选择。请仔细评估，因为改变数据库类型非常费时费力。我们的选择应主要基于质量属性要求，特别是数据一致性和高可用性之间的权衡。
- 数据不是孤岛。所有数据都需要整合。确定哪些模块控制数据，如何引用数据（如通过标识符），以及如何随时间演进数据。

接下来的几章将从安全性开始，重点讨论不同的质量属性，以及它们对架构和相关架构策略的影响。

3.5 拓展阅读

本节包括一份书籍列表，我们觉得它有助于读者进一步了解本章所涉及的主题。

- 虽然领域驱动设计不仅仅是关于数据的，但我们更愿将它叫作支持通用语言概念的方法，并引入了限界上下文的概念。这个主题的开创性著作是 Eric Evans 的 *Domain-Driven Design: Tackling Complexity in the Heart of Software*（Addison-Wesley，2004）。Vernon Vaughn 也在这方面写了大量文章。他在 *Implementing Domain-*

Driven Design（Addison Wesley，2013）中对实施领域驱动设计方面提供了有益的见解，并在领域驱动设计方面提供了一本很好的入门书——*Domain-Driven Design Distilled*（Addison-Wesley，2016）。

- Martin Kleppmann 撰写过一本关于广泛的数据库和分布式数据处理技术的综合性书籍——*Designing Data-Intensive Applications: The Big Ideas behind Reliable, Scalable, and Maintainable Systems*（O'Reilly Media，Inc.，2017）。它非常关注质量属性，并详细解释了技术如何应对分布式数据挑战。
- 如果读者对改进数据库设计的策略更感兴趣，Scott Ambler 和 Pramod Sadalage 撰写的 *Refactoring Databases: Evolutionary Database Design*（Pearson Education，2006）是一本很好的参考书。
- 有几本关于 NoSQL 数据库的书，其中不少都涉及某些技术的细节。由 Pramod Sadalage 和 Martin Fowler 编写的 *NoSQL Distilled: A Brief Guide to the Emerging World of Polyglot Persistence*（Pearson Education，2013）提供了一个很好的基本概述。Dan Sullivan 的 *NoSQL for Mere Mortals*（Addison Wesley，2015）涵盖了相同的主题，但更为详细。
- 如果你想了解更多关于事件处理的技术，可以看看这本书——David Luckham 的 *The Power of Events: An Introduction to Complex Event Processing in Distributed Enterprise Systems*（Addison Wesley，2002）以及 Opher Etzion 和 Peter Niblett 的 *Event Processing in Action*（Manning，2011）。
- 虽然数据科学不是本书的重点，但如果你想获得有关数据科学的知识，我们推荐 Foster Provost 和 Tom Fawcett 撰写的 *Data Science for Business: What You Need to Know about Data Mining and Data-Analytic Thinking*（O'Reilly Media，2013）以及 John Kelleher 和 Brendan Tierney 撰写的 *Data Science*（MIT Press，2018）。
- 我们提到了 API 的重要性，并强调了设计优秀 API 的重要性。关于这个主题，有几本书籍介绍了技术内幕。Arnaud Lauret 的 *The Design of Web APIs*（Manning，2019）从 Web API 的角度对关键概念进行了更高层次的概述。如果读者对通用集成技术感兴趣，那么 Gregor Hohpe 和 Bobby Woolf 撰写的一本关于该主题的经典书籍是 *Enterprise Integration Patterns: Designing, Building, and Deploying Messaging Solutions*（Addison Wesley，2004）。

第4章 Chapter 4

架构之安全性

就在几年前，许多软件架构师将安全性视为一个晦涩难懂的问题，认为只有在处理支付或情报部门使用的专业系统中才需要认真解决。然而，事情在短时间内发生了巨大的变化！

今天，安全性是每个人需要关注的问题。考虑到现代互联网系统所面临的风险，以及我们都需要严格遵守的相关安全法规，如通用数据保护法规（General Data Protection Regulation，GDPR）的隐私法规，安全性成为每个系统的核心关注点。在本章中将探讨如何将安全性作为架构关注点，重新审视我们需要熟悉的常见安全机制，并考虑如何在操作中保证系统安全。

我们的案例研究是TFX系统，它自动化地执行敏感的业务流程，与互联网相连，并打算在某些功能点上成为一个多租户系统，因此，它可能有相当高的安全性要求。TFX系统中包含的大部分数据都是商业敏感数据，这使得它成为恶意对手试图获取的高价值目标。因此，数据的保护非常重要。破坏系统的运行可能会为一些组织提供商业优势，或者为针对TFX所有者、用户和运营商的勒索提供捷径。客户公司很可能会问很多关于TFX安全性的问题，因此团队必须从系统开发伊始就认真考虑安全性。

4.1 架构场景中的安全性

计算机安全是一个广泛的领域，许多专家都致力于此。鉴于其复杂性和重要性，让安全专家参与我们的安全工作非常重要。我们的职责是在特定情况下实现安全性和其他架构问题之间的平衡，并足够了解安全问题，以确保我们的架构从根本上是安全的，并知道何时让专家参与安全检查并提供专业知识。

当然，安全性不是孤立存在的，而是大多数系统的许多重要质量属性之一。所有质量属性都是相互关联的，需要在它们之间进行权衡，以便为特定情况做出恰当的取舍。图 4.1 用一个简单的图说明了这种关联关系。

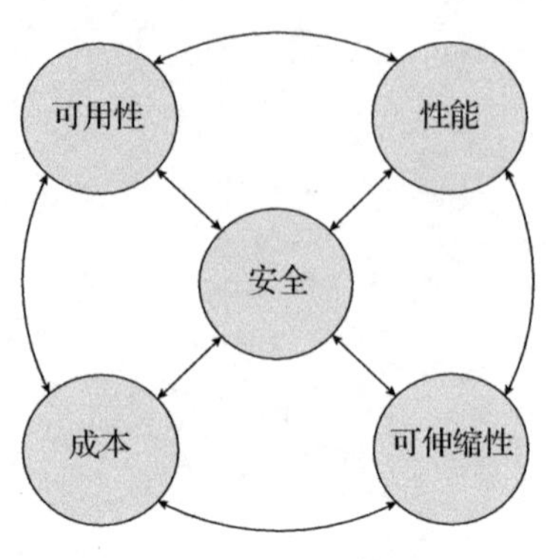

图 4.1 与安全性有关的上下文

如图 4.1 所示，系统安全可以对几乎任何其他质量属性产生影响，其中一些是可用性、性能、可伸缩性和成本，这些属性本身也是相互关联的，我们将在本书后面的章节中介绍。

系统安全会增加许多系统功能的处理开销，从而降低系统的性能和可伸缩性。某些安全技术本身也可能有可伸缩性的限制。

一般来说，安全性和可用性成正比，因为提高安全性有助于提升系统弹性，从而提高其可用性。但是，确保故障情况下的安全性会降低系统的可用性，因为需要在重新启动时在组件之间建立信任关系，这会降低启动速度，并且，可能在建立信任关系失败时导致系统无法启动。

大多数质量属性都会增加成本，安全性也不例外，因为它会增加构建和运维该系统的复杂性，也可能涉及购买安全技术或服务，从而增加系统的直接成本。

以上这些并不是说我们应该试着规避安全性，或者通过限制有效性来削减成本。相反，这只是提醒我们，几乎每一个架构决策都是一种权衡，理解我们所做的权衡是很重要的。

4.1.1 当今的安全形势正在变化

就在几年前，许多大型软件系统相对封闭，运行在严格控制的数据中心环境中，访问权限仅限于拥有这些环境的组织员工。因为能访问这些系统的权限非常有限，所以它们面临的安全风险也非常有限，而今天，显而易见，我们的系统所面临的安全风险已经发生了巨大的变化。

当今的大多数软件系统都与互联网相连，许多软件系统在公有云平台上以高度分布式的方式运行，集成了各种互联网服务。这意味着今天的安全环境是整个互联网的安全环境，而不是更简单、更安全的内部环境。

粗略地看一下安全新闻网站或任何实时风险地图[1]就会发现，对于软件系统来说，互联网是一个极不安全的环境，近年来各类系统面临的安全风险急剧上升，丝毫没有减弱的迹象。

各种联网应用、大量扫描漏洞的专业（和业余）黑客、公有云计算的使用、**软件供应链**

---

[1] 例如卡巴斯基、FireEye 和 Norse 提供的一些例子。

中大量外部开发的商业软件和开源软件、许多软件工程师不具备足够的安全意识、暗网将安全漏洞和攻击机制打包成易于使用的服务（如出租的**僵尸网络**），所有这些结合在一起构成了多变且危险的环境，而我们系统恰恰在这样的环境里运行。

4.1.2　我们所说的安全性到底是什么

安全性是一个涵盖多个子领域的广泛领域，影响着整个系统的交付生命周期，包括安全需求、安全基础设施设计、安全运维、安全软件开发和安全系统设计。安全专家必须了解海量的安全准则、术语、安全机制和技术。为了我们的目的，必须始终关注安全性的核心目标，并理解在系统内实施的优先级。

读者肯定会记得，安全的目标是机密性（C）、完整性（I）和可用性（A），也叫作 CIA 三角，通常大家都这样叫，如图 4.2 所示。

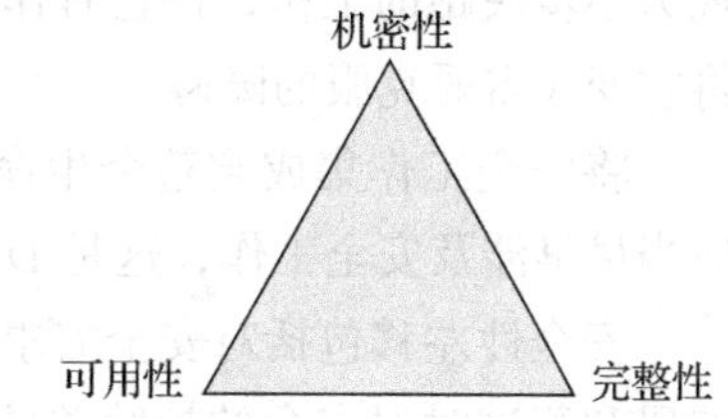

图 4.2　机密性、完整性、可用性（CIA）三角

机密性意味着将信息的访问限制在有权访问的人手中；完整性意味着只能对系统数据进行合法修改，并且修改只能由授权角色完成；可用性意味着系统的数据和功能需要随时可用，哪怕系统正面临着恶意攻击、误操作或系统错误。

从架构的角度来看，我们需要理解机密性、完整性和可用性的需求；洞察系统面临的可能危及这些目标的风险；了解一系列安全机制（人员、流程和技术），用来缓解这些风险并实现需求。

发现安全需求相当困难。一些安全需求实际上是专门的功能需求，这些需求可以被记录成用户故事，也可以通过用户访问矩阵等技术加以补充，用户访问矩阵定义每个用户角色的访问权限，以及我们在第 2 章中讨论的质量属性场景。在许多情况下，我们试着确定不该做什么而不是该做什么，与许多质量属性不同，大多数安全需求很难量化。另一种方法是使用清单，列举一组要在系统上执行的检查，来避免安全问题。此类清单的一个例子是开放式 Web 应用程序安全项目（Open Web Application Security Project，OWASP）的应用程序安全验证标准（Application Security Verification Standard，ASVS）[⊖]。

总之，确保任何实际系统的安全是一个复杂的过程，涉及如何权衡其他的重要质量属性（如性能和可用性）。

4.1.3　从无到有建立安全性

许多大型机构的安全专家都集中在一个核心安全团队中，该团队的角色看起来就像拦路虎！至少在努力开发 IT 功能的外人眼里，情况是这样的。

当然，这么说一群技术娴熟且专业的安全工程师不太公平，他们往往被咨询得太晚，

⊖ https://owasp.org/www-project-application-security-verification-standard

而且对于他们所负责的问题的规模来说，往往会资源不足。人们常说，“没出安全问题，养你们有什么用？出了安全问题，养你们又有什么用？”难怪当大家对系统做重大修改时，他们往往比较保守，能拦尽量拦着。

时代在变，许多安全团队变得更加主动，与开发团队协调一致，更加关注平衡风险，而不是不惜一切代价地杜绝错误，并重视迭代的速度和风险缓解。在这一演变过程中，我们需要确保在整个交付过程中集成安全性（见下一节），并将安全专家视为我们实现关键质量属性的合作伙伴，而不是谈判对手。

4.1.4 安全性左移

与安全工程师建立合作关系，将安全性考量纳入整个系统的交付生命周期中，将安全视为小步快跑的工作，把它看作系统的一个关键属性。而不是把安全性降级到流程的末尾，将它变成需要克服的障碍。

将安全工作集成到整个生命周期中通常被称为*安全性左移*，意味着我们在开发过程中应当尽早涉及安全工作，这是DevSecOps[⊖]方法的准则之一。

安全性左移包括对安全需求的早期考虑、设计系统架构时对安全风险及其影响的考虑、编码和测试时对安全的持续关注，以及系统开发时安全审查和测试的持续过程。通过这种方式，安全性被纳入其他开发任务中。

当然，安全工作的某些方面，在系统生命周期的后期做比早期做更有意义。例如渗透测试，专业测试人员试图从外部破坏系统的安全控制。不过原则上，我们仍然希望能尽早解决安全问题。其他任务，如风险建模和安全设计审查，可以在我们讨论架构和设计方案时立即开始，静态代码分析应该在代码刚写出来时就立即开始。

4.2 面向安全性设计架构

在设计系统架构时，必须了解其安全需求、面临的安全风险以及缓解这些风险的主要措施，以确保我们创建了一个具有良好安全基础的系统。本节讨论如何识别风险、缓解风险的策略和机制，以及如何在真实系统中保证安全性。

4.2.1 什么是安全风险

多年来，安全领域一直用自己发明的黑话来包装自己，在这一过程中形成了某种神秘感，“风险”和“风险建模”就是这样的例子。风险和降低风险的想法实际上对人类来说是非常自然的，只不过普通人一般说人话。

⊖ DevSecOps（Development、Security和Operations的组合词）是一种重视“软件开发人员（Dev）”“安全工程师（Sec）”和“IT运维技术人员（Ops）”之间沟通合作的文化。——译者注我们的系统所面临的风险，简单来说是那些可能出错并导致出现安全问题的事情，这些问题通常（但不完全）是恶意攻击者以某种方式攻击系统造成的。类似地，风险建模是识别可能出错的事情（风险）并确定如何缓解它们。

4.2.2　持续的风险建模和缓解风险

如今，大多数软件工程师和架构师不熟悉风险建模的概念，通常不会花时间系统地思考系统所面临的安全风险。风险建模听起来像是一种神秘而复杂的技术，最好留给安全工程专家，而实际上，它是一个相对容易实现的简单方法，比现代系统交付中许多复杂流程简单多了。准则2（*聚焦质量属性，而不仅仅是功能性需求*）让我们记住尽早开始风险建模，以确保充分关注安全性。

风险建模和缓解风险的过程包括四个阶段：理解、分析、缓解和验证，如图4.3所示。这些步骤结合起来有助于我们解决安全风险：

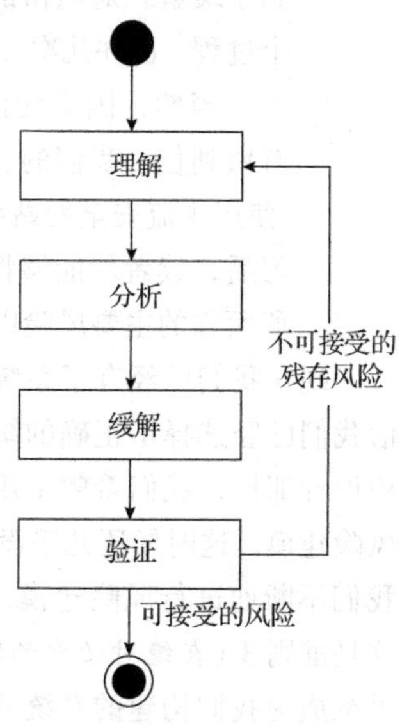

图4.3　风险建模和缓解风险的步骤

- 理解：在彻底理解正在构建的东西之前，我们无法确保它的安全。这通常从一些架构草图开始，以帮助我们理解正在构建的内容的范围和结构，包括系统边界、系统结构、数据库和部署平台。对于TFX系统，团队参考了信息、功能和部署视角的架构图（读者可以在附录A中找到）。
- 分析：完成我们的系统设计，分析可能出现的错误以及可能导致的安全问题。有几种技术可以帮助完成这一过程，我们列举了两种最流行的模型——STRIDE和攻击树，并展示了它们如何应用于TFX。
- 缓解：一旦确定并描述了风险，我们就可以开始考虑如何缓解它们。这个阶段我们开始认真讨论安全技术了：**单点登录**（Single Sign-On，SSO）、**基于角色的访问控制**（Role-Based Access Control，RBAC）和**基于属性的访问控制**（Attribute-Based Access Control，ABAC）、加密、数字签名等，以及安全流程，例如敏感操作的多级授权以及安全监控和响应流程。软件工程师和架构师自然更多地关注技术手段，但这些手段必须与人和流程协同工作，因此了解安全性的所有三个方面是很重要的。

  这一步中还考虑了我们在实现安全机制时需要进行的权衡。它们如何影响其他质量属性，如性能和可用性？

  缓解步骤是许多软件开发团队开始考虑安全性的地方，但除非他们首先了解风险，否则很难选择正确的缓解措施。

  对于TFX，团队通过建立的风险模型，开始考虑如何识别用户，确保检查并保护敏感操作，使得只有授权用户可以访问数据，保护数据库和接口中的数据，响应安全事件，等等。

- ❑ 验证：了解系统、潜在的安全风险和缓解策略后，我们就已经向前迈出了一大步，现在有了风险模型和针对发现的风险提出的一组缓解措施。比起开始时，我们对系统面临的安全风险有了更好的估计。

  现在我们是时候回顾一下迄今为止所做的一切了。这也是请独立专家（如我们的公司信息安全团队）进行审查和提供意见的一个好的时间节点。是否需要进行某些实际测试以确保我们的决定是正确的？取舍其他质量属性的决定是否正确？风险清单完整吗？缓解措施是否有效且切实可行？如何验证构建过程中的每个风险都得到了缓解？对遗留的风险满意吗？如果对这些问题的答案不满意，那么我们重复这个过程（也许几次），直到得到满意的答案。

  当然，因为无法确定所有接受的风险都被识别出来了，很难说安全工作有没有做到位。我们的建议是咨询一些独立专家，确保我们了解常见的风险和安全手段（使用主流安全网站和我们在4.6节中建议的书籍），然后信任自己的判断力。稍加练习后，读者就能够将风险建模和缓解措施应用于自己所使用的任何系统，以了解它所面临的主要风险以及可以用来缓解这些风险的策略。

现在我们已经有了系统安全设计的第一个版本，我们可以很好地理解安全风险，并确信我们已经选择了正确的缓解措施。然而，这只是风险模型的第一个版本，正如大多数架构设计那样，我们希望采用“小步快跑”的迭代方法，以便在软件生命周期的早期就开始风险建模，这时候还几乎没有什么东西需要理解、分析和保护。然后，当系统添加功能时，我们不断地进行风险建模，以保持对最新风险的了解，并确保在新风险出现时减轻它们；这是准则3（*在绝对必要的时候再做设计决策*）的一个例子。这种方法允许风险建模和安全思维成为我们构建的系统的标准部分，并且通过定期检查流程，团队成员可以迅速成为自信而有效的风险建模人员。

下一节将探讨一些帮助我们识别系统可能面临的安全风险的技术。

4.2.3 风险识别技术

当人们第一次接触风险建模时，一个很常见的问题是到底在哪里可以发现风险。有些攻击，如**SQL注入攻击**，可能是显而易见的，但在某人很有经验之前，他将从一些指导和结构化方法中受益。风险识别（风险建模）有很多方法，我们将在本节中讨论其中的一些方法。

帮助工程师以结构化的方式识别风险是微软公司几年前面临的一个问题，该公司发现创建一个简单的模型来帮助人们搭建他们的风险识别过程（即发现“可能出错的地方”的步骤）很有帮助。微软公司采用并推广的模型被称为STRIDE[⊖]，是风险建模框架的一个例子。

⊖ Adam Shostack, *Threat Modeling: Designing for Security* (Wiley, 2014)

STRIDE是最古老的风险建模框架之一，它的名字是由每个组件的第一个字母构成的助记符：欺骗（Spoofing）、篡改（Tampering）、抵赖（Repudiation）、信息泄露（Information disclosure）、拒绝服务（Denial of service）和权限提升（Elevation of privilege）。

每一个组件都是一种威胁，会损害系统的CIA三属性中的某一个：

- 欺骗：冒充自己以外的安全身份，违反了授权控制，进而违反机密性。
- 篡改：以未经授权的方式更改数据，侵犯完整性。
- 抵赖：绕过系统的身份控制，避免攻击者的身份被记录到某个操作，从而违反作为完整性一部分的不抵赖原则。
- 信息泄露：未经授权访问信息，从而违反机密性。
- 拒绝服务：阻止系统或系统的某些部分被使用，从而破坏可用性。
- 权限提升：获得攻击者不应拥有的安全特权，从而违反机密性、完整性和可用性，具体取决于攻击者采取的行动。

考虑一下如何将STRIDE应用到我们的示例系统中。即使对于这个相对简单的系统，真正的风险模型也会包含大量信息，可能要保存在相当大的电子表格或类似的文档中。这里没有足够的篇幅来展示它，表4.1中显示了我们为TFX支付服务识别出的一些STRIDE风险示例。

这些简单的示例说明了如何从单个系统组件的角度处理典型的STRIDE风险。每个风险都按受影响的类型和系统组件进行分类，并进行简要描述，然后用某种形式的问题跟踪系统进行记录，以便对其进行全面描述，并跟踪和报告它的缓解和验证情况。

当然，读者可以跨系统并自顶而下地考虑整个系统中的所有欺骗风险，以及单个系统组件所面临的不同风险。对于大多数的系统组件，读者还可能发现各种类型的不同风险（例如，在我们的示例中，第二次篡改攻击会拦截有效的付款请求并更改关键信息，如付款金额或银行账户的详细信息）。读者可以看到，系统性地处理系统即将面临的风险，会导致自己患上安全工程师特有的强迫症，最终读者会发现大量需要缓解的风险。这很好，事前的有效分析强于在过程中才发现问题。

表4.1 TFX系统的STRIDE风险示例

风险类型	系统组件	描述	跟踪单号
欺骗	支付服务	进入网络的黑客发送未授权支付请求，试图非法转移资金	TFX-123
篡改	支付服务	黑客访问数据库并篡改付款请求，用欺诈性账户详细信息重新提交	TFX-127
抵赖	支付服务	客户欺诈性地声称其账户中的付款未经客户授权	TFX-139
信息泄露	支付服务	通过访问数据库，可以访问已支付和请求支付的机密信息	TFX-141
拒绝服务	支付服务	黑客设法大幅降低支付网关的网络连接速度，导致来自支付服务的请求大量聚集，从而导致支付失败	TFX-142
权限提升	支付服务	黑客在客户端管理界面，试图通过猜测管理员密码，发送未经授权的付款	TFX-144

STRIDE 方法自下而上地发现风险，它首先了解系统如何工作，并在其结构和实现中查找安全漏洞。然而，STRIDE 等方法不考虑潜在的攻击者及其动机，这在不同系统中有很大的不同。考虑潜在攻击者的动机，为风险点的发现提供了丰富的素材，而攻击树等其他风险建模框架，会从这个角度来考量系统风险。

攻击树从攻击者动机的角度来识别风险点，是一种众所周知且相当简单的技术。攻击树的根是攻击者的目标，它被分解为子节点，每个子节点代表实现目标的策略。子节点依次分解为更精细的策略，该过程持续到树的叶子节点表示对系统的特定、可接受的攻击为止。TFX 系统的攻击树示例如图 4.4 所示。

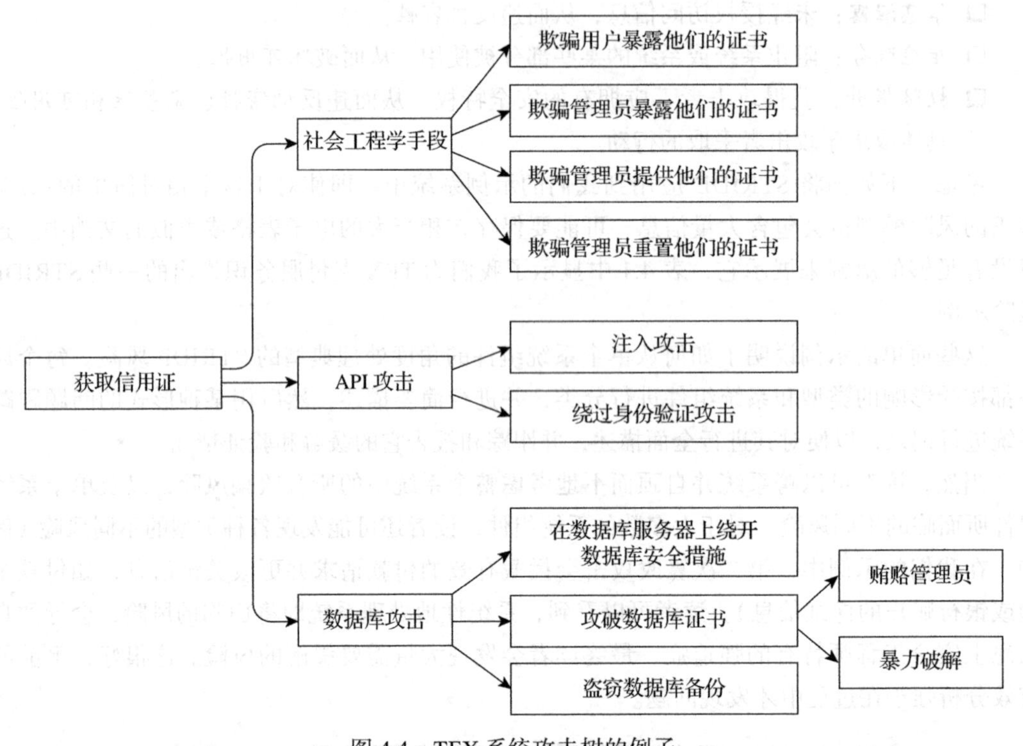

图 4.4　TFX 系统攻击树的例子

图 4.4 中的攻击树研究了攻击者如何获取信用证（L/C）文件，该文件可能对攻击者具有商业价值。它确定了三种可能用于获得信用证的策略：对最终用户和管理员使用社会工程学欺诈手段、攻击系统 API 和攻击系统数据库。对于每种策略，该树确定了一组可能的攻击方式。这使我们能够从达成目标的角度来考虑风险，而不仅仅是系统架构和实现中的漏洞。其中一些风险不太可信（例如，在 TFX 的场景下，因为我们正在为数据库使用云服务，直接攻击数据库服务器的可能性很小），而其他风险是可接受的，但可能需要进一步分解以便充分了解它们。一旦完成了这个过程，我们就可以从树的剩余叶子节点中提取一组可能的风险。

除了识别风险外，攻击树还可以用风险因素（如可能性、影响、难度、攻击成本、可能付出的努力等）进行注释，以便对风险进行比较和分析。不过根据我们的经验，大多数人使用攻击树只是为了识别风险。

4.2.4 划分风险等级

STRIDE 和攻击树等模型有助于制定发现系统潜在风险的过程，但对于大多数系统，并非所有风险都同样严重。因此，需要一种排名方法来帮助我们确定解决这些风险的优先级。

人们已经创建了许多不同复杂程度的方法来评估风险的严重性，考虑到我们的目标，一个非常标准的风险量化方法就足够了。我们建议只考虑风险发生的可能性以及风险发生的影响有多严重，这是一种在许多风险评估场景中都使用的方法。这些都是基于判断的估计，因此，对每种风险进行一个简单的低、中、高的 Likert⊖ 类型评级就足以描述风险的特征了。对于风险分析中显示的每个风险，读者都可以估计其可能性和影响。

对于可以自动发现或众所周知、不用多麻烦即可利用的风险漏洞，将分配高可能性。中等可能性将被分配给不明显的并且需要一些技能或专业知识才能利用的风险漏洞。对于不明确、难以识别或需要极高技术能力才能利用的风险漏洞，被攻击的可能性较低。

高影响度漏洞是指如果被利用，可能对所属组织造成严重伤害的漏洞（例如，与 GDPR 相关的重大数据泄露）。中影响度漏洞是指违约的敏感性或范围有限，但仍需采取重大补救措施，并对所属组织和受影响的个人产生声誉影响。低影响度漏洞是指，尽管存在一定程度的损失，但对所属组织和受影响个人影响不大。

希望大家记住，这是一种定性评估，只是一种比较一组观点的方法，而不是精确的科学研究。使用表 4.1 中描述的风险，图 4.5 展示了以这种方式对 TFX 系统的风险进行分类的例子。

例如，我们可以查看 TFX-141，一种信息披露风险，并估计其可能性为中等或较低，但其影响度肯定较高，评分为 H、M（影响度高、可能性中）或 H、L（影响度高、可能性低）。如果我们悲观一点（或者现实一点，正如安全工程师指出的那样），这将评级为 H、M（影响度高、可能性中），并表明存在相当严重的风险，这就是我们在图中的位置。但是，正如前面所说的，请始终记住，经验和直觉

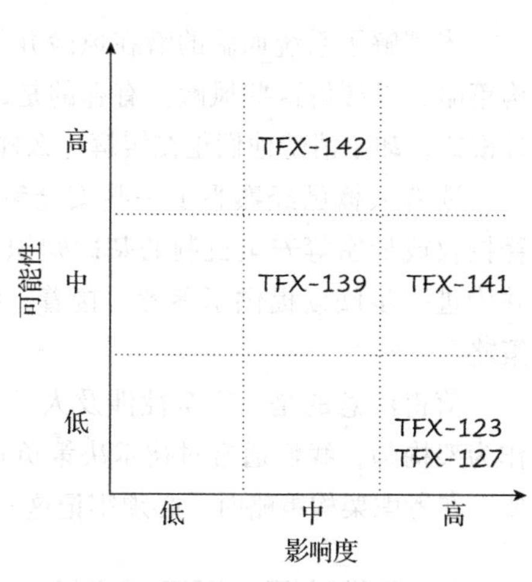

图 4.5 安全风险分类

⊖ 问卷调查中使用的定性评分量表，最初由社会科学家 Rensis Likert 于 1932 年设计，见 https://www.britannica.com/topic/Likert-Scale。

与这种结构化但基于判断的方法一样有价值。如果读者认为安全漏洞是严重的，那么它就是严重的。

4.2.5 其他方法

最后，重要的是要意识到还有许多其他更复杂的风险建模方法，包括攻击模拟和风险评估方法（Process for Attack Simulation and Threat Analysis，PASTA），可视化、敏捷和简单风险（Visual, Agile and Simple Threat，VAST）建模法，操作关键威胁、资产和脆弱性评估法（Operationally Critical Threat, Asset, and Vulnerability Evaluation，OCTAVE），MITRE的常见攻击模式枚举和分类（Common Attack Pattern Enumeration and Classification，CAPEC）和国家标准与技术研究所（National Institute of Standards and Technology，NIST）模型，太多的方法不胜枚举。它们都有自己的长处、短处和独特之处。我们的建议是保持方法简单，并将重点放在风险漏洞上，而不是放在风险建模过程的细节上。但是，随着读者在风险建模方面获得了经验，了解这些方法之间的差异非常有用，这样就可以使自己的方法适应各种情况。在本章末尾，我们为希望进一步阅读风险建模方法的读者提供了参考资料。

重点是，无论使用何种方法，风险建模都是一种非常有用且相对简单的技术。仅仅做风险建模就可以使我们在当今行业的大多数项目中处于更好的位置，并为自己的安全设计以及我们与安全专家的合作提供了一个很好的基础。

4.3 缓解风险的架构策略

当理解了系统面临的潜在风险并了解了其严重性时，我们就可以确定应用于系统的架构策略，以缓解这些风险。有趣的是，大多数团队在刚开始时考虑安全性、识别技术、设计模式，却不清楚他们正在缓解什么样的风险。这就是重大的安全问题常常被忽视的原因。

读者大概已经熟悉了一些安全策略，估计已经多次使用它们。因此，我们不打算解释授权或加密等安全机制的基础知识。相反，我们简要定义每种策略，以避免任何歧义，并为进一步阅读提供了参考。接着，我们将研究如何在示例系统TFX的场景中应用每种策略。

值得注意的是，安全性涉及人员、流程以及技术，我们将在后面的部分中详细介绍。作为架构师，我们通常对技术决策负责，而不是对人员和流程决策负责，但这三者同样重要，在考虑架构策略时，必须牢记这三方面。

4.3.1 身份验证、授权和审计

身份验证、授权和审计是缓解风险的三种基本技术。

我们使用用户名和密码等身份验证机制，以及**双因素身份验证**（two-Factor Authentication，2FA）令牌、智能卡和生物识别读卡器等更复杂的机制来确认安全主体的身份，安全主体指的是与本系统交互的个人或其他系统。身份验证是实现多种类型安全控制的先决条件，可以缓解攻击者模拟可信访问源来欺骗系统的风险。

我们使用授权机制（如RBAC）来控制安全主体可以执行哪些操作以及访问哪些信息。这些机制降低了攻击者试图进行未经授权访问的权限提升风险。

我们使用审计机制（如记录访问尝试等安全事件）来监控敏感信息的使用和敏感操作的执行，用来证明安全机制按照我们的预期工作。

在TFX系统中，显然需要使用强身份验证来识别系统的所有用户，可能需要使用2FA来抵御对弱密码或重用密码的暴力攻击。我们还需要一种授权机制，以确保我们能够控制哪些用户可以对哪些对象执行哪些操作（例如，付款或开具信用证）。此外，我们需要在审计跟踪中记录所有重大业务事件，以便调查异常行为或客户纠纷。

4.3.2　信息的隐私和完整性

在计算机安全上，外行通常首先想到的是信息的隐私和完整性。原因可能是，对于该领域以外的人来说，安全性主要与密码学相关，而隐私和完整性通常是通过加密、散列和签名等机制实现的。

为了我们的目标，我们将*信息隐私*定义为限制谁可以访问系统内的数据以及谁可以与外部系统进行交互的能力。通过限制访问，我们降低了信息泄露风险。

当考虑信息保护时，通常分别考虑静止信息和动态信息，静止信息在文件和数据库中保存，动态信息在网络请求、消息和其他传输媒介中传输。我们通常使用访问控制系统（授权）和密钥加密（出于性能原因）实现静止信息的隐私。动态信息一般使用加密进行保护，通常是私钥和公钥**密码学**的组合来加密（出于性能原因使用**私钥密码学**；**公钥密码学**用来交换出私钥的加密密钥）。

从安全角度来看，*信息完整性*是，通过防止未经授权的安全主体更改信息，或防止授权主体以不受控制的方式更改信息，来减轻篡改风险。系统内以及系统间的信息同样也存在篡改风险。在系统内，身份验证机制有助于防止篡改，但在高风险情况下，有必要使用**密码学散列**等加密解决方案，它通过匹配散列值或签名，能够发现被篡改的信息；这种操作和使用公钥/私钥密码学类似，意味着可以使用相关公钥检查来保证安全主体的信息完整性。

> **注意**　即便使用了密码学控制，应用程序软件中的缺陷也可能会损害信息的隐私和完整性，这凸显了基本软件质量作为实现安全性的一部分的重要性。

在TFX系统中，团队必须平衡复杂性和风险，以决定要实施的信息隐私和完整性控制的恰当级别。我们可以参考风险模型来帮助做出这些决定，但正如前面提到的，TFX需要身份验证来作为信息隐私机制的基础。考虑到系统中许多信息的商业敏感性，团队可能会决定对系统中的一些数据库（例如文档和合同数据库）进行加密，并接受因此增加的操作复杂性，例如数据库中的密钥管理和处理加密备份。它们还需要保障我们的服务和数据库之间的连接，还有系统和外部世界之间的连接，特别是支付工作流。对风险的进一步考量还表明，与第三方交换的文件需要进行密码学散列，以确保可以清楚地识别篡改。每一个步骤都需要在复杂性、成本和可能对 TFX 系统造成的风险之间进行权衡。此外，根据准则 3（*在绝对必要的时候再做设计决策*），团队可能会延迟添加这些安全机制，直到真正需要它们时，并且可以证明实现它们的成本和复杂性权衡是合理的。

4.3.3 拒绝抵赖

拒绝抵赖，是大多数非专业人士不太熟悉的一种安全策略，即利用机制来防止安全主体否认它的历史行为。顾名思义，这一策略能缓解抵赖风险。

拒绝抵赖还涉及密码学，请求和数据项使用安全主体（如用户或软件系统）的私钥进行签名。我们可以使用安全主体的公钥来验证安全主体的私钥对一段数据的签名，从而证明该数据源于该安全主体。实现拒绝抵赖的另一种常见技术是日志记录，在日志记录中，我们只需保存安全主体已执行的操作，被保存在安全、防篡改的列表里，日后便可将其用作证据。

还有一些非技术性的拒绝抵赖的方法，例如确保身份验证系统的有效性和可用性（可能使用生物识别等机制来避免记住密码），这样用户就不能共享登录或试图绕过身份验证的检查。一些技术方法，如使用 2FA 令牌，也会使用户难以共享登录，从而强化拒绝抵赖的能力。

请记住准则 5——*为构建、测试、部署和运营来设计架构*，我们需要考虑系统将如何在其操作环境中使用。鉴于 TFX 系统自动化商业交互的特征，拒绝抵赖很重要。贸易金融交易链中的许多玩家显然有兴趣在未来否认已收到或已同意文件的内容，以避免支付费用或试图在不产生任何成本（如取消费用）的情况下取消交易。实际上，团队可能会从加强身份验证和用户操作审计跟踪开始。但他们需要在以后提供密码学保证，用操作用户的私钥对文档和操作进行签名，提供更高程度的拒绝抵赖性。

4.3.4 系统可用性

有时候，因为安全领域通常被描述为授权和密码学等主题，安全领域的新手会惊讶于可用性是安全的一个重要方面。尽管与弹性能力的质量属性密切相关（见第 7 章），互联网应用的许多安全风险都是**拒绝服务**风险，可以用高可用性策略来缓解这些风险。最近出现的另一类可用性风险是**勒索软件**，检测和备份可以缓解这些危险攻击。

拒绝服务攻击是以某种方式使系统过载，耗尽其有限的资源，如 CPU 功率、内存、存储、网络带宽、网络连接数或系统中的其他有限资源。对于互联网应用，最常见的拒绝服务类型是基于网络的，但应用层的攻击（针对应用软件、开源库或中间件中的弱点）正变得越来越常见[1]。云环境中的相关攻击是商业成本攻击，在这种攻击中，大量请求会导致系统产生巨大的云计算成本，进而影响服务或组织的商业生存能力。

系统可用性的架构策略是一个广泛的主题，我们将在第7章中详细讨论。一些最常见的策略是根据系统负载限制进入的请求数；使用配额防止热点请求或单个用户压垮系统；使用本地或基于云的过滤器拦截海量请求；并使用弹性基础设施，允许快速扩容，以应对系统过载的情况。

值得注意的是，合法的（因而有利可图的）流量造成的过载，和利用系统超负荷来制造拒绝服务攻击的过载，两者是有差别的，前者要钱，后者要命。在拒绝服务攻击的早期阶段，两者很难区分，正如我们在第7章中提到的，花钱消灾，使用商用的拒绝服务攻击保护[2]是处理这种情况的最有效办法。

勒索软件攻击，是使用某种形式的恶意软件代理（如蠕虫）来渗透网络，该代理在网络上进行自我复制，然后在某个时间点（马上或在一段时间后），唤醒并加密它能找到的所有存储设备。然后，它通常会锁住所在的计算机，并显示一条消息，要求支付赎金以获得解密公司数据的密钥。在过去几年中，有几起大型公司由于勒索软件攻击而完全瘫痪的案例。

防范勒索软件攻击有个问题，当公司意识到不对劲的时候，可能已经来不及阻止攻击了，因此它成为一种损害管控和数据恢复的练习。大多数专家建议，不要支付赎金以阻止未来的攻击，因为即使支付了赎金，受害者也无法保证攻击者能够或准备解密数据，别被“盗亦有道”忽悠了。

缓解勒索软件攻击的关键策略是防止它们发生，并定期测试和备份整个系统（包括基础设施，如身份验证系统中的数据）。如果有备份机制，那么自动化创建和配置IT平台也将很有价值。备份和平台自动化允许我们从零开始重新创建IT环境，清除里面的勒索软件。防范此类攻击，包括使网络尽可能安全，持续地做**钓鱼攻击**（及其自动检测）的用户培训，勒索软件最偏爱**攻击向量**的就是钓鱼攻击。

总的来说，TFX系统不是拒绝服务攻击的高价值目标，不过我们需要意识到可能的可用性风险，记住在当今社交媒体驱动的世界中，一场过激人士的运动（可能是关于特定商品贸易的）可能会突然给我们的API和Web页面带来海量不受欢迎的流量。考虑到可能使用TFX的公司类型，我们还需要了解可能的勒索软件攻击，并且团队需要与信息安全团队合作，以防范这些攻击。系统可用性是我们需要考虑的弹性架构的一部分（在第7章中探讨）。

4.3.5 安全监控

我们注意到，安全专家和软件工程师之间的差异之一是他们处理安全事件的方法。软件工程师通常希望它们不会发生，而安全专家知道它们绝对会发生。正如在本章前面所讨

---

[1] Junade Ali, “The New DDoS Landscape” [blog post], The Cloudflare Blog, 2017, https://blog.cloudflare.com/the-new-ddos-landscape

[2] Akamai、Arbor Networks和Cloudflare都是拒绝服务攻击保护业务的供应商。

论的，今天的风险形势意味着大多数系统都会在某个时刻受到攻击，因此，安全监控比以往任何时候都更加重要。

如果读者是架构师或开发人员，那么很可能不会直接参与运营安全监控，运营安全监控可能由公司安全运营中心（Security Operations Center，SOC）或雇用的第三方托管安全服务提供商（Managed Security Services Provider，MSSP）执行。读者的角色是创建一个可监控的系统，并与提供运行时监控的人员合作，在安全事件发生时解决问题。

在 TFX 环境中，我们需要尽早并经常与母公司内的安全运营团队合作，以获得他们的运营视角（*准则 5——为构建、测试、部署和运营来设计架构*）。他们几乎肯定会将 TFX 纳入其总体风险监控和响应范围，我们必须确保他们不会有障碍。

创建一个可监控的系统需要确保关键业务操作能够被审计，系统操作能够被记录。审计跟踪允许监控系统从功能角度跟踪系统内发生的事情，而日志记录允许监控系统从技术角度跟踪系统内发生的事情。我们已经提到，在 TFX 中需要一个健壮的审计跟踪，它很重要。

除了审计，系统还需要提供可靠、一致和有意义的消息日志记录，包括：

- 记录系统组件的启动和关闭。
- 敏感信息的管理或安全相关功能的所有操作（例如，支付授权、用户授权更改、密码验证失败）。
- 通过非常规的系统访问执行的操作（例如，在解决事故期间）。
- 系统遇到的运行时错误，收到的异常请求（例如，格式错误的有效负载或未实现的 HTTP 谓词）。
- 与日志记录系统本身有关的任何事件（例如，停止日志记录系统，或者记录文件轮换覆盖或归档）。

审计和日志记录将随着系统的发展而演进，我们将获得关于它们的更多经验。第一次渗透测试几乎肯定会发现需要更多日志记录的地方，也可能会发现遗漏的审计项目。然而，随着时间的推移，通过与监控部门合作，我们能够开发审计和监控功能，从而快速发现异常并调查可能存在的安全问题。

4.3.6 密钥管理

我们把钥匙放在哪里，是一个和安全性本身一样古老的问题。无论我们是保护门、保险箱还是加密数据，读者都需要有一把钥匙（在数字世界中也称为密钥）来解除保护并访问自己感兴趣的敏感资源。

从历史教训来看，密钥存储通常非常粗心，密钥存储在纯文本配置文件、数据库表、操作系统脚本、源代码和其他不安全的地方。今天，我们也无法完全摆脱这种风险，因为敌人和内部人员都会有意无意地进行破坏。

这整个领域被称为密钥管理，我们在设计系统时必须非常清楚这一点。糟糕的密钥管理可能会使所有其他的安全机制变得无用。密钥管理主要包括三个部分：选择好的密钥、妥善地保护密钥和可靠地修改它们。

大多数现代架构师都清楚选择好密钥的必要性。密码、加密密钥或 API 密钥等密钥，需要足够长且足够随机，让暴力破解或直觉都难以猜测。许多密码生成器[一]可以为我们提供不错的密钥，并且大多数应用程序平台（如 Java 和 .NET 等）都包括安全密钥和随机数生成器。诸如证书和公钥基础设施（Public Key Infrastructure，PKI）密钥之类的机密数据通常由可靠的、经验证的实用程序（如 ssh-keygen）在 Unix 系统上自动生成。

一旦读者选择或生成了密钥，它们就需要保密。许多人和许多软件应用程序合法地访问这些密钥，但只能访问一组特定且有限的密钥。目前解决此问题的最佳方法是使用一个专门且验证过的密钥管理器。密钥管理器是一种软件，它安全地存储密钥的加密版本，并通过 API 和人机界面使用细粒度的安全性来限制和审核对它们的访问。理想情况下，在其环境出现故障时，密钥管理器还应该提供一些实现高可用性的方法。其中一些还提供了密钥轮换功能（稍后讨论）。

所有公有云提供商都有密钥管理服务，这些服务往往是健壮、复杂、安全且易于使用的，因此公有云环境通常是一个不错的默认选择。如果我们需要更多的控制，要使用云服务中缺少的特定功能或需要自行存储密钥，有许多验证过的开源密钥管理器，包括 Vault[二]、Keywhiz[三]和 Knox[四]。

许多商业产品也提供了复杂的密钥管理，许多产品支持密钥管理开放互联标准（Key Management Interoperability Protocol，KMIP）[五]，以及更专业的解决方案，如硬件安全模块（Hardware Security Module，HSM）可以提供硬件级密钥存储。本书没有篇幅讨论这些更复杂的解决方案，但安全工程书籍（我们在 4.6 节中列举了 Ross Anderson 的书）可以帮助了解更多细节。

密钥管理的剩余内容是我们是否以及如何定期更改机密数据，通常称为密钥轮换。历史上有一种正统观念，认为所有密钥都应该定期更改，但事实上，如果我们考虑到这种做法所缓解的风险，很容易就发现，许多密钥的价值有限（除非密钥被盗，只有这种情况下，才需要立即更换）。

对于用户密码，包括 2017 年以来的 NIST[六]在内的许多专家的观点是，除非密码被泄露，否则不应强制更改密码，因为这样做不会提高身份验证的安全性。类似地，对于数据

[一] 比如吉布森研究公司的完美密码，见 https://www.grc.com/passwords.htm。

[二] https://www.vaultproject.io

[三] https://square.github.io/keywhiz

[四] https://github.com/pinterest/knox

[五] https://wiki.oasis-open.org/kmip

[六] Paul Grassi et al, *NIST Special Publication 800-63B, Digital Identity Guidelines, Authentication and Lifecycle Management* (National Institute of Standards and Technology, 2017)

库密码和API密钥等密钥，定期更改的唯一真正好处是，如果密钥在我们不知情的情况下被窃取，那么它的生命周期将是有限的。

不过事实上，除非使用一次性密码，否则从密码被窃取到密码被更改的这段时间几乎都足以让攻击者造成重大伤害（甚至可能将密码更改为只有他们知道的密码）。这就是说，如果出现漏洞，我们需要立即更改密码，在某些情况下，定期更改密码会很有价值。因此，密码管理方法需要为密码的更改提供一个健壮的机制。

大多数密钥管理器（如数据库和操作系统）使用常见的技术提供密钥轮换功能，我们通常可以通过插件扩展来定制个性化的密钥轮换。如果这很难落地，那么我们需要写一个容易理解的日常操作程序，该程序可以自动化地选择安全密码，更改旧密码，并将新密码存储在密钥管理器中。

4.3.7 缓解社会工程学攻击

古老的安全格言指出，“系统的安全程度取决于系统最薄弱的环节”，当分析许多成功的攻击案例时，最薄弱的环节一般并不缺少技术控制，而是因为操作软件系统的人才变得薄弱。2015年，一名匿名黑客对意大利信息安全公司Hacking Team发起了一次著名的攻击，情况就是这样的[⊖]。如果Hacking Team可以因为社会工程学和弱密码被完全攻陷，那么我们的组织也可能同样沦陷。

社会工程学攻击的问题在于，我们要对付的人的行为本质上是情绪化的、前后不一致的，因此很难预测他们的行为方式，比如恶搞电话、贿赂员工、敲诈等。防御社会工程学攻击的最佳措施是持续的用户教育、提醒和测试。降低社会工程学攻击造成的成本，最佳防御措施是尽量减少每个用户在受到攻击时可能产生的影响。有一系列策略可以帮助我们缓解此类风险。

安全机制需要考虑通过社会工程学来攻击系统的可能性。例如，应该考虑使用2FA来保护登录行为，缓解试图窃取密码的攻击，特别是对于管理密钥存储或云基础设施等敏感数据的登录行为。我们应该努力将每个用户在系统中的访问权限控制在其角色所需的访问级别，以便在发生社会工程学攻击的情况下，用户不会无意中执行操作或访问系统中的数据项。涉及安全或大额金融转账的敏感操作应使用“四眼”控制法，即必须有两个人同意。如前所述，审计应该是广泛且可见的，让人们知道他们需要对自己的行为负责。我们不应该在电子邮件中嵌入链接，让人们不明就里地点击它们，等等。

安全社区仍在学习如何更好地理解、建模和缓解社会工程学带来的风险，但我们可以通过在系统中实施安全控制时考虑人类行为，来保护用户免受威胁。对于TFX系统，我们已经描述了团队可以使用的大多数防范措施，特别是良好的审计跟踪（让人们知道他们的行

⊖ J. M. Porup, “How Hacking Team Got Hacked,” *Ars Technica* (April 2016). https://arstechnica.com/ information-technology/2016/04/how-hacking-team-got-hacked-phineas-phisher

为正在被记录）和 2FA，使通过盗窃密码来泄露账户变得更加困难。他们也需要考虑多用户协同（四眼控制法）控制敏感操作（也许是大额支付授权）。

4.3.8 零信任网络

保护系统的传统方法是从外部到内部使用信任区域，随着深入网络，信任级别会增加。信任区域的标准模式是一个典型的企业网络，它有一个互联网区域（公司外部的区域）、一个受信任区域（公司自己的专用网络），并且在这两个区域之间有一个中立区域即 DMZ，该区域部分受信任，但与受信任的公司主网络隔离。特权区域通常存在于受信任区域内，它保存特别敏感的信息，如信用卡数据。为了将这些区域彼此隔离，需要使用一组复杂的网络路由和防火墙规则来限制它们之间的流量。

这种方法在计算机网络的最初 10 到 15 年为业界提供了良好的服务，但近年来，随着攻击者日益老练，不少大型组织的知名敏感数据被泄露，其局限性开始变得明显。传统方法的主要局限性在于，一旦一个区域被对手突破，几乎无法阻止对手访问其中的任何内容。只要有足够的时间、技术和决心，攻击者可以访问整个区域，因为安全控制设定受信区域中的任何服务都可以访问同区域的其他任何内容。因此，受损的管理员凭据通常会导致灾难性的数据泄露。

前面讨论过风险形势的变化，近年来，另一种被称为零信任安全的方法越来越流行，其思想源自谷歌的 BeyondCorp 模型[1]和 Barth 与 Gilman 合著的 *Zero Trust Networks* 一书[2]。

真正的零信任环境是一个成熟而复杂的由基础架构驱动的项目，本书的读者可能会参与其中，但不太可能成为领导者。然而，作为软件架构师，我们需要了解该方法，了解其优点和成本，并在与系统相关的地方应用其原则。特别是，应该显式地验证信任关系，并假设我们使用的网络是不安全的，大家最好牢记这条安全原则。在设计系统时，我们应该假设敌人已经入侵了部分基础设施，我们的网络会被拦截，这种情况下一定程度的偏执是健康和正常的。一旦我们在系统安全设计中采用这种态度，即使我们的网络还相当安全，也更有可能抵御内部和外部的威胁。

4.3.9 实现 TFX 的安全性

我们没有足够的篇幅来揭秘 TFX 系统安全的各个方面，但将展示一部分代表性流程来说明如何实现它，说明如何使用本章的内容来保证构建系统的安全性。

我们列出一些假设性问题，来帮助团队聚焦到 TFX 安全性的一个有趣的方面。首先，我们假设在应对一些基本威胁时，团队采取了一些相对常见的安全措施：

---

[1] Rory Ward and Betsy Beyer, "BeyondCorp: A New Approach to Enterprise Security,"; *login*: 39, no. 6 (2014): 6–11. https://research.google/pubs/pub43231

[2] Evan Gilman and Doug Barth, *Zero Trust Networks* (O'Reilly Media, 2017)

- 该团队使用应用程序框架[⊖]和基于云的身份验证和授权服务提供商（如 Okta）整合了身份验证和授权，来识别和授权系统用户。
- 该团队考虑了被拦截的风险，因此在系统服务之间使用了传输层安全协议（Transport-Level Security，TLS）。
- 该团队考虑了欺骗、拒绝服务和权限提升等攻击方式，因此 TFX 具有网络安全控制，防止来自系统外部的网络流量访问除 API 网关之外 TFX 的任何部分。我们将在第 5 章中更详细地讨论 API 网关。
- 同样，为了避免欺骗风险，TFX 在 API 网关中做了授权控制，只有具有 TFX 授权的用户才能访问其 API。
- 安全凭据（如数据库的凭据）保存在密钥存储介质中，TFX 云环境中的服务可以获取它。

该团队在 TFX 安全性上开了个好头，并缓解了 TFX 可能面临的一些常见风险。下一步是什么？让我们考虑第一个风险，表 4.1 中的 TFX-123 风险项，即网络黑客发送非授权的支付请求，企图非转移资金。如何缓解这一风险？（这主要是一种欺骗风险，它涉及伪造请求发送者的身份和请求中的详细信息。）

让我们查看与这一风险最相关的部分——TFX 支付服务和支付网关，如图 4.6 所示，风险在于攻击者设法让支付网关处理支付请求。

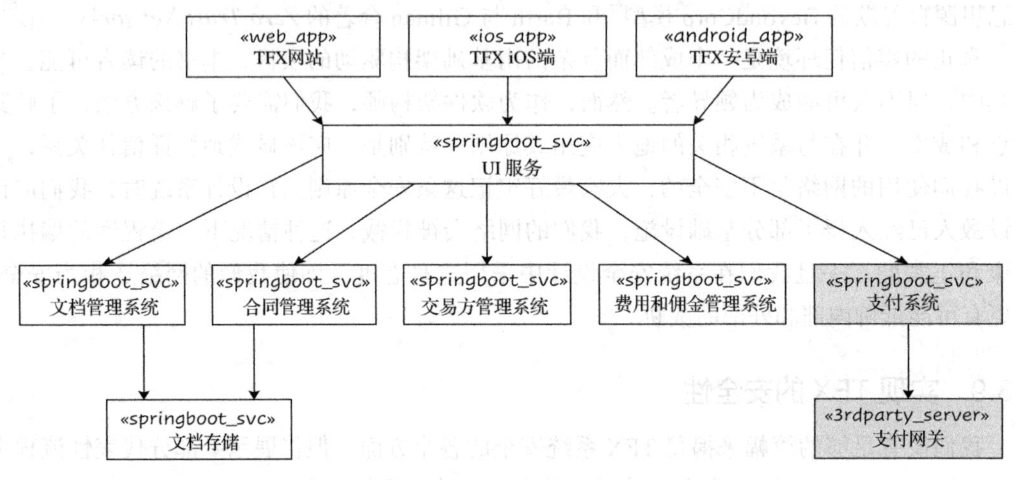

图 4.6　TFX 支付安全性

在附录 A 中完整解释了我们使用的符号，但对于图 4.6，矩形符号是系统组件，组件类型在海鸥状引号（«»）中指出。组件之间的箭头表示组件间的通信（箭头表示通信信息的流动方向）。对于这个例子，我们对图 4.6 中感兴趣的部分进行了着色处理。

由于攻击者可以访问网络，他们可能使用的攻击向量是向支付服务发送请求，以欺骗

⊖ 例如 Spring Security，见 https://spring.io/projects/spring-security。

其通过支付网关创建支付请求，或直接向支付网关发送恶意请求以触发支付行为。

考虑到团队为缓解其他风险而建立的安全机制（在前面已列出），他们的任务是确保对任何服务的支付请求只能来自我们的一项服务，而不是来自攻击者向网络中注入的请求。这是前面概述的零信任原则的一个简单示例，我们假设永远不能信任本地网络。

团队可以使用两种常见的机制来防止此类攻击。首先，可以通过集成到安全的编程框架[⊖]中的身份验证和授权服务，使用 API 来做身份验证；其次，可以在已经存在的 TLS 连接上使用客户端证书。在这种情况下，由于我们不信任通信网络，并且对支付网关软件的控制有限，团队需要同时做到以上这两个方面。

虽然可以修改支付服务来调用外部身份验证机制，但支付网关是第三方软件组件，即使身份验证服务使用开放标准（例如，编写本文时的安全声明标记语言 SAML 2.0），该产品也不方便与外部身份验证服务做集成。出于资源隔离的原因，支付网关还需要在自己的服务器上运行（将在第 7 章中讨论）。这些因素组合在一起，就是我们需要使用 API 安全性和受保护网络连接的原因。因此，团队在支付服务中进行授权检查，将支付网关配置为仅接受支持 TLS 的入站请求，并将 TLS 端点配置为仅接受由支付服务公钥签名的请求。

在保护真实系统的时候，这种复杂情况很常见。保护自己的受控软件，可能比保护我们和第三方的软件组合要简单得多，更别提其中一些组件可能已经很老了。

团队还可以通过添加网络级控制来限制网络流量，这样就只有来自支付服务的流量可以路由到支付网关，不过这样做会增加 TFX 环境的复杂性，因为它涉及在服务器上安装和维护额外的网络设备或软件防火墙配置。团队决定现阶段避免使用这种方法，当然，经过安全审查或进一步的风险分析，可能需要在以后重新考虑此选项。

图 4.7 中的草图展示了团队如何增强架构设计以实现这些控制。

图 4.7 中的符号与图 4.6 中使用的符号类似。矩形是系统组件，对其进行类型注释，箭头是组件之间的连接。该图还展示了在几个组件中嵌入的特定编程库，以明确它们的用途。带弯曲底的矩形表示需要特定密码学（TLS）证书的位置。

如图 4.7 所示，将 TFX 网站扩展成使用外部身份验证服务来识别用户，并且在调用任何 API 之前，Web 应用程序调用授权服务来获取访问令牌[⊜]，该令牌妥善记录了用户的权限。然后，令牌作为 API 请求的一部分（在 HTTP 头中）传递给服务端使用。支付服务校验访问令牌的结构和签名（理想情况下，一般使用验证过的现成解决方案，例如 Spring Security，而不是自己造轮子），以确保令牌可以被信任，然后使用令牌中的信息来允许或拒绝该请求。正如我们所说的，支付网关是第三方软件，因此无法在其中做类似的检查。因此，团队在支付网关和支付服务之间配置双向 TLS 连接。支付网关配置为仅接受来自特定客户端证书的请求，这些证书由支付网关生成并安装在支付服务中，而服务器端证书则用于确保支付

⊖ 我们的例子中是 Spring Security 组件。

⊜ 例如 JSON 格式的 Web 访问令牌（JSON Web Token，JWT）。

服务可以连接到支付网关。

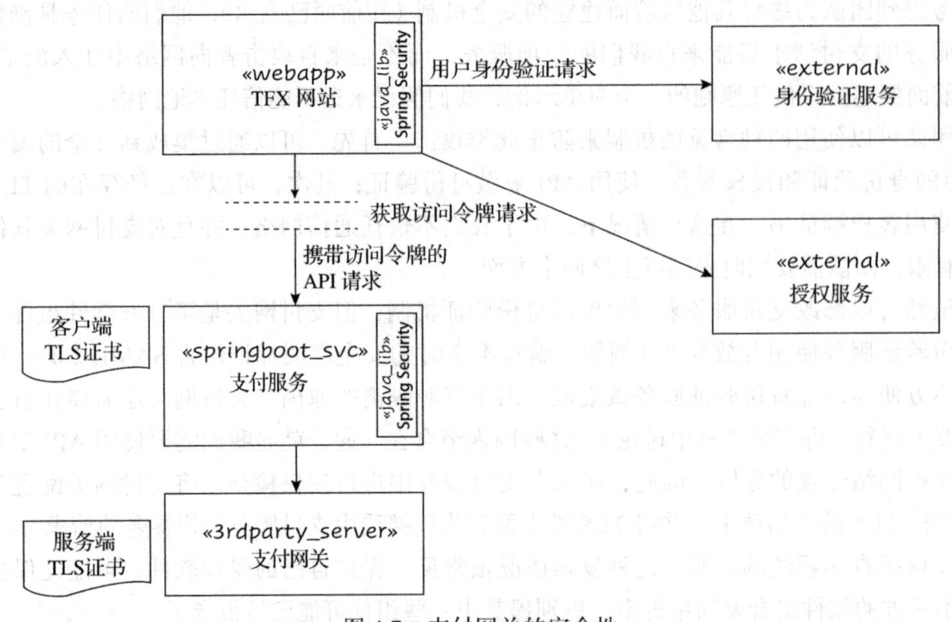

图 4.7　支付网关的安全性

我们增加了系统的复杂性，增加了维持安全性可能需要的运营成本，不幸的是，如果需要有效的安全性，复杂性和成本的增加是无法避免的。

4.4　维持安全性

一个系统具备了安全设计，实际上是使系统安全的重要的第一步。然后，系统需要安全地构建出来，并且在其运行的真实世界中保持安全。本节讨论架构师需要注意的相关问题。

4.4.1　安全性的实施

实现一个安全的系统涉及了安全需求、安全设计、安全实现和安全测试等领域的工作，这四个部分同样重要。如果我们构建一个安全系统的时候不太小心，引入了安全缺陷，或者如果没有彻底地测试系统的安全性，那么，这样设计的系统安全毫无意义。

安全实现和安全测试的主题太大了，足以填满整本书。如果读者还没有安全开发和安全测试方面的知识和经验，我们鼓励读者阅读 4.6 节中列出的一些参考资料，加深在该领域的知识，利用 OWASP[1]和 SAFECode[2]等开源组织的资源，保证系统的实施和测试与设计时

[1] 开源 Web 应用程序安全计划（Open Web Application Security Project，OWASP），见 https://www.owasp.org。

[2] https://safecode.org

一样安全。

4.4.2　人员、流程和技术

加密、身份验证、防火墙和审计等技术非常重要，但作为具有安全意识的工程师和架构师，我们必须记住，安全性有三个同样重要的方面：人员、流程和技术。

如前所述，人员是任何安全系统的关键部分。通常是系统用户和管理员的意识、知识和行为决定了日常安全的有效性。一个简单的失误，例如，管理员在便笺上写下密码，或者用户点击了电子邮件中的网络钓鱼攻击链接，都会让系统中的任何安全技术无用武之地。

类似地，大多数系统都有一定数量的操作流程围绕着它们，以确保它们能够顺利运行，并在意外发生的情况下具备弹性。常见的情形是，人们为操作流程付出了大量努力，以确保它们是全面的，而且是尽可能简单的，并且在遇到意外情况时具有灵活性，但人们往往没有充分考虑它们的安全影响。一些典型的操作错误包括：不测试新上线基础设施的安全配置、推迟或忘记修补操作系统和系统软件、定期备份保护了数据存储却没能有效地保护备份，以及备份了数据却没有测试能否恢复数据。

最后，我们需要将安全技术应用到系统中，以减轻其安全风险。我们必须使用最简单、最可靠、最容易理解的技术来完成这项工作，尽管这通常和我们在工作中使用最新、最有趣技术的本能背道而驰！

4.4.3　最薄弱的一环

如前所述，系统的安全取决于系统中最薄弱的一环，从逻辑上想一想，这一原则是重复的废话。当然，按照这个定义，系统中安全性最薄弱的部分定义了系统的安全级别。

现实情况比这更微妙，因为系统的不同部分可能面临不同级别的安全风险，并且系统中不同部分的安全漏洞的严重程度也可能不同。不过，这个基本观点仍然是成立的。

牢记系统最薄弱的环节之所以重要，是因为它会提醒我们安全不是二元状态。与其他质量属性一样，也有安全级别，我们当前的安全级别由系统中对风险防御最弱的部分所定义。

将这一原则转化为具体行动的挑战在于，系统最薄弱的安全环节往往并不明显。因此，我们要把这一原则作为提醒，不断探索系统的薄弱环节（安全测试），并在系统的整个生命周期中持续风险建模，并在发现缺乏风险建模的地方不断提高安全性。这将我们巧妙地带入下一节。

4.4.4　持续提供安全性

从历史上看，安全性与其他质量属性一样，都是在生命周期结束时已经得到解决，并且在系统发布之前才完整地做一次“保护”系统的工作。这种对安全性的延迟考虑和与之相关的安全团队的延迟介入，不可避免地导致意外的惊吓、延期，并且安全团队总被视为说不的团队。

虽然这种“大爆炸”式的、每天晚些时候发布的方式对于每半年一次的大型发布来说是可以接受的，但对于现代的云计算优先、持续交付的世界来说，它并不适用。我们需要重新思考如何将安全性集成到交付生命周期中。

今天，我们需要将安全性视为一种持续的活动，它从系统构思开始，在开发过程中持续进行，并在运营中始终存在。换句话说，我们需要将持续安全作为持续交付的一部分。

我们通过在每个冲刺或迭代期间做少量的安全工作，并将安全测试和安全控制集成到持续交付流水线中来实现这一点。这种方法使我们能够将安全性视为一个渐进的过程，在新的安全风险出现时识别它们，从操作生产系统的经验中学习，并不断缓解我们识别到的风险。

对应用程序安全性方法的需求是 DevSecOps 运动兴起的原因之一，DevSecOps 运动将 DevOps 进行扩展以将安全性作为整个系统交付生命周期的一个集成关注点。

正如在本章中所说，在 TFX 系统中，我们将从强大但简单的安全设施开始，用来解决最高等级的风险威胁，并允许安全地将系统投入运行。随着我们添加更多功能并更好地理解面临的风险，将不断完善和添加更多安全性。在一个迭代中，希望开始渗透测试并添加一些文档的加密，因为我们正在经历试点阶段，现在的系统中有真正的敏感文档。几次迭代之后，会实施前面讨论的审计跟踪，因为我们开始看到潜在敏感行为的实际使用情况，并让第三方执行连续的模拟安全攻击，以检查我们的防御和响应能力。

稍后，当我们开始在系统中看到重要的金融交易时，将添加对重要操作（例如超过一定金额的付款请求）的两次用户审核（四眼检查）的要求。

通过这种渐进式的工作方式，我们使用已经记住的准则 3——*在绝对必要的时候再做设计决策*，使安全成为云原生、持续交付世界的一个推动因素，而不是一个需要解决的障碍。

4.4.5 为不可避免的失败做好准备

任何有经验的软件架构师或工程师都会告诉我们，一旦系统被真正的用户部署和使用，错误就会发生，而且往往以出乎意料的方式发生。不幸的是，安全性和系统的任何其他方面（如功能性或可伸缩性）都是如此。不同之处在于，某些类型的安全故障可能导致安全事件，例如大规模的消费者数据泄露，会对组织的声誉和交易能力产生长久的影响。

我们在本章开头解释过，日益严重的威胁形势意味着，除了在安全实施中犯下的错误外，任何有价值的系统都有可能受到老练对手的攻击。那么，最终在某个时刻，我们可能会面临某种安全故障。

因此，我们必须在设计系统时就考虑从安全事故中恢复的问题，首先必须考虑预防事故的发生。我们在第 7 章中将讨论系统的弹性，但从安全角度来看，确保弹性的一个重要部分是在设计系统时与安全专家和 SOC 人员密切合作，以便我们了解他们对安全事故识别和响应的需求。考虑让开发团队参与到 SOC 和安全专家的工作中，可以使用轮换模型，还要确保开发团队成员参与事故或未遂事故后的安全回顾。这种合作让开发团队深入了解安全团队的工作，大大提高了他们的安全意识。

另一方面，在考虑系统的恢复机制时要仔细考虑安全故障，为安全问题做好准备。如果必须在新的云环境中从零开始重新创建 TFX 系统，那么该怎么办？如果证书被泄露怎么办？如果成为勒索软件攻击的目标怎么办？如果授权系统遭到破坏或不可用怎么办？如果发现系统已经被入侵并且数据已经被泄露，该怎么办？通过思考这些令人不快的场景，我们可以设计一个能从攻击中恢复，并尽可能有弹性地抵御此类威胁的系统。

4.4.6 安全舞台与安全实现

在大多数大型组织中，安全实践和安全流程的许多方面都只是简单地执行，似乎没有人理解其中的原因。这些任务可能是几年前发生的单个问题（“组织疤痕组织”）、曾经有用但不再相关的活动的结果，或者曾是组织安全防御的重要组成部分，但它们继续存在的理由已经不复存在。

问题是，如果有很多不被我们理解的活动，就不知道哪些是有效的和重要的，哪些只是 Bruce Schneier[⊖]所说的“安全舞台”，这意味着安全活动非常令人瞩目，但对组织的安全水平基本没有影响。

作为软件工程师和架构师，我们的工作是尝试使用技术和逻辑思维技能来确定哪些是有用的，并挑战那些没用的。哪些活动可以帮助我们真正保障安全，哪些活动已经过时或只是无用的“安全舞台”？ 如果我们不这样做，那么所有的安全活动都将被贬低，没有一项会被认真对待，从而大大削弱了组织对安全风险的抵御能力。

4.5 本章小结

软件架构师以前总是认为安全性主要是其他人的问题，并且可以通过向系统添加授权和身份验证来处理问题，这样的日子已经一去不复返了。当今的风险环境和无处不在的网络连接意味着我们的系统与传统目标（例如支付公司）一样容易受到攻击。

作为持续架构周期的常规部分，安全工作需要集成到我们的架构工作中，使用来自安全社区的成熟技术，例如风险建模，用于识别和理解风险，然后尝试使用安全机制和改进的流程并培训我们的员工。

然而，鉴于当今不断变化的需求和日益复杂的安全形势，安全工作也必须不断发展。每年安排两次多日的安全审查，并生成一页又一页的调查结果，用来进行手动修复，这种

⊖ Bruce Schneier, “ Beyond Security Theater, ” *New Internationalist* (November 2009). https://www.schneier.com/essays/archives/2009/11/beyond_security_thea.html

方法已不再有用了。今天，安全需要的是一个持续的、风险驱动的过程，尽可能自动化，并支持持续交付过程而不是阻止这个过程。

通过以这种合作、风险驱动、持续的方式工作，软件架构师和安全专家可以确保他们的系统已经准备好并能持续准备好面对不可避免的安全风险。

4.6 拓展阅读

本节包含了一系列资源，这些资源有助于进一步了解本章中涉及的主题。

- 对于现代面向应用程序的安全实践的广泛介绍，Laura Bell、Michael Brunton-Spall、Rich Smith 和 Jim Bird 合著的 *Agile Application Security*（O'Reilly Media，2017）是一个很好的起点。该书解释了如何将健全的现代安全实践集成到敏捷开发生命周期中。它基于作者团队为英国政府的某些组织所做的这类工作的经验。Ross Anderson 的经典的 *Security Engineering* 是一本较旧的书，新的第 3 版（Wiley，2020 年）对该领域进行了非常广泛、易懂、有趣且透彻的介绍。上一版以 PDF 格式免费提供。
- Charles Weir 的安全开发流程[一]，是一个很好的帮助开发团队参与软件安全的 Web 资源，其中包含了称为“开发人员安全要素”方法的资料，这种可访问且具有包容性的方法，让开发团队方便地参与安全工作。
- 有许多风险建模的方法可供选择，但在我们看来，Adam Shostack 的 *Threat Modeling: Designing for Security* 是一个好的起点：《为安全而设计》（Wiley，2014），这是基于他将风险建模引入微软产品开发组的经验。它主要讨论 STRIDE，尽管 Shostack 对攻击树并不是特别热衷，但也有关于它们的章节。关于攻击树的原始参考文献是 Bruce Schneier 的“Attack Trees”（*Dr. Dobb's Journal*，2001 年 7 月 22 日）[二]，读者可以通过互联网搜索到大量关于攻击树的其他材料。

每个特定的风险建模方法都有自己的文档：

- PASTA——Marco Morana 和 Tony Uceda Vélez 的 *Risk Centric Threat Modeling: Process for Attack Simulation and Threat Analysis*（Wiley，2015）[三]
- VAST——Alex Bauert、Archie Agarwal、Stuart Winter Tear 和 Dennis Seboyan 的“Process Flow Diagrams vs Data Flow Diagrams in the Modern Threat Modeling Arena”（2020）[四]
- OCTAVE——Christopher Alberts、Audrey Dorofee、James Stevens 和 Carol Woody 的 *Introduction to the OCTAVE Approach* (Software Engineering Institute, Carnegie

---

[一] https://www.securedevelopment.org

[二] https://www.schneier.com/academic/archives/1999/12/attack_trees.html

[三] 互联网搜索还将返回许多有关 PASTA 技术的白皮书和演示文稿。

[四] https://go.threatmodeler.com/process-flow-diagrams-vs-data-flow-diagrams-in-threat-modeling

Mellon University, 2003)

- MITRE 的 CAPEC 攻击目录——https://capec.mitre.org
- 数据密集型系统的 NIST 方法——Murugiah Souppaya 和 Karen Scarfone 的 *Guide to Data-Centric System Threat Modeling* 以数据为中心的系统风险建模指南，NIST 特别出版物 800-154（NIST，2016）

软件工程研究所（Software Engineering Institute，SEI）的网络安全研究人员还撰写了一份报告，总结了其中一些方法：Nataliya Shevchenko 等人写的 *Threat Modeling: A Summary of Available Methods* (Software Engineering Institute, Carnegie Mellon University, 2018)。

风险建模是一种风险管理，在一些组织中，它位于更广泛的安全风险分析和缓解过程中，如 SEI 的安全工程风险分析（Security Engineering Risk Analysis，SERA）方法，如果需要更广泛、更正式的网络安全风险管理方法，该方法可能很有价值。参考 Christopher Alberts、Carol Woody 和 Audrey Dorofe 的 *Introduction to the Security Engineering Risk Analysis (SERA) Framework* (CMU/SEI-2014-TN-025) (Software Engineering Institute, Carnegie Mellon University, 2014)。

- 社会工程学是一个广泛的领域，但我们发现关于社会工程学的深入材料相对较少，Christopher Hadnagy 的 *Social Engineering: The Art of Human Hacking* 第 2 版（Wiley，2018）对这一复杂的主题进行了相当彻底的探讨。
- 最后，我们前面提到的两个组织是 SAFECode 和 OWASP。它们都为提高应用程序开发的安全性提供了大量有价值的信息，所有这些信息都是免费提供的。一些不错的资源值得注意，SAFECode 的“Fundamental Practices for Secure Software Development, Third Edition”（2019）[㊀]；OWASP 的“备忘清单”，如“Key Management Cheat Sheet”（2020）[㊁]和著名的 OWASP“十大威胁”列表，分别包括了 Web 应用程序（2017）[㊂]、移动应用程序（2016）[㊃]和 API（2019）[㊄]。

㊀ https://safecode.org/fundamental-practices-secure-software-development

㊁ https://cheatsheetseries.owasp.org/cheatsheets/Key_Management_Cheat_Sheet.html

㊂ https://owasp.org/www-project-top-ten/OWASP_Top_Ten_2017

㊃ https://owasp.org/www-project-mobile-top-10

㊄ https://owasp.org/www-project-api-security

Chapter 5 第5章

架构之可伸缩性

可伸缩性，在传统上并没有被放在架构的顶层质量属性列表中。比如，*Software Architecture in Practice*[㊀]一书列出了可用性、互操作性、可修改性、性能、安全性、可测试性和易用性作为基本质量属性（每一个属性在那本书中都有专门的章节），但可伸缩性只是放在了“其他质量属性”部分。然而，这种将可伸缩性视为相对次要的观点在过去几年中发生了变化，这可能是因为谷歌、亚马逊和Netflix等大型互联网公司一直在注重可伸缩性。

如果将可伸缩性作为一个事后的思考，软件架构师和工程师意识到可能会产生很严重的后果，即一个应用程序的工作负载可能会突然超出了预期。当这种情况发生时，他们通常在数据不足时被迫快速做出决定。但是，从架构的角度来说，我们所说的可伸缩性到底是什么意思？它的重要性又是什么呢？

可伸缩性可以定义为通过增加（或减少）系统成本来处理增加（或减少）的工作负载的系统属性。成本关系可能是持平的，可能是阶梯的，可能是线性的，也可能是指数型的。在这个定义中，增加的工作负载可能包括更高的事务量或更多的用户量。一个系统通常被定义为三者的组合：软件、计算基础设施，并且可能包含运营软件和相关基础设施所需的人。

回到TFX的案例研究中，TFX团队明白创建一个可扩展的TFX平台将是一个重要的成功因素。正如在第1章中所解释的那样，最初的目标是向单个金融机构提供团队正在开发的信用证（L/C）平台。从长期来看，该计划将把它作为一种白标[㊁]的解决方案提供给其

㊀ Len Bass, Paul Clements, and Rick Kazman, *Software Architecture in Practice*, 3rd ed. (Addison-Wesley, 2012)

㊁ 白标产品是一种可以被我们的客户贴上品牌的产品。

他金融机构。团队在创建可伸缩平台时面临的挑战是，他们并没有很好地估计交易量、数据大小和用户数量方面的相关增长（以及增长速度）。此外，当使用持续架构准则和工具箱时，团队正在努力创建一个可伸缩的架构。准则3——*在绝对必要的时候再做设计决策*，指导团队不要这样为未知的情况做设计，可伸缩性估计目前还不清楚。本章描述团队如何能够成功地克服自己不知道未来状态的挑战。

本章在持续架构的背景下检查可伸缩性，讨论可伸缩性作为架构的关注点，以及如何构建系统的可伸缩性。通过TFX案例的研究，本章提供了实际的例子和可行的建议。值得注意的是，尽管我们关注的是可伸缩性的架构方面，但一个完整的可伸缩性视角需要同时考虑业务、社交以及流程[㊀]。

5.1 架构场景中的可伸缩性

要理解可伸缩性的重要性，可以细想诸如谷歌、亚马逊、Facebook和Netflix等公司的情况。它们每秒处理大量的请求，并且能够在分布式环境中成功地管理超大的数据集。更有甚者，它们的网站能够在不中断的情况下快速扩展，以应对假日等预期事件或健康事件（如2019年的新冠肺炎大流行）和自然灾害等意外事件造成的使用量增加。

对于任何系统来说，测试可伸缩性通常都很困难，因为所需的资源可能只在生产环境中可用，而生成模拟的工作负载可能需要大量的资源和仔细的设计。这对于那些需要同时处理高流量和低流量的网站来说尤其困难，因为它们没有精确的流量估计。然而，谷歌、亚马逊、Facebook和Netflix等公司在实现可伸缩性方面表现出色，这是它们成功的关键因素。然而，软件架构师和工程师需要记住，这些公司使用的可伸缩性策略不一定适用于不同发展阶段的其他公司[㊁]。他们需要小心，不要在自己的环境中过快地重用可伸缩性策略，而没有完全理解他们正在考虑的策略的含义，并明确地将他们的需求和假设记录为一系列架构决策（见第2章）。

在第2章中，我们推荐从激励、响应和度量的角度捕捉质量属性需求。然而，TFX的涉众正在努力为TFX平台提供可伸缩性估计，因为很难预测系统未来的负载，负载在很大程度上取决于系统的成功程度。

系统的涉众可能并不总是可伸缩性需求的良好来源，但这些需求通常可以从业务目标推断出来。例如，为了实现一个目标收入的目的，需要进行一定数量的交易，假设有特定的转化率。这些估计中的每一个因素都有其自己的统计分布，这可能会告诉我们，需要比平均值多10倍的备用容量才能处理99%的负载。

由于缺少TFX的业务目标，团队决定将他们的努力集中在其他的、文档化的质量属性

㊀ 有关此主题的更多细节，请参阅Martin L. Abbott和Michael J. Fisher的*The Art of Scalability*（Addison - Wesley, 2015）。

㊁ Oz Nova, "You Are Not Google" (2017). https://blog.bradfieldcs.com/you-are-not-google-84912cf44afb

需求上，比如性能（见第6章）和弹性（见第7章）。不幸的是，团队很快注意到可伸缩性会影响其他质量属性，如图5.1所示。他们显然不能忽视可伸缩性。

团队还意识到这四个质量属性，特别是可伸缩性，对成本有影响。正如我们在《持续架构》[1]第3章中解释的那样，成本效率通常不包括在系统的质量属性需求列表中，但它几乎总是一个必须要考虑的因素。建筑和船舶的架构师，以及从飞机到芯片等一切事物的设计师，都经常根据成本向客户提出几种选择方案。无论是什么工程领域，所有客户都是对成本敏感的。

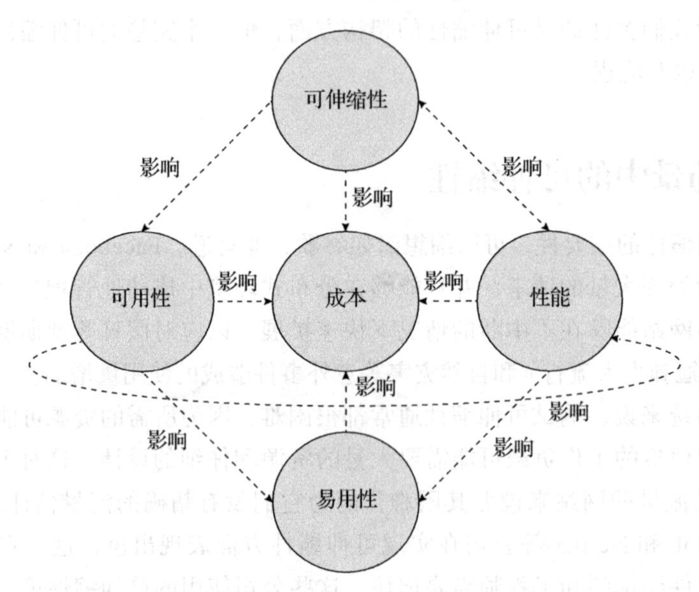

图5.1 可伸缩性、性能、可用性、易用性与成本的关系

为了快速交付满足不断变化的业务需求的软件系统，快速开发可执行的软件架构并对其进行演进是现代应用程序必不可少的。然而，不要低估可伸缩性的经济影响，以免使自己陷入困境。如果不预先规划可伸缩性，而希望平台能够依靠负载均衡器[2]等相对简单的机制来应对突然增加的负载，并利用越来越多基于云的基础设施，这可能是一项昂贵的任务。从长远来看，这种策略甚至可能不会奏效。

5.1.1 什么改变了：可伸缩性的假设

可伸缩性在几十年前并不是主要的问题，当时的应用程序主要是在大型Unix服务器上运行的单体程序，在几乎没有客户直接访问的情况下，几乎没有交易会接近实时地操作。这些系统的变化数量、速度以及构建和运营成本，能够以合理的精度做预测。当时的业务

[1] Murat Erder and Pierre Pureur, *Continuous Architecture: Sustainable Architecture in an Agile and Cloud-Centric World* (Morgan Kaufmann, 2015)

[2] 负载平衡器是一种网络设备，它将传入的请求分配给一组基础设施以提高资源的整体处理能力。

涉众的期望比现在要低，软件变更的时间频率也比现在低，以年和月来计，而不是以日、时、分来计。此外，由于物理条件的限制，过去企业系统的可伸缩性通常较差。例如，因为所有交易都是通过出纳员进行的，所以可以根据银行雇用的出纳员人数粗略估计银行的每日交易量。今天，由于系统和客户之间没有人工缓冲，超出预期的交易量随时可能到来。

正如在第一章中所描述的，软件系统从单体系统发展到了运行在多个分布式服务器上的分布式软件系统。互联网的出现和迅速被接受，使应用程序能够全球连接。接下来的发展是云计算的出现并几乎被普遍采用，它承诺以可预测的基于使用的最佳成本来按需提供灵活的基础设施。软件架构师和工程师很快意识到，即使单体软件系统能够以最小的架构变更移植到分布式环境，然后再移植到**云基础设施**，它们也会运行效率低下，存在着可伸缩性问题，而且操作成本很高。单体架构必须重构为面向服务的架构，然后再重构为基于微服务的架构。每次架构演进都需要使用新技术（包括新的计算机语言、中间件软件和数据管理软件）重写系统。因此，现在要求软件架构师和工程师几乎不断地学习新技术，并迅速熟练地使用它们。

软件系统的下一个发展方向是智能连接系统。如第 8 章所述，基于人工智能（Artificial Intelligence，AI）的技术正在从根本上改变我们软件系统的能力。此外，现代应用程序现在可以直接与智能设备（如家庭传感器、可穿戴设备、工业设备、监控设备和自动驾驶汽车）进行接口通信。例如，如第 3 章所述，TFX 最大的赌注之一是它可以改变业务模型本身。它们是否可以用实际的、准确的和最新的货物运输状态来替代当前对交付文档的依赖呢？传感器可以安装在用于运输货物的集装箱上。这些传感器将生成关于每批货物的状态和集装箱内容的详细数据。这些数据可以整合到 TFX 平台中进行处理。我们将在 5.2.5 节中对此进行更详细的讨论。

软件系统的每一次发展都增加了它们的可访问性，因此也增加了它们需要能够处理的负载。在大约 40 年的时间里，从批处理模式的软件开始，那时几乎没有人能够访问它们，而且功能有限，演变成了我们日常生活中不可或缺且无处不在的实用工具。因此，估计事务量、数据量和用户量变得极其困难。亚马逊网站在 2018 年就非常流行，访问用户达千万级别以上。即使这些数字在几年前就可以预测，但当亚马逊突然成为封城期间少数仍在销售日常商品的商店之一时，人们又怎么能预测健康事件（如新冠肺炎大流行）造成的流量呢？

5.1.2 影响可伸缩性的因素

审视可伸缩性的一种方法是使用供需模型框架作为参考。与需求相关的因素会导致工作负载的增加，例如用户、用户会话、事务和事件数量的增加。供应相关的因素与满足需求增长所需资源的数量和组织有关，比如技术组件（例如内存、持久性、事件、消息传递、数据）的处理方式。供应相关的因素还与技术组件的管理和运营以及软件架构相关过程的有效性有关。

架构决策决定了这些因素如何相互作用。当这些因素之间达到平衡时，可伸缩性就会得到优化。当需求相关的因素压倒供应相关的因素时，系统会表现不佳或失败，这在客户体验和潜在的市场价值方面是有成本的。当供应相关的因素压倒需求相关的因素时，组织就会出现过度购买，尽管使用商业云平台可能会将这个问题最小化，但还是会不必要地增加成本。

5.1.3 可伸缩性的类型和误解

称系统可伸缩是一种常见的过度简化。可伸缩性是一个需要加以限定的多维概念，它可以指应用程序的可伸缩性、数据可伸缩性或基础设施的可伸缩性，这些也只是众多可能类型中的一小部分。

除非系统的所有组件都能够应付增加的工作负载，否则系统就不能被认为是可伸缩的。评估 TFX 的可伸缩性涉及场景讨论：TFX 是否能够应对超出预期 100% 的意外交易量增长呢？即使 TFX 不能扩展，它失败时能优雅降级吗（许多安全漏洞通过超出预期的负载来攻击系统，并在应用失败时接管系统）？[⊖]该平台是否能够在不进行任何重大的架构变更的情况下，支持初始客户之外的大量客户呢？如果有必要，团队是否能够以合理的成本快速地添加计算资源？

软件架构师和工程师通常根据垂直可伸缩性和水平可伸缩性来评估系统响应工作负载增加的能力。

垂直可伸缩性（或向上扩展）涉及通过让应用程序运行在更大、更强的基础设施资源上来应对容量的增加。当单体应用程序在大型服务器（如大型机）或大型 Unix 服务器（如 Sun E10K）上运行时，通常使用这种可伸缩性策略。为了增加服务器的容量（例如，增加服务器内存），当工作负载增加时，可能需要对应用软件或数据库进行更改。可伸缩性由基础设施来处理，前提是有更大的服务器可用而且它价格合理、可以快速供应以处理工作负载增加，并且应用程序可以利用这些基础设施。这可能是处理扩展的昂贵方法，而且它有局限性。然而，垂直扩展是解决某些问题的唯一选择，比如内存数据结构（如图数据结构）的扩展。如果工作负载不快速变化，那么它是具有成本效益的。挑战是匹配处理器、内存、存储和输入 / 输出的容量，以避免瓶颈。这未必是一个坏策略。

水平可伸缩性（或向外扩展）是指通过将应用程序分布到多个计算节点来扩展应用程序。这种技术通常用作垂直可伸缩性方法的替代方法，尽管它也用于减少延迟和提高容错能力等目标。可以使用或甚至组合几种方法来实现这一点。这些经典方法至今仍然是有效的选项，但容器和基于云的数据库提供了具有额外灵活性的新替代方案：

- ❑ 最简单的选择包括通过某种分区（可能是业务事务标识符的散列）来隔离传入流量，通过工作负载的特征（例如，安全标识符的第一个字符），或通过使用分组。这与用

⊖ 见第 4 章和第 7 章。

于分片数据库的方法类似[⊖]。使用该选项，一组专用的基础设施资源（如容器）将处理特定的用户组。由于 TFX 将部署在一个商业云平台上，并且最初的目标是使用具有完全复制的多租户方法来处理多个银行（参见附录 A 中的案例研究中描述的多租户注意事项），用户可以按银行进行隔离（见图 5.2）。数据将分布在不同的租户环境中，因为每个银行将维护自己的一组 TFX 服务和数据库。

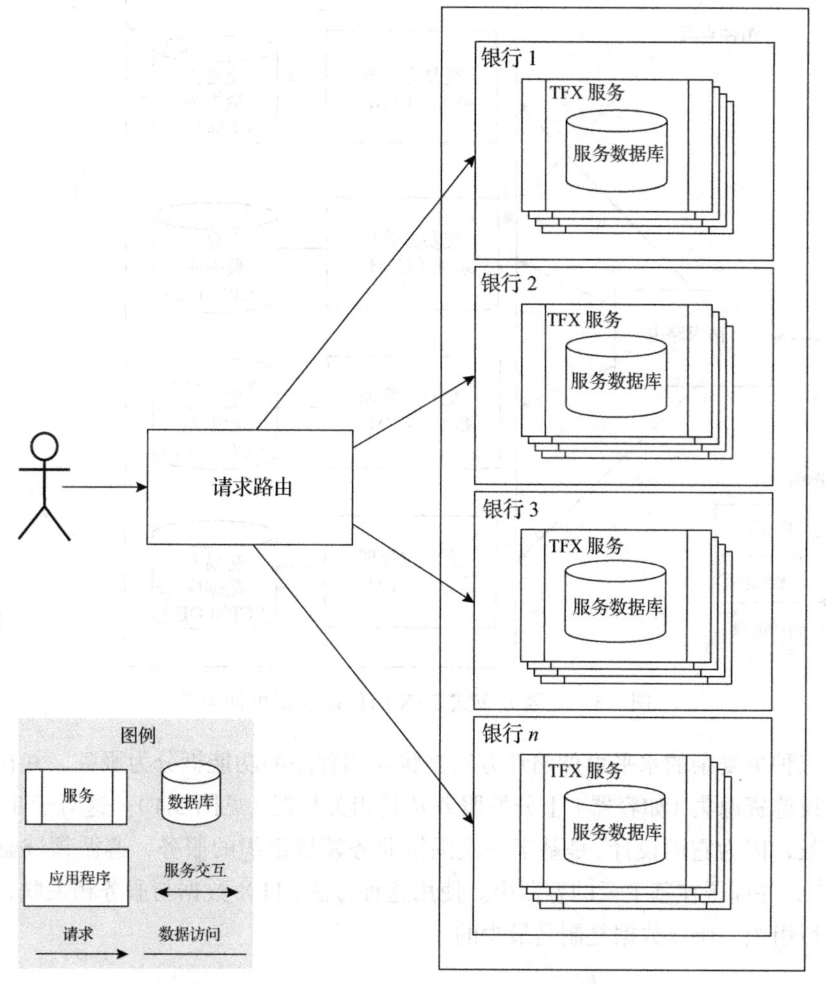

图 5.2 隔离分布式用户以获得可伸缩性

- 第二种更复杂的方法包括克隆计算服务器和复制数据库。传入的流量通过负载均衡器分布在各个服务器上。尽管如此，这种方法仍存在与数据相关的挑战。所有数据更新通常是对其中一个数据库（主数据库）进行的，然后使用数据复制机制级联到

⊖ 关于数据库分片的更多信息，参见维基百科的“Shard (Database Architecture)”，https://en.wikipedia.org/wiki/Shard_（database_architecture）。

所有其他的数据库。这个过程可能会导致更新延迟和数据库之间的临时差异（见第3章中对最终一致性概念的详细讨论）。如果数据库写的量或频率很高，它也会导致主数据库成为瓶颈。对于TFX，这个选项可以用于特定的组件，比如交易方管理系统（见图5.3）。

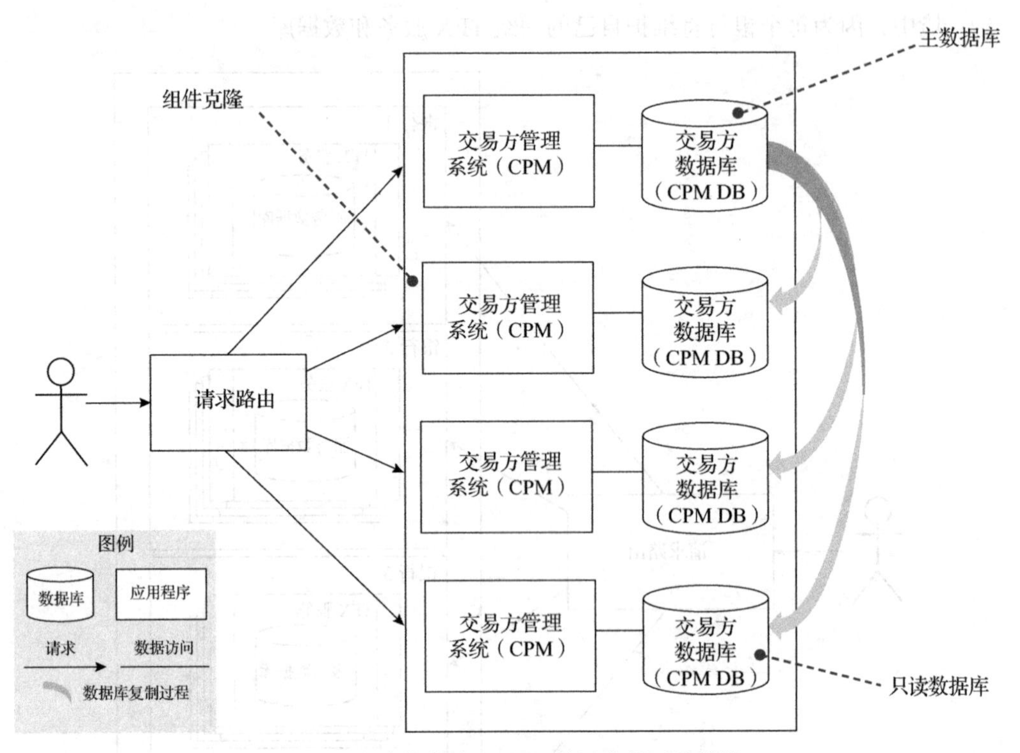

图 5.3　克隆分布式TFX组件以获得可伸缩性

- 第三种更复杂的水平可伸缩性方法是将应用程序的功能拆分为服务，并在独立的基础设施资源集（如容器）上分发服务及其相关数据（见图5.4）。这对于TFX来说很有效，因为它的设计[⊖]是基于一组围绕业务领域组织的服务，遵循领域驱动设计方法[⊜]，并部署在基于云的容器中。使用这种方法，TFX数据与服务相关联，并围绕业务域组织，所以数据复制是最少的。

⊖ TFX架构设计大纲见附录A。

⊜ 领域驱动设计方法驱动了软件系统的设计，涵盖了关键业务概念的一个不断发展的模型。欲了解更多信息，见https://dddcommunity.org。另见Vaughn Vernon的*Implementing Domain-Driven Design*（Addison-Wesley, 2013）。

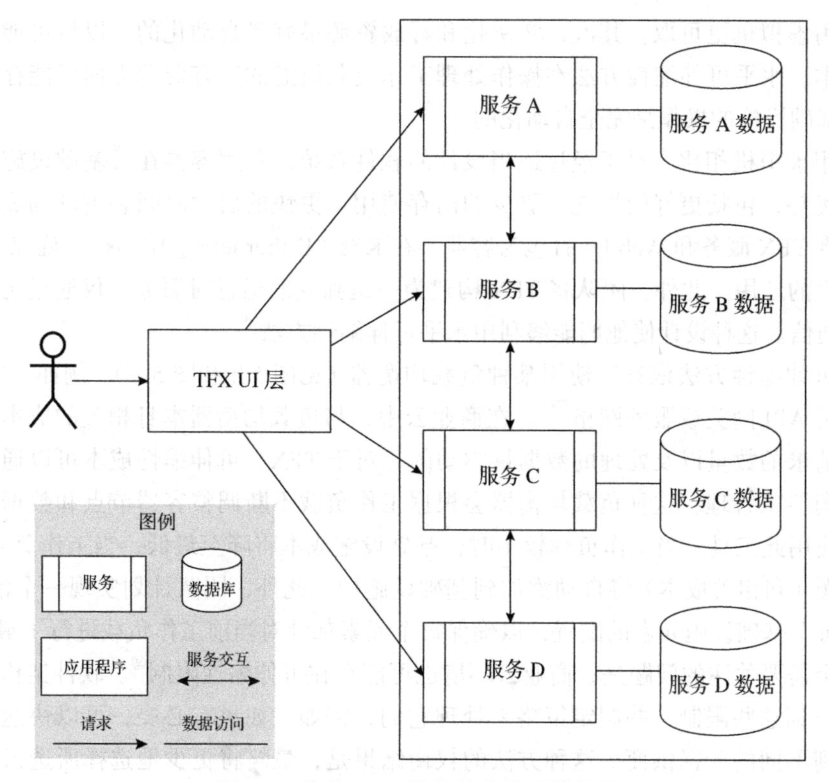

图 5.4 分发 TFX 服务以获得可伸缩性

5.1.4 云计算的影响

商业云平台提供了许多重要的功能，例如为使用的资源付费以及按需快速扩展的能力。在使用容器时尤其如此，基础设施资源（如虚拟机）可能需要很长时间才能启动。其结果可能是这样的，如果系统容量减小，而系统处理工作负载几分钟就遇到问题，容量必须再次快速增加。这通常是一种成本权衡，而且它是容器变得如此流行的原因之一。就运行时资源而言，它们是相对便宜的，并且可以相对较快地启动。

云计算承诺允许应用程序以可承受的成本处理意外的工作负载，而不会对应用程序的客户造成任何明显的服务中断，因此，云计算对于扩展非常重要。然而，面向云服务的设计不仅仅意味着将软件打包到虚拟机或容器中。例如，存在使用静态 IP 地址等问题，这需要重写程序才能使系统正常工作。

尽管可以在一定程度上利用垂直可伸缩性，但水平可伸缩性（在云环境中称为弹性可伸缩性）是云计算的首选方法。不过，如果使用这种方法，至少有两个问题需要解决。首先，在按使用付费的环境中，当工作负载减少时，应该释放未使用的资源，但不要太快，也不要响应短暂的、暂时的减少。正如我们在本节前面看到的，为了实现这一目标，使用容器比使用虚拟机更可取。其次，实例化和释放资源最好是自动化的，以尽可能降低可伸缩性的成本。水平可伸缩性方法在操作处理工作负载所需的所有资源方面可能存在隐性成本，除非基础设施的操作是完全自动化的。

与使用虚拟机相比，对于经过适当设计的软件系统，利用容器在云基础设施上部署具有显著的优势，包括更好的性能、更少的内存使用、更快的启动时间和更低的成本。设计决策包括将 TFX 服务和 Web UI 打包为容器，在 K8s（Kubernetes）中运行，确保 TFX 被设计为云原生的应用。此外，团队将 TFX 构建为一组独立的运行时服务，仅通过定义良好的接口进行通信。这种设计使他们能够利用水平可伸缩性方法。

水平可伸缩性方法依赖于使用某种负载均衡器（见图 5.2 和图 5.3），例如，在 TFX 架构中，使用 API 网关或服务网格[1][2]。在商业云中，与负载均衡器本身相关的成本是由新请求和存活请求的数量以及处理的数据量驱动的。对于 TFX，可伸缩性成本可以通过利用弹性负载均衡器来管理。这种负载均衡器会根据工作负载不断调整容器节点和数据节点实例的数量。使用此工具，当工作负载较小时，基础设施成本将降至最低，当工作负载增加时，额外的资源（和相关成本）将自动添加到基础设施中。此外，团队计划实现一个治理过程，定期检查每个基础设施元素的配置，以确保每个元素都针对当前工作负载进行了最佳配置。

另一个需要关注的问题是，商业云环境也可能存在可伸缩性限制[3]。软件架构师和工程师需要意识到这些限制，并制定策略来处理它们，例如，如果有必要，可以快速地将应用程序移植到不同的云提供商。这种方法的权衡结果是，最终将更少地选择所选云提供商的云原生能力。

5.2 可伸缩性架构：架构策略

团队如何利用持续架构方法来确保软件系统是可伸缩的呢？在本节中，我们将讨论团队计划如何实现 TFX 的总体可伸缩性。首先，关注数据库的可伸缩性，因为数据库通常是软件系统中最难伸缩的组件。接下来，回顾一些可伸缩性策略，包括数据分发、复制和分区、用于可伸缩性的缓存以及使用异步通信。我们也提出其他应用程序架构考虑事项，包

---

[1] 服务网格是一个中间件层，它促进了服务之间的交互。

[2] 服务网格（service mesh）是一个基础设施层，用于处理服务间通信。云原生应用有着复杂的服务拓扑，服务网格保证请求在这些拓扑中可靠地穿梭。在实际应用当中，服务网格通常是由一系列轻量级的网络代理组成的，它们与应用程序部署在一起，但对应用程序透明。服务网格具有如下优点：屏蔽分布式系统通信的复杂性（负载均衡、服务发现、认证授权、监控追踪、流量控制等），服务只需关注业务逻辑；真正的语言无关，服务可以用任何语言编写，只需和服务网格通信即可；对应用透明，服务网格组件可以单独升级。——译者注

[3] Manzoor Mohammed and Thomas Ballard, “3 Actions Now to Prepare for Post-crisis Cloud Capacity.” https://www.linkedin.com/smart-links/AQGGn0xF8B3t-A/bd2d4332-f7e6-4100-9da0-9234fdf64288

括无状态和有状态服务以及微服务和serverless[⊖]架构可伸缩性的讨论。最后，讨论为什么监控对可伸缩性至关重要，并概述一些失败处理的策略。

5.2.1 TFX可伸缩性需求

对于TFX，客户对当前和未来两年的信用证业务有很好的数量统计和预测。团队可以利用这些估计来记录激励、响应和度量方面的可伸缩性。下面是他们正在创建的文档示例：

- 场景1激励：TFX实施后，进口信用证的发行量每6个月增加10%。
- 场景1响应：TFX能够应对这种容量的增加。响应时间和可用性度量没有显著变化。
- 场景1度量：在云服务环境中运营TFX的成本的增加不会因每次的容量增加而超过10%。总的来说，平均响应时间的增长不会超过5%。可用性的下降幅度不会超过2%。不需要重构TFX架构。
- 场景2激励：在实施TFX后，支付请求的数量每6个月增加5%，而出口信用证的发行数量大致保持不变。
- 场景2响应：TFX能够应对支付请求的增加。响应时间和可用性度量没有显著变化。
- 场景2度量：在云服务环境中运营TFX的成本的增加不会因每次容量的增加而超过5%。总的来说，平均响应时间的增长不会超过2%。可用性的下降幅度不会超过3%。不需要重构TFX体系结构。

基于此文档，团队认为他们已经很好地处理了TFX的可伸缩性需求。不幸的是，满足这些需求存在很大的风险。向其他银行提供TFX作为产品服务的计划目前是一个主要的未知数。其中一些银行的信用证数量可能比他们预计的要多，TFX的营销计划还没有最终确定。在接下来的几年里，TFX的容量和数据可能会增加二倍甚至三倍，TFX处理这种工作负载的能力可能会变得至关重要。此外，TFX的运营成本也可能影响其成功。

每个银行的固定TFX成本可能会随着使用TFX的银行数量的增加而减少，但由于糟糕的可伸缩性设计而导致的可变成本的显著增加将远远抵消这种减少。如果这种情况发生，银行会很快退出TFX吗？团队还希望避免TFX的可伸缩性成为一种紧急问题，甚至是生存问题的情况。

考虑到TFX市场营销计划的不确定性，团队决定应用准则3（*在绝对必要的时候再做设计决策*），并根据他们已经记录的已知可伸缩性需求构建系统。因为TFX的架构利用了准则4（*利用“微小的力量”，面向变化来设计架构*），团队认为增强TFX以处理更多的银行不会是一项重大的挑战。例如，他们非常有信心利用三种水平可伸缩性方法之一（或这些方法的组合）来实现这一点。他们认为最好避免为了可能永远不会实现的可伸缩性需求而过度构

⊖ serverless的中文含义是“无服务器”，但是它真正的含义是开发者不用过多考虑服务器的问题，并不代表完全去除服务器，而是依靠第三方服务器后端，比如使用AmazonWeb Services（AWS）Lambda计算服务来执行代码。serverless是由开发者实现的服务端逻辑运行在无状态的计算容器中，它是由事件触发的，完全被第三方管理的。——译者注

建 TFX。他们还考虑利用一个标准库来处理服务间接口，以便在工作负载显著超出预期时能够快速解决潜在的瓶颈（见 5.5.2 节）。

架构的数据层也可能是另一个可伸缩性的隐患。将应用逻辑分布在多个容器上比将数据分布在多个数据库节点上更容易。在多个数据库之间，复制数据尤其具有挑战性（见 5.2.3 节）。幸运的是，如附录 A 所述，TFX 的设计基于一套围绕业务领域组织的服务，遵循领域驱动设计方法。这使得 TFX 数据与服务相关联，并围绕业务领域进行组织。这种设计使数据在一系列松散耦合的数据库中被很好地分割，并将复制需求降到最低。团队认为，这种方法应该可以缓解数据层成为可伸缩性瓶颈的风险。

识别 TFX 中的瓶颈可能是解决可伸缩性问题的另一个挑战。预计随着工作负载的增加，TFX 用户偶尔会遇到响应时间上升的情况。基于团队在类似 TFX 的系统上的经验，在较高的工作负载下表现不佳的服务比那些直接失败的服务面临更大的问题，因为它们会造成未处理请求的积压，最终会使 TFX 陷入瘫痪。需要一种方法来识别服务变慢和故障，并迅速进行补救。

随着工作负载的增大，罕见的情况变得越来越常见，因为系统在接近极限时更有可能遇到性能和可伸缩性的边缘情况。例如，硬编码的限制，如果硬编码与信用证相关的最大文档数，可能会导致严重的问题，造成没有警告的可伸缩性问题。有点过时的一个例子是美国航空公司 Comair 在 2004 年假期发生的事情。机组人员调度系统崩溃，再加上恶劣的天气，导致大量航班取消，迫使机组人员重新安排航班排期[⊖]。该系统每个月只能进行 3.2 万次机组分配查询。系统设计者和他们的业务涉众认为，在 10 年前第一次实施该系统时，这个限制是绰绰有余的，没有人想到在该系统处理更大的工作量时对其进行调整[⊖]。

最后，因为运营关注点与可操作的架构关注点相关联，我们还需要考虑运营活动和流程的可伸缩性。随着添加基础设施资源以应对不断增加的工作负载，基础设施的配置管理可能会成为一个问题。随着容器和数据库节点数量的显著增加，监控和管理所有这些基础设施资源变得更加困难。例如，他们的软件要么需要相当迅速地升级，以避免生产环境中同时出现多个版本，要么在架构上允许多个版本并行运行。安全补丁尤其需要快速应用于所有的基础设施元素。对于可伸缩的系统，这些任务需要自动化。

5.2.2 数据库可伸缩性

正如前面章节所指出的，TFX 团队已经对 TFX 合同管理数据库的处理大型工作负载的能力进行了一些讨论，特别是在 TFX 的采用率会导致这些工作负载超出估计的情况下。从理论上讲，该设计应该使 TFX 平台能够伸缩，因为它的数据已经被很好地划分到一系列松

⊖ Julie Schmit, "Comair to Replace Old System That Failed," *USA Today* (December 28, 2004). https://usatoday30.usatoday.com/money/biztravel/2004-12-28-comair-usat_x.htm

⊖ Stephanie Overby, "Comair's Christmas Disaster: Bound to Fail," *CIO Magazine* (May 1, 2005). https://www.cio.com/article/2438920/comair-s-christmas-disaster--bound-to-fail.html

耦合的数据库中了。此外，数据共享和复制的需求已经降到最低。这种方法可以降低数据层成为可伸缩性瓶颈的风险。然而，团队决定通过运行早期的可伸缩性测试来评估架构的最高可伸缩性限制。

TFX 团队利用了准则 5（为构建、测试、部署和运营来设计架构），并决定在开发周期中尽可能早地开始测试可伸缩性。该团队设计并构建了 TFX 平台的一个简化的基本原型，它只实现了一些关键的交易，比如签发一个简单的信用证并支付它。使用这个原型，团队运行了几个压力测试[㊀]：使用预期 TFX 交易组合的模拟数据。这些压力测试使用的工作负载是基于当年和未来两年的容量预测，加上 100% 的安全边际。不幸的是，随着测试工作负载的增加，一些与几个 TFX 服务（如合同管理系统和交易方管理系统）相关的数据库，成了瓶颈并影响了整个平台的性能。访问和更新这些组件的服务会明显变慢，这对 TFX 平台的性能和可用性产生了不利影响。

团队验证了数据库的查询，特别是那些与报表相关的查询，是预期 TFX 工作负载的很大一部分，也是产生可伸缩性问题的部分。他们采取了一些初始步骤，例如优化查询和重新配置服务，以增加成本的方式来获得更多的容量，从而促进垂直扩展。这些步骤能够立即有助于压力测试，但随着测试工作负载的进一步增加，这些步骤就不够了。此外，事实证明，对于同时满足更新和查询，很难优化 TFX 的数据库设计。经过一些分析，他们得出结论，试图用每个服务的单个数据库同时支持两种类型的工作负载可能会导致折中的设计，这可能让任何一种模式都不能很好地执行。随着 TFX 工作负载增加，这可能还会导致性能甚至可用性问题。

考虑到这一挑战，团队可以选择的一个方案是使用一个单独的数据库来处理与报表需求相关的 TFX 查询（在第 3 章中描述为路径 C）。这个数据库被称为分析型数据库（关于该数据库的更多细节，见第 3 章），接收 TFX 交易数据，并以优化后的格式存储，以处理 TFX 报表需求（见图 5.5）。随着 TFX 事务型数据库的更新，更新内容会被复制到分析型数据库，使用 TFX 数据库管理系统（DataBase Management System, DBMS）的复制机制完成。团队考虑的另一种方法是使用事件总线[㊁]来复制更新。然而，在分析这两个方案（见在附录 A 中的表 A.2）并评估它们的利弊之后，团队认为，由于数据序列化、数据传输、数据反序列化和写入处理，使用事件总线可能会在大流量时增加几毫秒至几秒的延迟。使用 TFX DBMS 复制机制将减少传播延迟，因为在大多数情况下，它将传输数据库日志而不是处理事件。这对一致性和可伸缩性非常重要。

这种新方法的结果是允许 TFX 处理更高的工作负载而没有问题，并且附加的压力测试是成功的。然而，如果该公司成功地让其他银行采用了 TFX，那么 TFX 数据最终可能需要分发，以应对当前和未来两年超出团队预期的容量。该团队可能会通过克隆 TFX 分析型数

㊀ 见第 6 章。

㊁ 事件总线是一种中间件，它实现了服务间通信的发布 / 订阅模式。它从一个源接收事件，并将其路由到另一个对消费这些事件感兴趣的服务。

据库并在单独的节点上运行每个实例来处理额外的容量，而无须对架构进行任何重大改变。

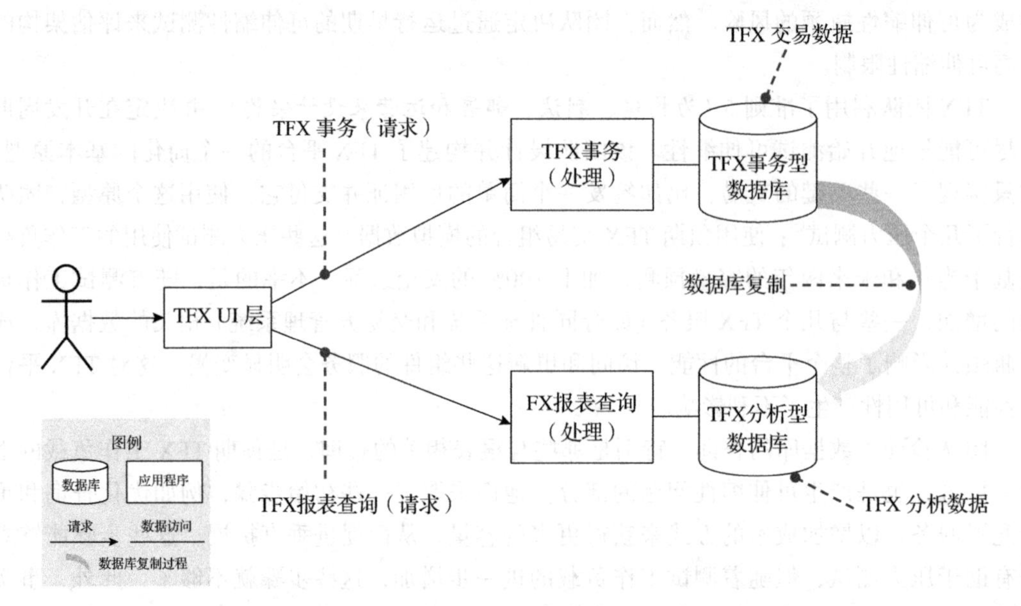

图 5.5　在工作高负载下伸缩 TFX 服务

由于 TFX 的初始部署将是一个具有完整复制的多租户安装（见附录 A 中的多租户考虑事项），因此团队相信图 5.5 中描述的数据库策略足以处理预期的工作负载。然而，正如附录 A 中的案例研究架构描述中提到的，随着使用 TFX 的银行数量的增加，完整的复制方法变得更难管理。每个银行服务部署都需要进行独立的监控和管理，每个安装的软件都需要合理快速地升级，以避免在生产环境中同时出现多个版本。在将来的某个时候，团队可能需要考虑切换到其他多租户的方法，比如数据存储复制，甚至完全共享。这可能意味着 TFX 数据的分发、复制或分区。

5.2.3　数据分发、复制和分区

使用为压力测试开发的 TFX 原型，让我们跟随团队探索一些数据架构的方案选项，以便更好地了解它们在收益与成本方面的权衡，这意味着为实施和维护付出努力。

该团队首先考虑实现克隆计算服务器和共享数据库的方法，该方法在 5.1.3 节中有描述。他们克隆一些可能会遇到可伸缩性问题的 TFX 服务，比如交易方管理系统，并在一组单独的容器上运行每个克隆的服务（见图 5.3）。如图 5.3 所示，所有数据库更新都是在一个实例（主数据库）上完成的，并且使用 DBMS 复制过程将这些更新复制到其他数据库。压力测试表明，与当前的架构相比，这种方法产生了一些可伸缩性优势，但它不能解决管理被克隆服务的多安装问题。

作为一种替代方案，他们决定为特定的服务（如交易方管理系统）划分 TFX 数据。这涉及了使用某些标准（例如用户组）来分割数据库中的行数据。在这种情况下，按银行划分行数据可能是有意义的。作为下一步，他们使用 TFX 原型为交易方管理系统和合同管理系统的数据库实现表分区。然后，他们使用一个场景进行压力测试，该场景的工作负载是由 5 家大型银行和 5 家小型银行所产生的。这个测试是成功的，他们相信自己有了一个可行的架构方法来实现多租户，而不需要使用完整的数据复制。然而，使用表分区增加了数据架构的复杂性。使用此功能时，数据库设计的变更将变得更加复杂。只有当用于扩展数据库的所有其他选项都用完了的时候，才使用数据库的分区。

对于 TFX，如果需要实现数据的分区甚至分片，团队可能会选择基于云服务的托管替代方案。当然，这种方法会增加解决方案的实现成本及其运营成本，可能还会增加不同数据库模型的迁移成本。正如我们在本章前面提到的，可伸缩性的架构决策对部署成本有重大影响。当选择一个架构来增加 TFX 的可伸缩性时，需要与其他质量属性（例如本例中的成本）进行权衡。

如前文和附录 A 所述，由于初始的 TFX 部署将是一个完整的复制安装，团队使用准则 3——*在绝对必要的时候再做设计决策*，并决定此时不实施表分区（见附录 A 的表 A.2）。然而，随着使用 TFX 的银行数量的增加，当有必要切换到其他多租户方法时，该团队将需要重新评估使用表分区甚至分片。

5.2.4 面向可伸缩性的缓存

除了一些突出的数据库问题外，让我们假设团队的早期压力测试也发现了一些潜在的与应用程序相关的性能问题。如 5.2.2 节中所述，该团队对 TFX 平台原型进行了压力测试，模拟了基于当年和未来两年交易量的预期 TFX 交易组合，并且加上 100% 的安全系数。具体来说，他们观察到一些 TFX 交易，如信用证支付，使用早期版本的交易方管理系统、合同管理系统以及费用和佣金管理系统的服务，正经历着一些意想不到的速度变慢。对此，他们应该怎么做？正如 Abbott Fisher 所指出的，“处理大流量和用户请求的绝对最佳方式是根本不必处理。实现这一点的关键是通过普遍使用一种叫作缓存的东西。”[1]

缓存[2]是解决一些性能问题和可伸缩性问题的强大技术。它可以被认为是一种保存查询或计算结果以便以后重复使用的方法。这种技术有一些权衡，包括更复杂的故障模式，以及需要实现缓存失效的处理，以确保过时的数据被更新或删除。现在有很多缓存技术和工具，要涵盖所有这些技术和工具已经超出了本书的范围。让我们看看四种常见的缓存技术，并研究它们如何帮助团队解决 TFX 的可伸缩性挑战。

- *数据库对象缓存*：这种技术用于获取数据库查询的结果并将其存储在内存中。对于 TFX，数据库对象缓存可以使用 Redis 或 Memcached 等缓存工具来实现。除了提供

---

[1] Abbott and Fisher, *The Art of Scalability*, 395

[2] 了解关于缓存的更多内容，可以参考《深入分布式缓存：从原理到实践》（ISBN 978-7-111-58519-0）一书。——译者注

对数据的读取访问外，缓存工具还为其客户端提供了更新缓存中数据的能力。为了将 TFX 服务与数据库对象的缓存工具隔离，团队可以选择实现一个简单的数据访问 API。这个 API 会在请求数据时首先检查缓存，如果请求的数据不在缓存中，则访问数据库（并相应地更新缓存）。它还将确保当数据在缓存中被更新时，数据库也会被更新。团队运行的几个测试表明，数据库对象缓存对可伸缩性有着积极影响，因为它不需要访问 TFX 数据库和反序列化对象的过程（如果对象已经在缓存中）。

TFX 团队可以为几个 TFX 服务实施这项技术。因为早期的可伸缩性测试表明，一些 TFX 交易，如信用证支付，可能会遇到一些性能挑战，他们考虑为交易方管理系统、合同管理系统以及费用和佣金管理系统的服务组件实施数据库对象缓存。

- *应用程序对象缓存*：这种技术把使用大量计算资源的服务的结果存储在缓存中，供客户端进程稍后检索。这种技术非常有用，因为通过缓存计算结果，可以防止应用服务器重新计算相同的数据。然而，团队还没有任何可以从这项技术中受益的用例，所以决定暂时推迟实现应用程序对象缓存。
- *代理缓存*：此技术用于在代理服务器[1]上缓存检索到的 Web 页面，以便在下次请求时（无论是由相同用户还是由不同用户）能够快速访问这些页面。实现代理缓存，需要对代理服务器的配置进行一些更改，而不需要对 TFX 软件系统代码进行任何更改。它可能以适中的成本提供一些有价值的可伸缩性优势，但团队还不明确有任何具体的问题需要此技术来解决，所以他们决定遵循准则 3——*在绝对必要的时候再做设计决策*。
- *预计算缓存*：这种技术将复杂的查询结果存储在数据库节点上，以便以后由客户端进程检索。例如，每日货币汇率的复杂计算就可以从这种技术中受益。此外，如果有必要，查询结果可以在数据库对象缓存中进行缓存。预计算缓存与 DBMS 引擎提供的标准数据库缓存不同。所有传统的 SQL 数据库都支持的物化视图（见 6.2.4 节）就是一种预计算缓存。通过数据库触发器进行的预计算是预计算缓存的另一个例子。

  该团队还不知道有什么 TFX 用例可以从这种技术中受益，所以他们决定推迟实施。

TFX 环境中可能已经存在另外两种形式的缓存。第一个是静态（浏览器）缓存，当浏览器请求资源（比如文档）时使用。Web 服务器从 TFX 系统请求资源并将其提供给浏览器。浏览器使用其本地副本连续请求相同的资源，而不是从 Web 服务器检索它。第二个是 CDN（Content Delivery Network）[2]，如果发生 Web 层可伸缩性问题，CDN 可以为静态 JavaScript 代码和其他静态资源提供缓存。CDN 的好处是，它可以缓存靠近 TFX 客户的静态内容，而不考虑他们的地理位置。然而，由于 CDN 是为缓存相对静态的内容而设计的，尚不清楚它的好处是否会超过它对 TFX 的成本。

---

[1] 代理服务器充当来自企业客户端请求的中介，这些客户端需要访问企业外部的服务器。更多详细信息，请参见维基百科的“Proxy Server”，https://en.wikipedia.org/wiki/Proxy_server。

[2] AWS CloudFront 就是一个 CDN 的例子。

5.2.5　使用异步通信实现可伸缩性

最初，TFX 系统假设大多数服务间交互是同步的，使用了 REST㊀风格的架构（有关详细信息，请参阅附录 A 中案例研究的架构描述）。我们所说的同步通信是什么意思呢？如果服务请求是同步的，这意味着请求在返回响应之前，代码执行将阻塞（或等待）。异步服务间的交互不会阻塞（或等待）请求，服务返回后可以继续执行㊁。但是，检索服务执行的结果涉及额外的设计和实现工作。简言之，与异步交互相比，同步交互的设计和实现更简单，成本更低，这就是在初始 TFX 架构中使用同步交互的根本原因。

不幸的是，团队在使用这种方法时引入了新的可伸缩性风险，需要解决这个风险。可伸缩性是 TFX 的一个关键质量属性，我们不能忽视准则 2——*聚焦质量属性，而不仅仅是功能性需求*。由于同步交互会停止请求处理的执行，直到被调用的软件组件完成操作，因此随着 TFX 工作负载的增加，同步交互可能会产生瓶颈。在同步交互模型中，一次只有一个请求在运行。在一个异步模型中，可能有不止一个请求在执行。如果从请求到响应的时间很长，但有足够的请求处理吞吐量（每秒请求数），异步方法可以提高可伸缩性。如果请求处理的吞吐量不足，尽管它可能有助于平滑请求量的峰值，但最终也无能为力。该团队可能需要将 TFX 组件从同步交互切换到异步交互，因为随着工作负载的增加，这些组件可能会出现资源竞争。具体来说，他们怀疑对支付服务的请求可能需要切换到异步模式，因为该服务与他们无法控制的支付网关对接，支付网关是第三方软件，在高工作负荷下可能会出现延迟（见图 5.6）。

为了避免 TFX 应用程序的重大返工，这种转换是必要的，团队决定使用一个标准库来进行所有的服务间交互。最初，这个库使用 REST 架构风格实现了同步交互。但是，如果需要的话，可以将其切换到异步模式来进行所选择的服务间相互通信。为了缓解这种转换可能带来的并发问题，该库将使用消息总线㊂来处理异步请求。此外，该库实现了一个标准的接口监控方法，以确保服务内通信瓶颈被快速识别（见图 5.7）。TFX 异步服务集成架构的一个重要特点是，与通常用于实现面向服务架构（SOA）的企业服务总线（ESB）不同，TFX 系统中使用的消息总线只有一个功能，即从支付服务等发布服务向支付网关等订阅服务传递消息。任何消息的处理逻辑都在使用消息总线的服务中实现，遵循有时被称为智能端点和哑管道㊃的设计模式。这种方法减少了服务对消息总线的依赖性，使服务之间可以使用更简单的通信总线。

㊀ REST 是一种轻量级的、基于 HTTP 的架构样式，用于设计和实现 Web 服务。有关更多细节，请参阅维基百科的“Representational State Transfer”，https://en.wikipedia.org/wiki/Representational_state_transfer。

㊁ 有关此主题的更多细节，请参阅 Abbott 和 Fisher 的 *The Art of Scalability*。

㊂ 例如 AWS EventBridge。

㊃ Martin Fowler,“ Microservices. ” https://martinfowler.com/articles/microservices.html#SmartEndpointsAndDumbPipes

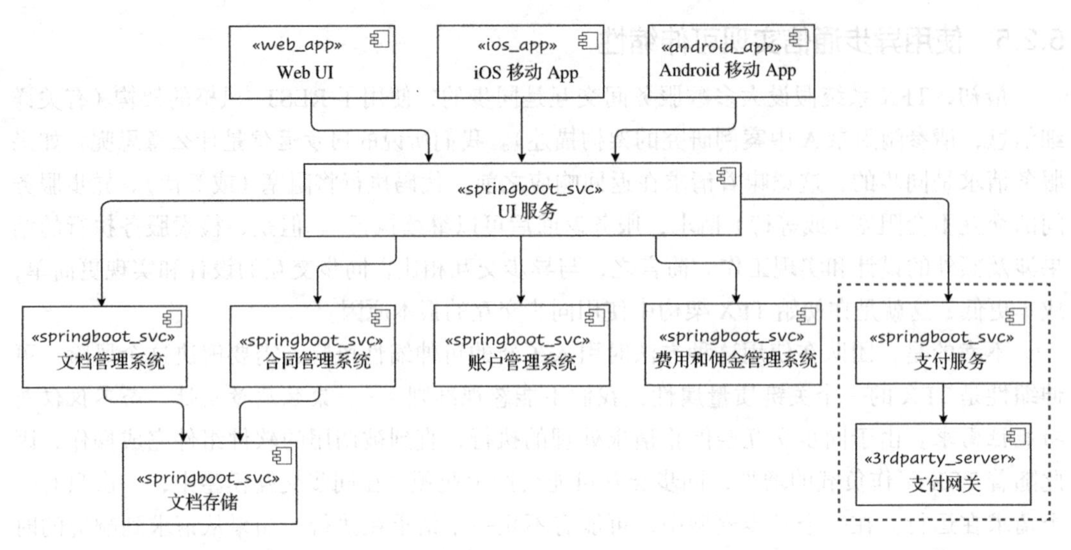

图 5.6 TFX 组件图

第 3 章最初介绍了另一个异步通信应用的例子。以下是对该示例的简要总结：TFX 团队决定使用附着在运输集装箱上的传感器来创建解决方案的原型，以便更好地跟踪货物的装运。他们与一家公司合作，处理每批货物的复杂物理安装和跟踪传感器。这些传感器生成的数据需要与 TFX 集成。此时，负责此集成的 TFX 组件的可伸缩性需求是未知的。然而，考虑到传感器可能产生的数据量，TFX 团队决定在此集成中使用异步通信架构（见图 5.7）。此外，如果该组织决定与其他传感器供应商合作，这种方法将使 TFX 平台能够与它们集成。

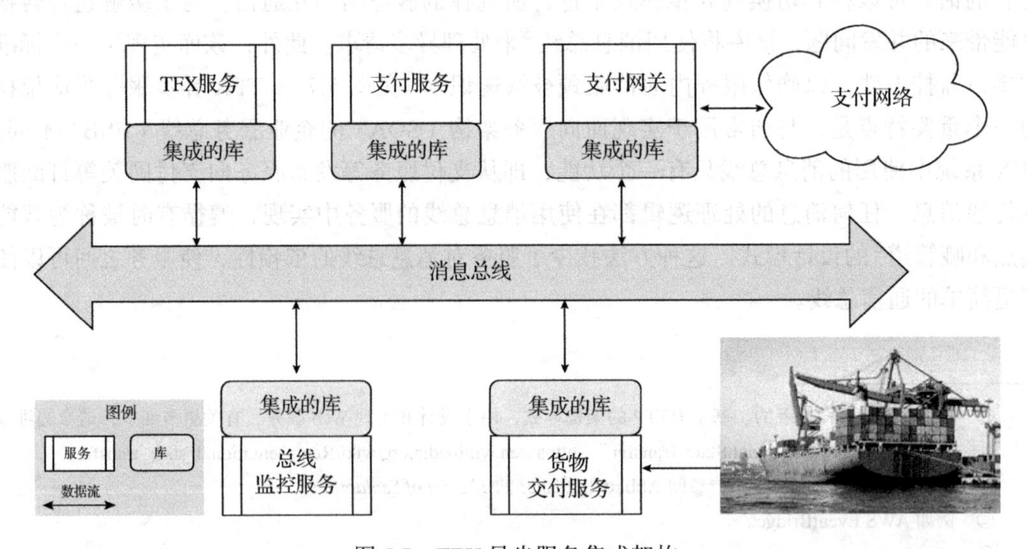

图 5.7 TFX 异步服务集成架构

5.2.6 其他应用程序架构的注意事项

提供一个关于开发可伸缩软件的应用程序架构和软件工程考虑因素的详尽列表超出了本书的范围。在 5.4 节中提到的一些材料提供了这个主题的额外信息。但是，下面是一些确保可伸缩性的额外指南。

1. 无状态和有状态服务

软件工程师可能会热衷讨论服务是无状态的还是有状态的，尤其是在架构和设计的评审期间。在这些讨论中，无状态服务通常被认为适合于可伸缩性，而有状态服务则不然。但是，我们所说的*无状态*和*有状态*是什么意思呢？简单地说，有状态服务是指为了成功执行请求，除了当前请求提供的数据外，还需要其他数据（通常是来自前一个请求的数据）的服务。这些额外的数据被称为服务的*状态*。用户会话数据（包括用户信息和权限）是状态的一个示例。可以在三个地方维护状态：在客户端（例如 cookie）中，在服务实例中，或者在实例外部，只有第二个是有状态的。除了请求所提供的数据[1]（通常被称为*请求的有效负载*），无状态服务不需要任何额外的数据。那么，为什么有状态服务会带来可伸缩性挑战呢？

有状态服务需要将状态存储在运行它们的服务器内存中。如果垂直可伸缩性用于处理更高的工作负载，这就不是一个主要问题，因为有状态服务将在同一台服务器上执行连续的请求，尽管随着工作负载的增加，该服务器上的内存使用可能会成为一个问题。正如在本章前面看到的，水平可伸缩性是基于云服务环境的应用程序（如 TFX）的首选扩展方式。使用这种方法，可以将服务实例分配给不同的服务器来处理一个新请求，这由负载均衡器决定。这将导致处理请求的有状态服务实例无法访问该状态，因此无法正确执行。一种可能的补救方法是确保对有状态服务的请求在请求之间保持相同的服务实例，而不管服务器的负载如何。如果应用程序包含一些很少使用的有状态服务，这是可以接受的，但随着工作负载的增加，就会产生问题。另一个潜在的补救方法是使用第一种方法的变体来实现水平可伸缩性，这在本章前面已经介绍过了。TFX 团队的方式是在会话期间根据某些标准（如用户标识）将用户分配给资源实例，从而确保在该会话期间调用的所有有状态服务在相同的资源实例上执行。不幸的是，因为分配给资源实例的流量不会基于它们的负载，这可能导致某些资源实例的过度使用以及其他资源实例的不充分利用。

显然，为 TFX 设计和实现无状态服务要比设计和实现有状态服务更好。然而，团队在要求所有 TFX 服务都是无状态的情况时会面临两个挑战。第一个挑战是，他们的软件工程师习惯于使用有状态服务，因为他们受过培训，有设计知识和经验以及他们所使用的工具。熟悉有状态服务的设计使创建这些服务比创建无状态服务更容易、更简单，工程师需要时间来相应地调整他们的实践。

第二个挑战涉及从无状态服务中访问用户会话数据。这需要一些规划，但这个挑战比

[1] 例如，HTTP 被认为是无状态的，因为它不需要任何来自前一个请求的数据来成功执行下一个请求。

第一个更容易解决。在进行了一次设计会议之后，团队决定将用户会话的数据对象（user session data object）大小保持在最低限度，并对其进行缓存[一]（见 5.2.4 节）。一个小的用户会话数据项可以在服务器之间快速传输，以促进分布式访问，而缓存该数据可以确保无状态进程能够使用每个请求负载中包含的引用键来快速访问它。

使用此模式，团队应该能够使绝大多数 TFX 服务是无状态的。例外的有状态服务已经在团队中得到了审查和批准。

2. 微服务和 serverless 架构之可伸缩性

在第一本书《持续架构》的第 2 章中，我们写了以下关于使用微服务来实现准则 4（利用“微小的力量”，面向变化来设计架构）的内容：

> 使用此办法，许多服务被设计成小而简单的代码单元，并尽可能少地承担责任（单一责任将是最佳的），但它们结合在一起可以变得非常强大。“微服务”方法可以被认为是面向服务架构（SOA）的一种演变。使用这种设计理念，需要对系统进行架构设计，以便使系统的每一个功能都必须是独立且随需而变的。这种设计方法背后的理念是，应用程序应该基于能做好一些事情、易于理解并且在需求变化时易于替换的组件来构建。这些组件应该易于理解，并且足够小，可以丢弃和变更（如果有必要的话），变更更具弹性。微服务是持续架构工具箱中的一个关键工具，因为它们支持服务的松耦合和可替换性，从而能够快速可靠地交付新功能[二]。

我们相信，那些内容仍然适用于今天的微服务，特别是将此方法视为 SOA 方法的改进部分，以创建职责尽可能少的松散耦合组件。SOA 方法的挑战可能在于它是分层的，并且以一种严格的方式定义，使用的协议（WSDL）[三]不够灵活。微服务从这种方法发展而来，使用更简单的集成结构，如 RESTful API。微服务这个术语可能会误导人，因为它暗示这些组件应该非常小。在微服务的特性中，大小已被证明远不如松耦合、无状态设计和做好一些事情那么重要。利用领域驱动的设计方法（包括应用限界上下文模式来确定服务边界）是组织微服务的一种好方式。

微服务之间使用轻量级协议（如 HTTP 用于同步通信）进行通信，或者使用简单的消息或事件总线（对于异步服务，遵循智能端点和哑管道的设计模式）进行通信（见 5.2.5 节）。使用本章前面讨论水平可伸缩性时描述的三种技术中的任何一种，基于微服务的架构都可以相当容易地伸缩。

那么 serverless 计算呢？它是在第一本书《持续架构》之后出现的，也被称为函数即服务（Function as a Service，FaaS）。FaaS 可以看作是一种基于云服务的模型，在这种模型中，

[一] 使用缓存工具，如 Redis 或 Memcached。

[二] Erder and Pureur, *Continuous Architecture*, 31

[三] Web 服务定义语言（Web Service Definition Language，WSDL）。详情请参见 https://www.w3.org/TR/wsdl.html。

云提供商管理运行客户编写的函数的计算环境，并管理资源分配。serverless 函数计算（在亚马逊的 AWS 云上称为 lambda）很有吸引力，因为它们具有能够自动缩放、上下伸缩的能力，以及按次付费的定价模式。使用 serverless 计算，软件工程师可以忽略基础设施方面的问题，比如资源供应、软件维护和软件应用程序的运营。相反，软件工程师可以专注于开发应用软件。serverless 函数计算可以与传统组件（如微服务）混合使用，或者甚至整个软件系统可以由 serverless 函数计算组成。

当然，serverless 函数计算并不是孤立存在的。它们的使用依赖于云供应商提供的大量组件，统称为 serverless 架构。对 serverless 架构的完整描述超出了本书的范围[⊖]，然而，有必要指出的是，这些架构通常会增加应用程序对云供应商的依赖，因为它们使用了大量特定于供应商的组件。利用云供应商提供的 serverless 架构，应用程序通常不容易移植到另一个云上。

从架构的角度来看，serverless 函数计算应该具有尽可能少的职责（一个是理想的），并且应该是松耦合和无状态的。那么，除了软件工程师不需要为 serverless 函数计算提供服务器之外，微服务还有什么好处呢？与 serverless 函数计算相比，这与微服务之间的接口方式有关。微服务主要使用请求 / 应答模型进行通信，也可以将它们设计为使用消息总线或事件总线进行异步通信。serverless 函数计算是基于事件的，它们也可以通过 API 网关使用请求 / 应答模型调用。操作的常见模式是由数据库事件（如数据库更新）或事件总线上发布的事件触发的。图 5.8 说明了调用 serverless 函数计算的各种方法。它描述了以下场：

- 当微服务 1 进行数据库更新时，调用函数 Lambda 1。
- 当微服务 2 发布应用到事件总线时，调用函数 Lambda 2。
- 最后，Lambda 1 和 Lambda 2 也可以通过 API 网关直接调用。

团队可以选择使用一些 serverless 函数计算作为 TFX 系统的一部分，主要是为了提供通知。例如，一个 serverless 函数计算可以通知进口商和出口商，信用证已经开出，并且已经提交了付款文件。

lambda 等 serverless 函数计算对某些工作负载来说是可扩展的，但其他工作负载可能具有挑战性。它们往往依赖于其他服务，所以团队需要确保它们不会因为调用一个不能像 lambda 那样伸缩的服务而意外地造成可伸缩性问题。此外，serverless 架构的事件驱动模式可能会给不习惯这种模式的架构师带来设计挑战。如果不小心，利用 serverless 函数计算可能会创建一个现代意大利面条的架构，在函数之间存在复杂且难以管理的依赖关系。另一方面，由于在配置额外的基础设施时不会出现延迟，serverless 架构可以对意外的工作负载高峰做出更迅速的反应。表 5.1 总结了微服务和 serverless 架构风格之间的差异和权衡。

⊖ 更多信息，请参见 Martin Fowler 的“Serverless Architectures”，https://martinfowler.com/articles/serverless.html。

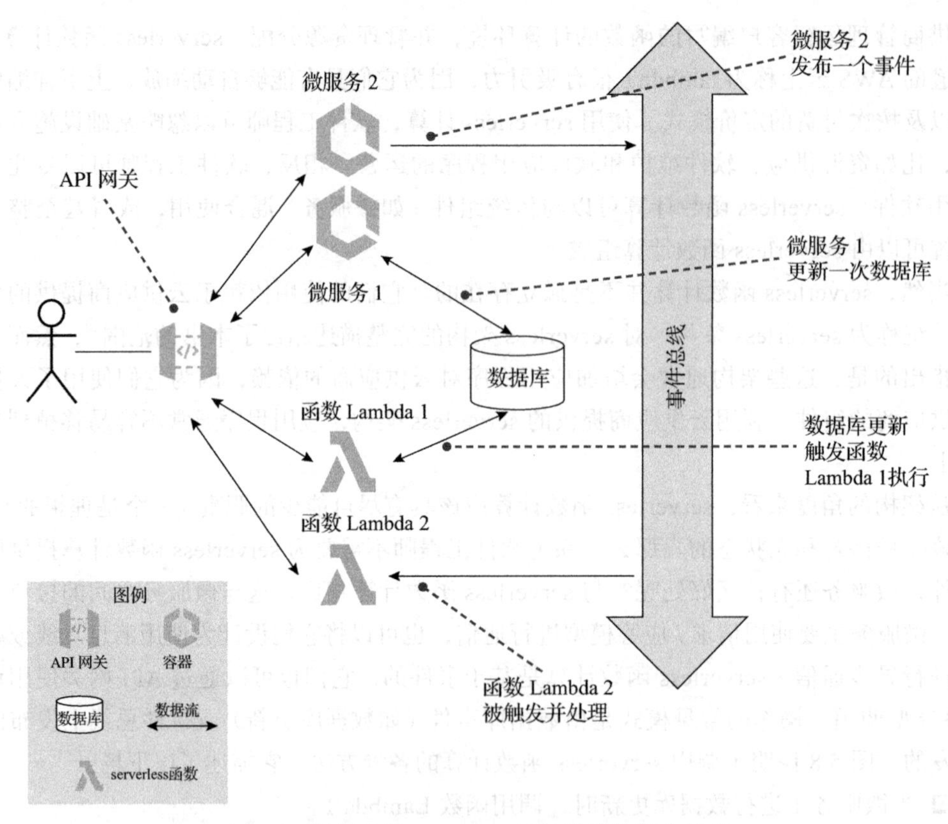

图 5.8 微服务与 serverless 函数计算的组合使用

表 5.1 微服务和 serverless 架构风格的比较

元素	微服务架构	serverless 架构
架构风格	主要是基于服务的架构（也可以支持基于事件的）	主要是基于事件的架构（也可以支持基于服务的）。serverless 函数可以作为定时任务
组件	服务	函数
技术成熟度	具有成熟的工具和流程的技术	不成熟，发展迅速。与提供商紧密耦合，并且技术正在以影响性能和其他质量的方式发生变化。你需要准备好跟上其他人的路线图
可伸缩性	中到高——依赖于架构和实现	对某些工作负载有很好的可伸缩性，但其他工作负载可能具有挑战性。受供应商的限制，执行环境的处理器和内存配置也是如此。也可能受到其他架构组件的可伸缩性的限制。对于某些工作负载来说，不可预测的冷启动延迟可能是一个问题
开放性	开放技术	不开放。需要购买供应商的基础设施，不仅为了 serverless 函数计算的执行，而且为了你需要的所有其他云服务，如安全性、请求路由、监控、持久性等
编程语言支持	支持大多数现代语言	很少的语言支持
颗粒度	从高到低	比微服务高
状态管理	有状态和无状态模式都是可用的	设计上是无状态的，但是实例生命周期不在你的控制范围内，并且不存在黏滞会话的选项

（续）

元素	微服务架构	serverless 架构
部署时间	依赖架构和实现	如果没有现成的微服务基础设施，serverless 部署会更快
成本模型	依赖实现	即付即用
运营成本	依赖实现	可能会比微服务低
总体权衡	设计和运营微服务基础设施，并开发和部署与该基础设施兼容的服务。然而，微服务也可以绑定到托管云的基础设施	将所有架构和运营决策委托给供应商，并购买其整个平台，因为 serverless 函数计算需要大量周边服务才能工作。如果需求符合供应商的目标用例，事情就会顺利和容易。如果需求不适合这个用例（或者更重要的是，如果需求变更使得不再适合这个用例），那么就会变得很困难，并且没有从 serverless 架构到其他架构的简单迁移路径

5.2.7　实现 TFX 的可伸缩性

TFX 团队正计划通过应用一系列架构策略来实现基于当前需求的可伸缩性，这些策略在本章前面已经讨论过。此外，监控系统的可伸缩性和故障处理是实现可伸缩性的两个关键方面。我们简要概述了他们计划为此目的而使用的一些策略（见表 5.2）。这些策略将在本章中有详细讨论。团队认为，这种方法将使 TFX 系统能够充分伸缩，并满足当前的需求和未来的扩展计划。

表 5.2　TFX 可伸缩性策略示例

策略	TFX 实现
数据库可伸缩性	请关注数据库的可伸缩性，因为数据库通常是软件系统中最难伸缩的组件。必要时使用数据分发和复制。延迟使用如数据分区和分片这样的复杂方法，直到没有其他选择的时候再使用
缓存	利用缓存方法和工具，包括数据库对象缓存和代理缓存
无状态服务	尽可能使用无状态服务和微服务。当没有其他选项存在时，应该使用有状态服务
微服务和 serverless 架构	当有必要时，应该使用 serverless 函数计算来实现可伸缩性
监控 TFX 可伸缩性	设计和实现监视架构，这对可伸缩性至关重要
故障处理	使用特定的策略来处理故障，例如熔断器、调控器、超时和隔离舱

1. 度量 TFX 的可伸缩性

监控是 TFX 系统的一个基本方面，它需要确保系统的可伸缩性。7.4.1 节对监控进行了详细讨论，因此在本节中只包括一个简短的总结。

正如在本章前面看到的，我们很难准确预测 TFX 将必须处理多大的交易量。并且，确定一个实际的交易组合需要多少工作负载可能是一个更大的挑战。因此，很难以现实的方式加载和测试像 TFX 这样的复杂软件系统。这并不意味着第 6 章中描述的负载和压力测试是无用的或者不应该使用的，特别是当已经努力根据业务评估尽可能准确地记录可伸缩性需求的时候。然而，测试不应该是确保 TFX 能够处理高工作负载的唯一方法。

图 5.9 提供了 TFX 可伸缩性监控架构的高级概述。

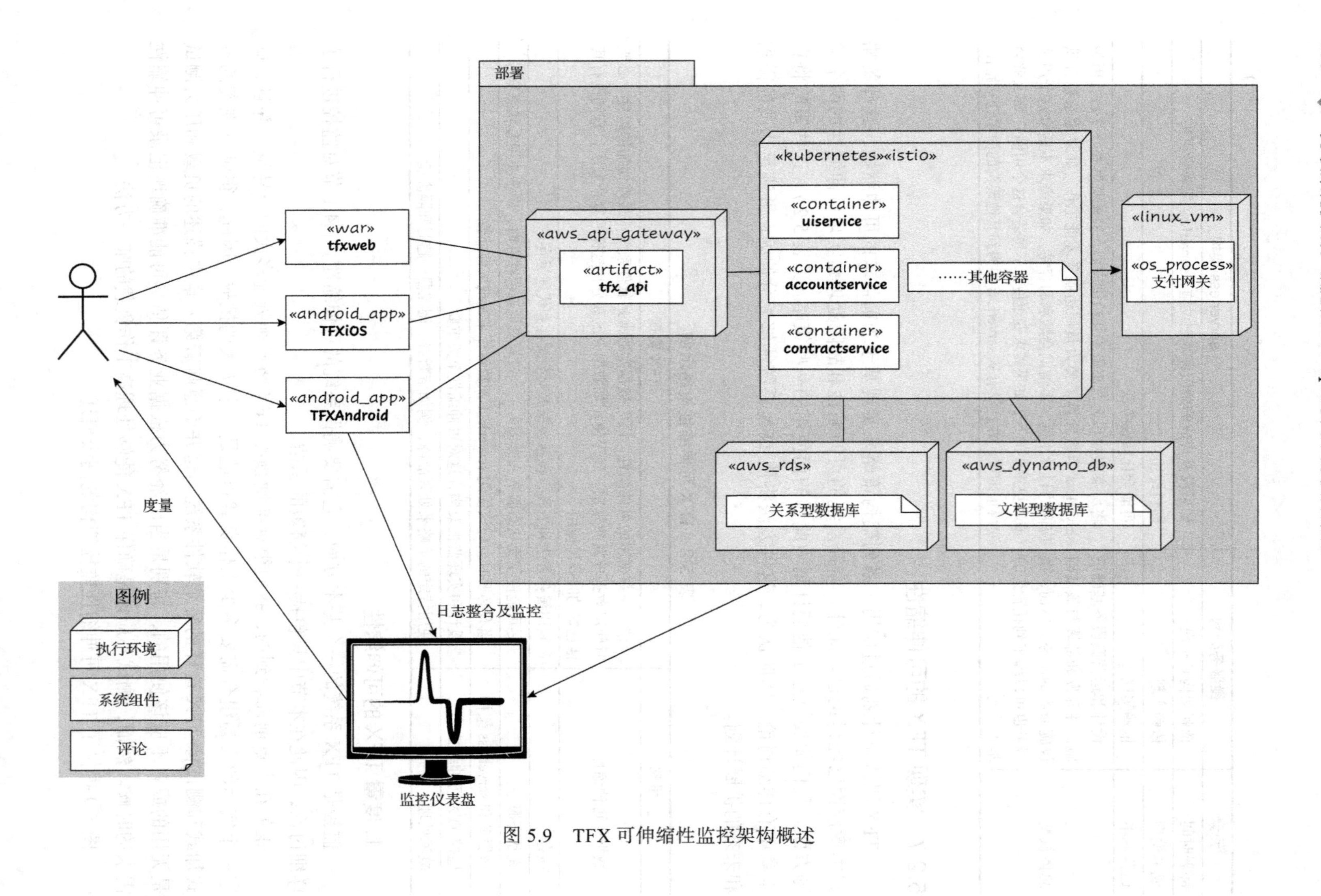

图 5.9　TFX 可伸缩性监控架构概述

有效的日志、指标和相关的自动化是TFX监控架构的关键组成部分。它们使团队能够在需要时做出数据驱动的可伸缩性决策，并应对TFX工作负载的意外峰值。团队需要准确了解哪些TFX组件在较高的工作负载下开始出现性能问题，并能够在整个TFX系统的性能变得不可接受之前采取补救措施。设计和实现有效监控架构的工作量和成本是TFX可伸缩性总体成本的一部分。

2. 处理可伸缩性故障

为什么我们需要处理由可伸缩性问题引起的故障？系统组件故障是不可避免的，TFX系统的架构必须具有弹性。大型互联网公司，如谷歌和Netflix已经公布了他们如何应对这一挑战的信息[⊖]，但是为什么TFX监控架构不足以解决这个问题呢？不幸的是，即使是最好的监控框架也不能防止故障，尽管它会在组件发生故障时发送警报并引发连锁反应，仍然可能会毁掉整个平台。利用准则5——为构建、测试、部署和运营来设计架构，团队应用额外的策略来处理故障。这些策略在第7章的7.4.5节中有详细描述，因此我们在本节中只包括一个简要的概述。这些策略的例子包括实现熔断器、限流、减载、自动缩放和隔离舱，以及确保系统组件在必要时快速失效，并定期对系统组件进行健康检查（见图5.10）。

需要指出的是，所有处理故障的TFX组件都集成到TFX监控架构中。它们是监控仪表盘和该架构中自动化组件的重要信息来源。

5.3 本章小结

本章讨论了在持续架构场景下的可伸缩性。可伸缩性在传统上并不处于软件系统质量属性列表的顶部。然而，这在过去几年中发生了变化，这可能是因为大型互联网公司（如谷歌、亚马逊和Netflix）一直在关注可伸缩性。软件架构师和工程师意识到，如果应用程序的工作负载突然超出预期，那么将可伸缩性视为事后考虑可能会产生严重的后果。当这种情况发生时，架构师和软件工程师被迫在数据不足的情况下迅速做出决策。

处理其他高优先级的质量属性需求，例如安全性、性能和可用性，通常是非常困难的。不幸的是，不可预见的工作负载峰值有时会把可伸缩性推到优先级列表的最前面，以保持系统能够运行。与任何其他质量属性一样，可伸缩性是通过权衡和折中来实现的，需要尽可能准确地记录可伸缩性的需求。在本章中，我们讨论了以下主题：

- 可伸缩性是一个架构问题。我们回顾了过去几年中的变化，讨论了可伸缩性的假设、影响可伸缩性的因素、可伸缩性的类型（包括水平可伸缩性和垂直可伸缩性）、对可伸缩性的一些误解，以及云计算对可伸缩性的影响。

⊖ 参见示例，“What Is Site Reliability Engineering (SRE)?”（https://sre.google），以及Yury Izrailevsky和Ariel Tseitlin的博文“The Netflix Simian Army”（https://netflixtechblog.com/the-netflix-simian-army-16e57fbab116）。

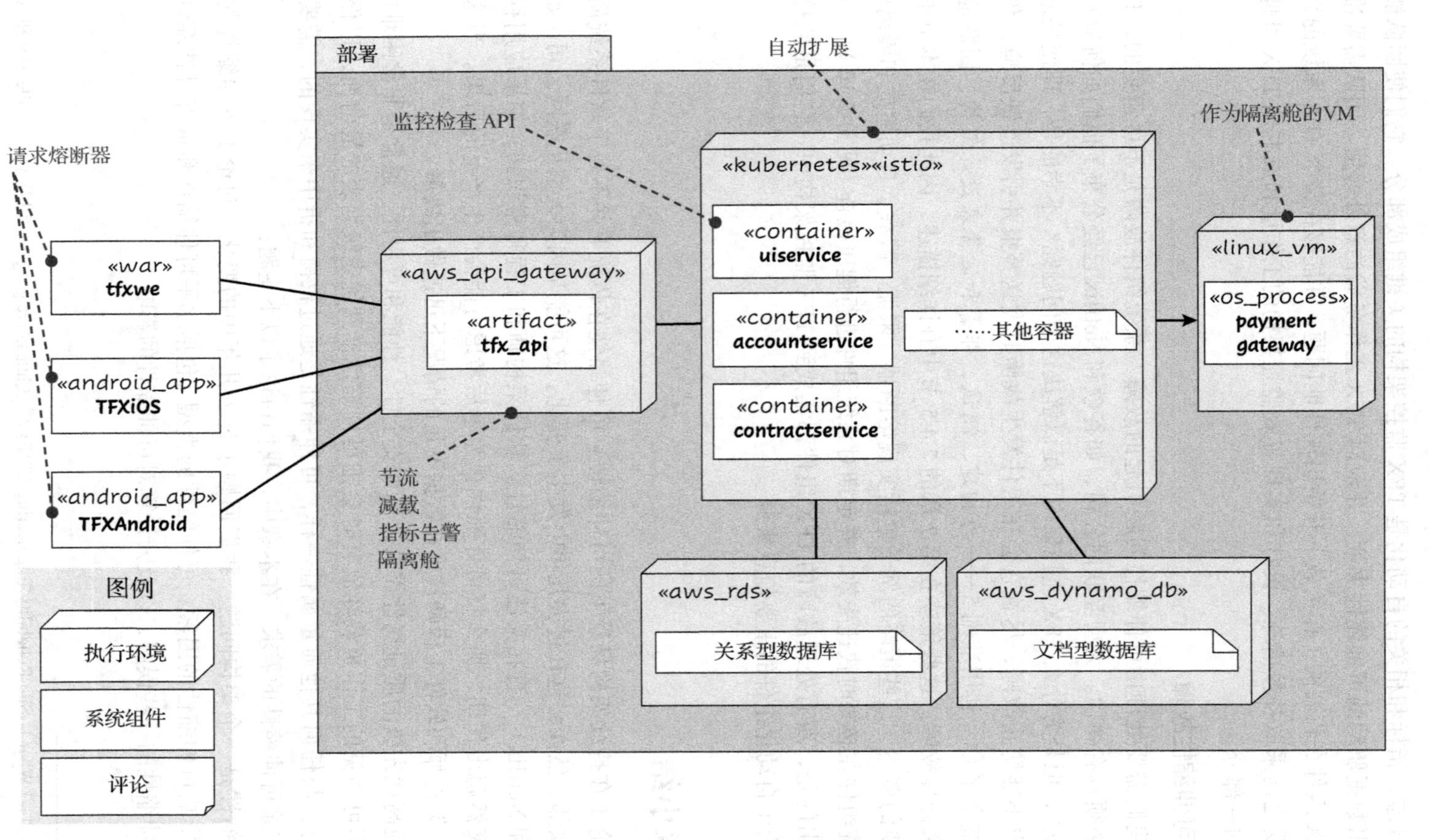

图 5.10 可伸缩性失败的策略概述

- 面向可伸缩性的架构。通过TFX的案例研究，我们介绍了一些常见的可伸缩性陷阱。首先关注数据库的可伸缩性，因为数据库往往是软件系统中最难扩展的部分。我们回顾了其他可伸缩性策略，包括数据分布、复制和分区、面向可伸缩性的缓存以及异步通信。我们介绍了更多的应用架构考量，包括讨论无状态和有状态服务以及微服务和serverless架构的可伸缩性。最后，讨论了为什么监控对于可伸缩性是至关重要的，并简要介绍了一些故障处理的策略。

可伸缩性有别于性能。可伸缩性是系统通过增加（或减少）系统成本来处理增加（或减少）的工作负载的属性。性能是“关于时间和软件系统满足其时间需求的能力”。[1]此外，一个完整的可伸缩性视角要求我们关注商业、社会和流程，以及其架构和技术方面的考量。

许多经过验证的架构策略可以用来确保现代系统是可伸缩的，本章介绍了一些关键的策略。然而，同样重要的是要记住性能、可伸缩性、弹性和可用性与成本是紧密相关的，可伸缩性不能独立于其他质量属性进行优化。应用场景是记录可伸缩性需求的一种极好的方式，它们能帮助团队创建满足其目标的软件系统。

重要的是要记住，对于基于云服务环境的系统，可伸缩性（像性能一样）不是云提供商的问题。软件系统的架构需要具有可伸缩性，而将具有可伸缩性问题的系统转移到商业云可能仍然无法解决这些问题。

最后，为了提供可接受的可伸缩性，现代软件系统的架构需要包括可监控其伸缩性和尽可能快地处理故障的机制。这使得软件从业者能够更好地理解每个组件的可伸缩性轮廓，并快速识别潜在的可伸缩性问题来源。

第6章讨论持续架构场景下的性能。

5.4 拓展阅读

本节包括一个书籍和网站列表，我们发现这些书籍和网站有助于加深我们在可伸缩性领域的知识。

- Martin L. Abbott 和 Michael T. Fisher 的 *The Art of Scalability: Scalable Web Architecture, Processes, and Organizations for the Modern Enterprise*（Addison-Wesley, 2015）是一本经典的教科书，广泛地涵盖了可伸缩性的大多数方面，包括组织和人员、流程、可伸缩性架构、新兴技术和挑战，以及可用性、容量、负载和性能。
- John Allspaw 和 Jesse Robbins 的著作 *Web Operations: Keeping the Data on Time*（O'Reilly Media, 2010）基于实际经验，从运营的角度介绍了如何运营网站以及如何应对包括可伸缩性在内的一系列挑战。
- 在 *Designing Data-Intensive Applications: The Big Ideas behind Reliable, Scalable,*

[1] Bass, Clements, and Kazman, *Software Architecture in Practice*, 131

and Maintainable Systems（O'Reilly Media, 2017）中，Martin Kleppmann讨论了面向数据的应用程序的可伸缩性、可靠性和性能。这是同类型书籍中的经典著作。

- Michael T. Nygard 的 *Release It!: Design and Deploy Production-Ready Software*（Pragmatic Bookshelf, 2018）主要是关于弹性的，但也包含了许多与可伸缩性相关的信息。
- Betsy Beyer、Chris Jones、Jennifer Petoff 和 Niall Richard Murphy 的 *Site Reliability Engineering: How Google Runs Production Systems*（O'Reilly Media, 2016）是一本关于识别、处理和解决生产事故（包括可伸缩性问题）的有用书籍。
- Ana Oprea, Betsy Beyer, Paul Blankinship, Heather Adkins, Piotr Lewandowski 和 Adam Stubblefield 的 *Building Secure and Reliable Systems*（O'Reilly Media, 2020）是谷歌团队的一本较新的书。这本书着重于系统设计和交付，以创建安全、可靠和可扩展的系统。
- 高可伸缩性（http://highscalability.com）是一个很好的涵盖可伸缩性信息资源的网站。这个网站是一个很好的起点，它能引导你学到许多教程、书籍、论文和演示。所有这些建议都是基于大型互联网公司的经验，是切实可行的。

第 6 章 Chapter 6

架构之性能

与可伸缩性不同，性能历来位于软件架构质量属性列表的首位。没有必要说服软件从业者在设计架构时要认真考虑性能，因为他们知道，糟糕的性能可能会对软件系统的可用性产生严重的影响。

本章考虑持续架构场景下的性能，讨论作为架构关注问题的性能，以及如何面向性能构建软件架构。我们不讨论详细的性能工程问题，除非它们与架构相关。由于性能是一个如此大的领域[㊀]，我们只能触及与持续架构场景以及 TFX 案例研究相关的一些方面。本章使用 TFX 案例，提供了实际的示例和可操作的建议。

6.1 架构场景中的性能

在架构上，我们所说的性能到底是什么意思？根据 Bass、CLements 和 Kazman 的 *Software Architecture in Practice* 一书，性能是“关于时间和软件系统满足其时间需求的能力”[㊁]。它还涉及在面对特定类型的需求时对系统资源的管理，以实现可接受的时间行为。通常根据吞吐量和延迟来衡量交互系统和批处理系统的性能。

性能也可以定义为系统在预期满峰负载下使用可用资源实现其时间需求的能力[㊂]。在

㊀ 有关性能，特别是性能工程的更多信息，请参阅 6.4 节。

㊁ Len Bass, Paul Clements, and Rick Kazman, *Software Architecture in Practice*, 3rd ed. (Addison-Wesley, 2012), 131

㊂ 定义改编自国际标准化组织和国际电工委员会，ISO/IEC 25010:2011（E），*Systems and Software Engineering—Systems and Software Quality Requirements and Evaluation (SQuaRE)—System and Software Quality Models*. https://www.iso.org/obp/ui/#iso:std:iso-iec:25010:ed-1:v1:en。

这个定义中，预期的满峰负载可能包括高事务量、大量用户，甚至由于软件更改而产生的额外事务。系统通常被定义为软件和计算基础设施的组合，并可能包括操作软件和相关基础设施所需的人力资源。

性能和可伸缩性当然是相关的，但截然不同。为了更好地理解这一点，让我们考虑电子商务网站中的结账过程。性能是指系统能多快地处理一个客户的购买行为。可伸缩性是拥有多个客户队列，并能够随着客户数量的变化增加和删除结账流程。大多数系统都有性能问题，只有具备显著可变工作负载的系统才有可伸缩性的问题。此外，性能主要与吞吐量和延迟（即响应时间）有关。虽然可伸缩性处理响应时间，但它还涉及其他方面，如存储或其他计算资源的利用。

随着软件系统工作负载的增加，性能下降可能是系统存在可伸缩性问题的第一个指标。一些性能策略也是可伸缩性策略，因为在第 5 章中对其进行了讨论，所以为了避免重复，在本章中适当的地方推荐读者回顾第 5 章的相关内容。

6.1.1 影响性能的因素

观察性能的一种方法是将其视为一个基于资源竞争的模型，其中系统的性能由其限制约束（如其操作环境）决定。只要系统的资源利用率不超过其约束条件，性能就大致保持线性可预测，但当资源利用率超过一个或多个约束条件时，响应时间大致以指数的方式增加。

架构决策决定了这些因素如何相互作用。当对资源的需求不会导致资源利用率超过其限制时，性能得到优化。当资源需求超过资源供应时，性能就会呈指数衰减。这在客户体验和潜在的市场价值方面是有代价的。另一方面，当资源供应超过资源需求时，组织就已经超买了，不必要地增加了成本。

资源需求往往是变化的，且难以预测，特别是在 Web 和电子商务的软件系统中，需求可能会没有预警就突然增加。资源供应更难快速扩展，比如内存、磁盘空间和计算能力在传统上都是短期内固定的，只能通过物理升级进行改变。基于云的架构，特别是 serverless 架构[⊖]，正在减少这些限制。

通过控制资源需求和管理资源供应，可以使用许多架构策略来提高性能。这些策略将在 6.2 节中讨论。

6.1.2 架构关注点

当我们讨论性能时，关注的是时间和计算资源，需要定义如何度量这两个变量。从业务合作伙伴那里定义清晰、现实、可测量的目标以评估系统的性能是至关重要的。为了这个质量属性，通常要监控两组测量值。

⊖ 见 6.2.1 节。

第一组测量从最终用户的角度定义了在各种负载（例如，满峰负载、半峰负载）下的系统性能。需求可以用最终用户的观点来陈述，但是，应该在更细粒度的级别上进行测量（例如，针对每个服务或计算资源）。软件系统的负载是这个测量集的一个关键组件，大多数软件系统在轻负载下具有可接受的响应时间。以下是这一组测量的示例（请注意，其他人可能会以不同的方式定义这些术语，这说明了使用质量属性场景等方法实施定义的必要性）：

- 响应时间/延迟：与系统完成指定交互所需要的时间长度。它通常以毫秒为单位来测量。
- 周转时间：完成一批任务所需的时间。它通常以秒、分甚至小时来测量。
- 吞吐量：系统在单位时间内能够处理的工作负载量。一般以每个时间间隔的批处理作业或任务的数量作为衡量指标，甚至可以把在没有任何性能问题的情况下处理的并发用户数量作为衡量指标。

第二组测量定义了软件系统用于负载的计算资源，并评估软件系统中计划的物理配置是否足以支持预期使用的负载以及安全边界。这种测量可以通过系统的压力测试来补充（例如，增加负载，直到系统性能变得不可接受或系统停止工作）。此外，如果某些组件在最终用户的计算环境上执行，那么性能可能会受到该环境的限制。例如，如果系统包含了在最终用户运行的浏览器环境中执行的软件组件（例如JavaScript），通常会发生这种情况。

正如第5章所讨论的，性能、可伸缩性、易用性、可用性和成本都会对彼此产生重大影响（见图6.1）。

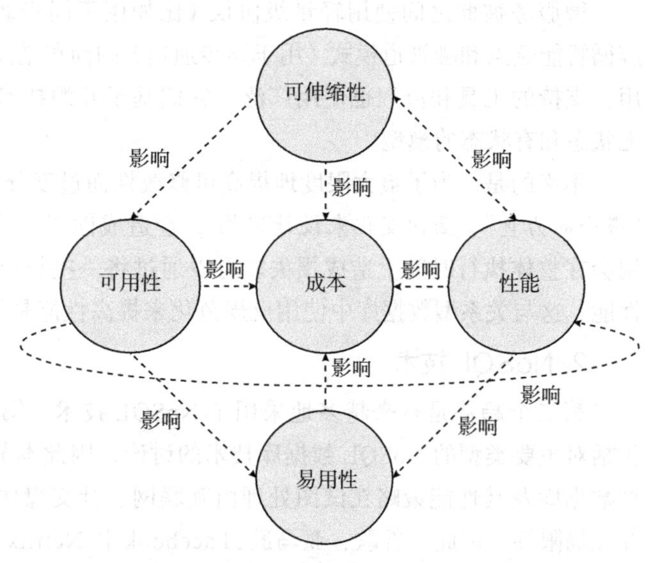

图6.1　性能–易用性–可伸缩性–可用性–成本的关系

成本效益通常不包括在软件系统要求的质量属性列表中，但它几乎总是一个必须考虑的因素。在可持续架构中，成本效益是一个重要的考虑因素。

性能方面的架构决策可能会对部署和运营成本产生重大影响，可能需要在性能和其他属性（如可修改性）之间进行权衡。例如，TFX团队应用准则4（利用“微小的力量”，面向变化来设计架构）以最大限度地提高可修改性。不幸的是，使用大量较小的服务可能会对性能产生负面影响，因为由于生成和处理服务间请求的开销，服务实例之间的调用在执行时间上可能是昂贵的，可能有必要将其中的一些服务重新组合成较大的服务来解决性能问题。

6.2 性能架构

本节讨论团队如何建立 TFX 架构以满足其性能要求。我们介绍新兴趋势的影响，并谈论一些较新的性能陷阱，回顾如何围绕性能测试来建立软件系统架构，最后讨论可用于确保软件系统满足其性能要求的现代应用和数据库策略。

6.2.1 新兴趋势对性能的影响

在过去的几年中，许多架构和技术趋势相继出现，并变得流行起来。不幸的是，虽然在某些方面非常有益，但它们也带来了新的性能挑战。

1. 微服务架构

第一个趋势是微服务架构的采用。第 5 章详细讨论了微服务架构，因此在这里只是做一个简短的总结。这些架构使用松耦合的组件，每个组件都具有一组有界并内聚的职责。微服务使用简单的集成构造，比如 RESTful API。在微服务的特性中，事实证明，与松耦合和做好一些特定的事情相比，规模大小的重要性要小得多。要创建一致的、松耦合的服务集，有效的设计方法包括使用领域驱动设计（Domain-Driven Design，DDD）和应用限界上下文模式来确定服务的边界。

微服务彼此之间使用轻量级协议（比如用于同步通信的 HTTP 协议）进行通信，或者遵循智能端点和哑管道模式（用于异步通信）的简单消息或事件总线。微服务架构被广泛使用，支持的工具和流程也使用广泛。它们基于开源技术，支持大多数现代语言，并提供了无状态和有状态的模型。

不幸的是，为了最大限度地提高可修改性而过度分布架构，即过度应用了准则 4（利用“微小的力量”，面向变化来设计架构），会造成性能上的隐患。太多的微服务实例之间的调用会在整体执行时间上造成损失。可以通过将一些较小的微服务组合成较大的服务来提高性能，这与关系型数据库中使用反规范化来提高性能是类似的。

2. NoSQL 技术

第二个趋势是越来越多地采用了 NoSQL 技术。第 3 章对 NoSQL 数据库进行了概述，包括对主要类型的 NoSQL 数据库技术的讨论，因此本节只做一个简要的总结。传统的关系型数据库及其性能策略在试图处理由互联网、社交媒体和电子商务时代产生的工作负载时存在局限性，因此，谷歌、亚马逊、Facebook 和 Netflix 等公司开始试验其他的数据库架构。这一努力促成了 NoSQL 数据库的出现，它可以解决特定的性能挑战。

要选择合适的 NoSQL 数据库技术来解决特定的性能问题，就需要对读写模式有一个清晰的认识。使用不适合的 NoSQL 数据库技术来解决性能问题反而会造成性能隐患。表 6.1 显示了为 TFX 货物跟踪服务选择数据库技术架构决策的日志条目（完整的 TFX 架构决策日志位于附录 A 的表 A.2 中）。

表 6.1 TFX 货物跟踪数据库技术选择的决策日志条目

名称	描述	选项	理论依据
货物跟踪数据库	货物跟踪数据库将利用文档存储作为其持久层	选项 1：文档存储	不断变化的数据模型要求
		选项 2：KV 存储	开发者易于使用
		选项 3：关系型数据库	足以满足已知的可伸缩性、性能和可用性需求

尽管团队已经使用了文档存储，但众所周知，这种数据库技术的扩展效率不如键值型或宽列型存储这样的高读取型数据库，这一缺点会影响性能。团队需要注意这一点。这个例子表明，可伸缩性和性能之间存在着密切的关系。它还强调了架构决策是一种权衡。在这种情况下，该团队选择了关注数据库技术的灵活性和易用性。

另一个数据趋势是大数据架构的日益采用。这一趋势与前一趋势相关，大数据架构经常使用 NoSQL 数据库技术。根据 Gorton 和 Klein 的说法[⊖]大数据系统有以下共同需求：

- 写入量大的工作负载
- 可变的请求负载
- 计算密集型分析
- 高可用性

目前行业内的架构策略目录并不包含专门针对大数据系统的策略，但本节后面讨论的性能设计策略可以扩展到大数据系统。

3. 公有云和商业云

最后，公有云和商业云的广泛采用，以及新出现的 serverless 架构的使用，对架构师如何处理现代软件系统中的性能产生了影响。这两个主题已在第 5 章中讨论过，因此在这里只做一个简要的总结，并讨论它们对性能的影响。

公有云和商业云提供了许多重要的功能，例如在使用资源时付费以及在需要时快速扩展的能力，尤其是在使用容器的时候。它们承诺允许软件系统以可负担的成本处理意外的工作负载，而不会对软件系统的客户造成任何明显的服务中断，因此，云服务是帮助实现性能目标的强大机制。

然而，一个常见的谬论是性能是云服务提供商的问题。糟糕的应用程序设计导致的性能问题不太可能通过在商业云上的容器中运行此软件系统来解决，特别是当系统架构是旧的单体架构的时候。试图通过利用商业云来解决这种性能挑战不太可能成功，也不太可能具有成本效益。

灵活的可伸缩性是云计算的首选方法，它适用于虚拟机（Virtual Machine，VM）和容器[⊖]。虚拟机的伸缩比容器的伸缩要慢，但在许多情况下仍然可行。灵活的可伸缩性可以在

⊖ Ian Gorton and John Klein, "Distribution, Data, Deployment: Software Architecture Convergence in Big Data Systems," *IEEE Software* 32, no. 3 (2014): 78–85

⊖ 有关容器的详细信息，请参见"Containers at Google"，见 https://cloud.google.com/containers。

工作负载增加时缓解性能问题，前提是软件系统的架构利用了这种方法（见第5章），并且在低负载下没有任何性能问题。但是，如果软件系统在低负载下的响应时间都令人无法接受，则不太可能通过把该系统迁移到商业云来改善该系统的性能。

数据的位置是处于商业云中的软件系统的另一个重要考虑因素。除非数据与应用程序同处一地，否则可能会出现延迟问题，特别是当需要频繁访问数据的时候。例如，从商业云中运行的软件系统访问位于企业数据中心的数据库，可能会产生性能问题。云端和本地组件之间的集成模式不仅会导致性能下降，而且会导致巨大的成本影响，这是因为云供应商都有一个对出口[⊖]成本收费的模型。

4. serverless 架构

serverless 架构已经在第5章中讨论过，因此在这里只做一个简短的总结。这些架构使用基于云的模型，在这个模型中，云提供商管理计算环境以及为运行客户编写的功能而分配的资源。软件工程师可以忽略诸如配置服务器、维护他们的软件和操作服务器等基础设施问题。但是，缺乏对环境的控制可能会使性能调优更加困难。

serverless 架构的优点之一是能够在任何地方运行应用程序代码，例如，可以在靠近终端用户的边缘服务器上运行代码，假设云提供商允许这样做。延迟的减少提供了一个重要的性能优势。当 serverless 架构选择了在世界各地都有数据中心的大型商业供应商时，这种方法尤其有效。

serverless 函数计算主要是一种事件驱动[⊜]的架构风格，当与更传统的组件（如用于系统不同部分的微服务）混合使用时，也可以支持基于服务的风格。由于 serverless 函数计算比微服务的粒度更细，因此 serverless 架构往往是高度分布式的，这可能会产生类似于我们讨论微服务时的性能陷阱。将一些较小的函数组合为较大的函数，可以提高性能。

此外，serverless 架构的事件驱动模型可能会给不习惯使用该模型的架构师带来设计挑战，而这些设计挑战可能会导致性能问题。如果不小心的话，利用 serverless 函数计算可以创建一个现代的意大利面条式架构，在这个架构中，函数之间的依赖关系变得过于复杂且难以管理。确保团队中拥有适当的设计技能是降低这种风险的好方法。

6.2.2 围绕性能建模和测试构建应用程序

可持续架构如何帮助团队确保系统的性能是足够的呢？对于 TFX，团队利用了准则5——为构建、测试、部署和运营来设计架构。这种方法在第2章中有详细的讨论。使用系统测试的方法，例如功能测试和性能测试，这是软件系统部署流水线的组成部分。

除了在第1章和第2章中讨论的可持续架构准则和基本活动之外，架构师还可以使用各种工具来确保软件系统的性能满足或超越涉众的需求。这些工具包括许多性能策略（将在

⊖ 出口是指从云传输到本地环境的数据。

⊜ 参见维基百科“Event-Driven Architecture.” https://en.wikipedia.org/wiki/Event-driven_architecture。

本章后面讨论），以及性能建模和性能测试。

使用性能建模和测试可以帮助 TFX 团队在 TFX 平台完全构建之前预测和识别性能缺陷。此外，性能测试结果的分析使团队能够在必要时快速修改他们的设计以消除性能瓶颈。

1. 性能建模

性能建模[㊀]是随着软件系统的设计而开始的，是软件开发的一部分。它包括以下几个部分：

- 一个性能模型，它提供了对软件系统在不同需求因素下可能的性能估计。这种模型通常基于团队以前在类似系统和技术方面的经验。其目的是根据软件系统组件的结构、预期的请求量和生产环境的特点来估计软件系统组件的性能（特别是延时）。性能模型的实施方案包括使用电子表格、开放源码或商业建模工具[㊁]，甚至是自定义的代码，可以使用任何能够让我们捕捉到自己组件以及它们之间与性能相关的数据集合。用于模型的软件系统组件结构不需要与软件系统的实际结构相同。团队可能会选择将系统的一部分作为一个黑盒子，在模型中包含多个服务。在这种情况下，团队需要在性能模型和每个服务之间建立一个映射。分配给性能模型中黑盒子的延迟应该被分解并分配给每个组成服务。
- 一个数据采集和分析的过程，它使团队能够根据性能测试结果来完善模型。将性能测试中获得的性能测量值与模型的预测值进行比较，并用于调整模型参数。

使用性能模型及流程，TFX 团队将重点放在性能上，使团队能够在性能和其他质量属性（如可修改性和成本）之间进行权衡，并做出明智的架构决策。架构决策被记录在 TFX 架构决策的日志中（见附录 A 的表 A.2），通过使用架构决策日志，可以评估设计选项，这样时间和资源就不会浪费在可能产生性能瓶颈的设计中。对性能建模的详细描述超出了本书的范围，6.4 节包括了关于这一主题的参考资料，例如 Bondi 的 *Foundations of Software and System Performance Engineering: Process, Performance Modeling, Requirements, Testing, Scalability, and Practice*。

2. 性能测试

性能测试的目的是测量软件系统在正常和预期的最大负载条件下的性能。因为 TFX 将部署在一个商业云平台上，所以性能测试需要在同一个商业云平台上进行，并且测试环境要尽可能接近生产环境。管理 TFX 环境的一种基础设施即代码（infrastructure-as-code）的方法将使实施相对简单，并确保可靠的环境创建和更新。

如前所述，持续交付环境中的性能测试过程（例如用于 TFX 系统环境的性能测试过

㊀ 参见 Bob Wescott 的 *Every Computer Performance Book: How to Avoid and Solve Performance Problems on the Computers You Work With*（CreateSpace 独立出版平台，2013）中的“Modeling”。请参阅 6.4 节。

㊁ 离散事件模拟包（如 https://en.wikipedia.org/wiki/List_of_discrete_event_ simulation_software）和排队模型包（如 http://web2.uwindsor.ca/math/hlynka/qsoft.html）可以用于此目的。

程），应该与软件开发活动完全集成，并且尽可能自动化。目标是性能测试活动的左移，尽早识别性能瓶颈，并采取纠正措施。另一个好处是，TFX 涉众可以随时了解团队的进展情况，当问题出现时，他们就会注意到。存在的几种性能测试类型如下：

- 正常负载测试：验证 TFX 系统在预期正常负载下的行为，以确保其性能要求得到满足。负载测试使我们能够度量性能指标，如响应时间、响应能力、周转时间、吞吐量和云基础设施资源的利用率水平。云基础设施的资源利用水平可以用来预测 TFX 系统的运营成本。
- 预期的最大负载测试：与正常的负载测试过程类似，确保 TFX 系统在预期的最大负载下仍然满足性能要求。
- 压力测试：评估处理负载超过预期最大值时 TFX 系统的行为。该测试还揭示了仅在非常高的负载下才会出现的“罕见”系统问题，并有助于确定系统的弹性（这将在第 7 章中进一步讨论）。

在实践中，团队需要定期运行这些测试的组合，以确定 TFX 的性能特征。正常负载测试类别中的测试比其他两种类型的测试运行得更加频繁。

最后，对于具有非常大的部署占用或管理大量数据集的软件系统（如一些社交媒体或电子商务公司使用的系统），运行全面的性能测试可能变得不可行。这些公司在生产环境中使用的测试策略范例包括金丝雀测试，以及使用自动化技术（如 Netflix 的 Simian Army[㊀]）实现控制故障的混沌工程方法。幸运的是，我们不认为 TFX 属于这一类。

在概述了持续交付方法对团队确保系统性能的影响之后，现在将注意力转向如何进行性能架构设计，利用 TFX 的案例研究来提供实际的示例和可操作的建议。

6.2.3 现代应用程序的性能策略

表 6.2 列出了一些应用程序的性能策略，它们可以提高软件系统（如 TFX）的性能。这些策略是 Bass、Clements 和 Kazman 的 *Software Architecture in Practice*[㊁]一书中描述的性能策略的一个子集。

表 6.2 应用程序的性能策略

控制资源需求相关因素	管理资源供应相关因素
按优先级处理请求	增加资源
减少开销	增加并发
限制速率和资源	使用缓存
提高资源效率	

1. 控制资源需求相关因素的策略

第一组性能策略影响与需求相关的因素，以减少处理请求所需资源的需求。

（1）按优先级处理请求

这种策略是确保在请求量增加时高优先级请求的性能仍然可以接受的一种有效方法，

㊀ 参见 Ben Schmaus，“Deploying the Netflix API”［博文］（2013 年 8 月），https://techblog.netflix.com/2013/08/deploying-netflix-api.html。

㊁ Bass, Clements, and Kazman, *Software Architecture in Practice*, 141

通常以牺牲低优先级请求的性能为代价。它并不总是可行的，因为它取决于系统的功能。对于 TFX 来说，信用证签发流程和信用证支付事务是高优先级请求，而查询（特别是那些需要访问 TFX 数据库中大量记录的查询）可能作为低优先级请求处理。TFX 团队实现这一策略的一个选择是为高优先级请求使用同步通信模型，而低优先级请求可以使用带有排队系统的异步模型来实现。正如第 5 章所讨论的，异步服务间交互不会阻塞（或等待）请求从服务器返回，以便继续运行。这些请求可以存储在队列中，也许可以使用消息总线（见图 6.2），直到有足够的资源可用来处理它们。

（2）减少开销

如前所述，将一些较小的服务分组为较大的服务可以提高性能，因为使用大量较小服务进行可修改性的设计可能会遇到性能问题。服务实例之间的调用会产生开销，并且可能在总体执行时间方面开销很大。

按照领域驱动的设计概念，TFX 系统被设计成一组松耦合的组件。尽管在这种设计中存在一些跨组件调用，但进一步整合组件的机会有限。然而，让我们假设，交易方服务最初被分成两个部分：交易方管理系统，它处理关于交易方的主要数据；账户管理系统，它处理交易方的账户。这很容易成为一个可行的替代方案。然而，这种方法创建的跨组件通信可能会产生性能瓶颈。如果团队采用两个服务而不是一个服务的方式，团队可能会选择将这两个组件合并到一个交易方服务中，以解决性能问题。

在架构决策的日志（见附录 A）中记录了性能和可修改性之间的权衡，这对于确保这两个质量属性不以牺牲另一个为代价是很重要的。

（3）限制速率和资源

资源调控器和速率限制器，如 SQL Server 资源调控器[㊀]和 MuleSoft Anypoint API 管理器[㊁]，通常与数据库和 API 一起使用，以管理工作负载和资源消耗，从而提高性能。它们通过限制大量请求来确保数据库或服务不会因这些请求而超载。团队可以选择为整个系统实现 API 管理器，也可以选择在相关的地方实现特定服务的数据库。

（4）提高资源效率

通过提高关键服务中的代码效率可以减少延迟。与其他策略不同，其他策略是在所使用组件的外部，而这种策略是从内部观察组件。TFX 团队安排定期的代码评审和测试，重点关注所使用的算法以及这些算法如何使用 CPU 和内存。

2. 管理资源供应相关因素的策略

第二组性能策略影响与供应有关的因素，以提高处理请求所需资源的效率和效益。

（1）增加资源

使用更强大的基础设施（例如更强大的服务器或更快的网络），可以提高性能。然而，

㊀ 参见微软的“Resource Governor”（2020 年 12 月 21 日），https://docs.microsoft.com/en-us/sql/ relational-databases/resource-governor/resource-governor?view=sql-server-ver15。

㊁ 参见 MuleSoft 的“Anypoint API Manager”，https://www.mulesoft.com/platform/api/manager。

这种方法通常与基于云服务的软件系统不太相关。类似地，如果系统的设计支持并发性，使用额外的服务实例和数据库节点可以改善总体延迟。这对于像 TFX 这样使用基于微服务架构的软件系统来说是很好的。

（2）增加并发

这种策略涉及请求的并行处理，使用线程[㊀]、额外的服务实例和额外的数据库节点等技术，也是为了减少阻塞时间（即一个请求需要等待的时间，直到它需要的资源可用）。

- 并行处理请求的前提是软件系统被设计为支持并发处理，而使用无状态服务是实现这一目标的一种选择。这对于像 TFX 这样的软件系统特别有用，这些软件系统的架构在商业云中运行，并利用了弹性伸缩。并行处理请求需要为每个事务或每个用户提供自己的内存空间和资源池，可以是物理上的，也可以是虚拟的。对于小的负载，为每个会话 / 交易创建一个新的进程是一个简单的方法，既可以提供私有工作空间，又可以利用操作系统和本地硬件环境的固有扩展功能，但创建一个进程有一定的开销，而且大量的进程可能很难管理。一个解决方案是使用多线程编程来处理会话，但这是一个相当复杂的方法。容器和编程框架可以用来向不擅长多线程的软件开发人员隐藏这种复杂性。
- 对于可能造成性能瓶颈的服务，可以通过实现异步通信来调用，从而减少阻塞时间。正如本章前面提到的，异步的服务间交互不会阻塞（或等待）请求，可以直接从服务中返回并继续执行，从而减少了请求的阻塞时间。TFX 团队可以选择为服务（比如与 TFX 支付服务对接的服务）实施这种策略（见图 6.2）。

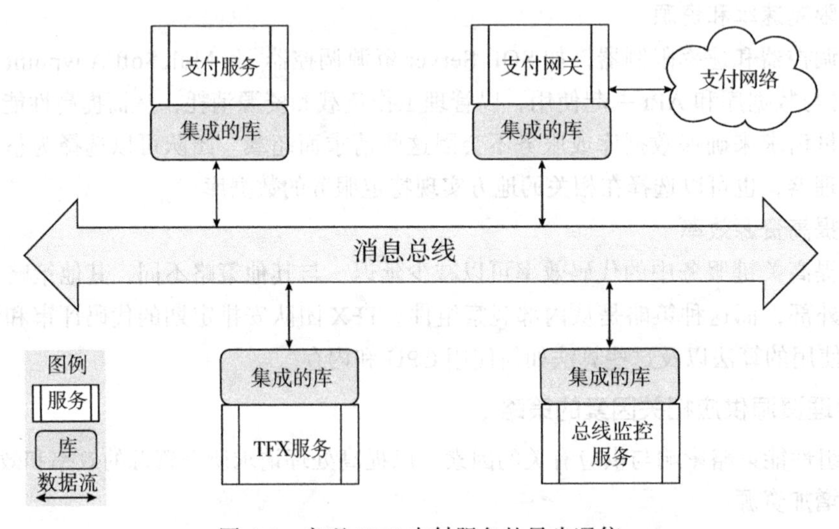

图 6.2 实现 TFX 支付服务的异步通信

㊀ 线程是将组件分成两个或多个并发运行的任务的一种方式。

（3）使用缓存

缓存是一种解决性能问题的强大策略，因为它是一种保存查询或计算结果以供后面重用的方法。缓存策略在第5章中有介绍，所以这里只对缓存策略做一个简要的总结。

- 数据库对象缓存：该技术用于获取数据库查询的结果并将其存储在内存中。TFX团队可以选择为几个TFX服务来实现这种技术。由于早期的性能测试表明，一些TFX交易（如信用证付款）可能会遇到一些性能挑战，因此TFX团队考虑为交易方管理系统、合同管理系统以及费用和佣金管理系统的组件实现这种类型的缓存。
- 应用程序对象缓存：该技术对使用大量计算资源的服务结果进行缓存，以供客户端进程稍后检索。然而，TFX团队并不确定自己是否需要这种类型的缓存，所以决定应用持续架构的准则3（在绝对必要的时候再做设计决策），并延迟实现应用程序对象缓存。
- 代理缓存：该技术用于将检索到的Web页面缓存到代理服务器上[1]，以便在下次被同一用户或不同用户请求时能够快速访问它们。它可能以适中的成本提供一些有价值的性能好处，但由于团队还没有任何该技术可以解决的具体问题，因此决定执行准则3——在绝对必要的时候再做设计决策。

6.2.4 现代数据库的性能策略

许多传统的数据库性能策略（如物化视图、索引和数据反范式化）已经被数据库工程师使用了几十年。6.4节列出了一些关于这一主题的有用材料。新的策略（如NoSQL技术、全文搜索和MapReduce）最近才出现，以满足互联网时代的性能需求。此外，第3章中讨论的读模式和写模式的权衡也可以看作一种数据库的性能策略。

1. 物化视图

物化视图可以看作一种预计算缓存。物化视图是一组公共数据的物理副本，这些数据经常被请求，并且需要输入/输出（I/O）密集的数据库函数（例如，连接）。它用于以确保性能的方式返回对公共数据集的读取，并权衡增加的空间和降低的更新性能。所有传统的SQL数据库都支持物化视图。

2. 索引

所有数据库都利用索引来访问数据。如果没有索引，数据库访问数据的唯一方法是查看每一行（如果是传统的SQL）或遍历数据集。索引可以通过创建性能更好的访问机制来避免这种情况[2]。然而，索引并不是万能灵药。创建过多的索引会增加数据库的复杂性。记住，

---

[1] 代理服务器充当来自企业内需要访问企业外部服务器客户端的请求的中介体。要了解更多细节，请参阅维基百科的“Proxy Server”，https:// en.wikipedia.org/wiki/Proxy_server。

[2] 在几本书中详细描述了索引是如何工作的以及相关的策略——参见6.4节。策略是特定于所选择的数据库技术的。

每个写操作都必须更新索引，而且索引也会占用空间。

3. 数据反范式化

数据反范式化与数据范式化相反。数据范式化将逻辑实体数据分解为多个表（每个逻辑实体一个表），而数据反范式化将这些数据组合在同一个表中。当数据被反范式化处理时，它会使用更多的存储空间，但可以提高查询性能，因为查询是从更少的表中检索数据。在涉及具有高查询率和低更新率的逻辑实体实现中，反范式化是一种很好的性能策略。更新反范式化表可能需要更新具有相同数据的好几行，而在范式化的时候只需要进行一次更新。

许多 NoSQL 数据库使用这种策略来优化性能，即使用“单表查询”的数据建模模式。这种策略与前面讨论过的物化视图密切相关，因为“单表查询”模式将为每个查询创建一个物化视图。下一节将更详细地讨论 NoSQL 数据库。

4. NoSQL 技术

如前所述，传统的数据库及其性能策略在互联网时代达到了极限。这导致了 NoSQL 数据库的广泛采用，它可以解决特定的性能挑战。这种多样性使得我们理解质量属性需求变得更加重要（准则 2——*聚焦质量属性，而不仅仅是功能性需求*）。

注意 NoSQL 技术是一个广泛的主题，几乎没有适用于整个领域的一般化方法。

正如第 3 章所解释的，NoSQL 技术有两个动机：减少编程语言数据结构和持久性数据结构之间的不匹配，并允许通过选择适合自己使用情况的存储技术来优化 CAP 和 PACELC 的权衡。什么是 CAP 和 PACELC 的权衡？根据 Gorton 和 Klein 的说法[1]：“分布式数据库有基本的质量约束，由 Brewer 的 CAP 定理定义[2]。该定理的实际解释由 Abadi 的 PACELC[3]提供，该定理指出，如果存在分区（Partition，P），系统必须对可用性（Availability，A）与一致性（Consistency，C）进行选择，否则（Else，E）在没有分区的通常情况下，系统必须对延迟（Latency，L）与一致性（Consistency，C）进行选择。”因此，NoSQL 技术的 CAP 和 PACELC 权衡是关于性能的。

如果选择正确的 NoSQL 数据库技术来解决性能问题，就需要清楚地了解当前的读写模式。例如，宽列型的 NoSQL 数据库在写操作较多的情况下表现良好，但在处理复杂的查询操作时会遇到困难。问题是，为了快速插入和检索，这些数据库的查询引擎有所限制，限制了它们对复杂查询的支持。

NoSQL 技术增加了解决性能问题的选项。然而，我们想强调的是，基于两个主要的原因，更改数据库技术的选择是一个昂贵的决定。首先，特别是对于 NoSQL 数据库，软件系

---

[1] Gorton and Klein, “Distribution, Data, Deployment”

[2] Eric Brewer, “CAP Twelve Years Later: How the ‘Rules’ Have Changed,” *Computer* 45, no. 2 (2012): 23–29

[3] David Abadi, “Consistency Tradeoffs in Modern Distributed Database System Design: CAP Is Only Part of the Story,” *Computer* 45, no. 2 (2012): 37–42

统的架构会受到数据库技术的影响。其次，任何数据库更改都需要进行数据迁移。这可能是一个具有挑战性的实践，不仅要处理模式差异，还需要确认数据是完整的，并且业务含义没有改变。如果读者对根据质量属性评估不同 NoSQL 数据库技术的结构化方法感兴趣，由卡内基－梅隆大学软件工程研究所提供的 LEAP4PD 是一个很好的参考[⊖]。

5. 全文搜索

全文搜索并不是一个新的需求，但在互联网和电子商务时代，它们变得越来越普遍。这种类型的搜索是指在全文数据库中搜索文档的策略，不使用元数据或原始文本的部分信息，例如与数据库中的文档分开存储的标题或摘要。

让我们看看可以在 TFX 系统中实现全文搜索的一个潜在领域。负责文档管理系统的团队选择了使用文档型数据库。这个决定主要基于这样一个事实，即这种数据库模式支持文档的自然结构，并且在需要时可以很容易地扩展。一个与性能相关的关键质量属性是基于最终用户进行的全文搜索：

- 场景 1 激励：进口商银行的分析师对所有信用证进行搜索，以确定在文档中引用客户的特定个人信息的位置。
- 场景 1 响应：TFX 系统提供在线搜索结果，包括建议部分完成的条目作为分析类型。
- 场景 1 度量：该搜索的结果作为最终用户类型实时提供，延迟不超过 3 秒。

尽管底层数据库提供了搜索功能，但它无法满足所需的测量标准。市场上有几种全文搜索引擎，其中最常见的是 Solr 和 ElasticSearch，它们都是基于 Lucene 搜索引擎开发的。在配置文档型数据库以满足性能标准的一些尝试失败后，团队选择使用全文搜索引擎作为整体解决方案的一部分。使用这样的搜索引擎意味着将文档存储和搜索引擎一起使用。文档存储负责管理文档，搜索引擎负责回复来自 UI 服务的搜索查询（见图 6.3）。

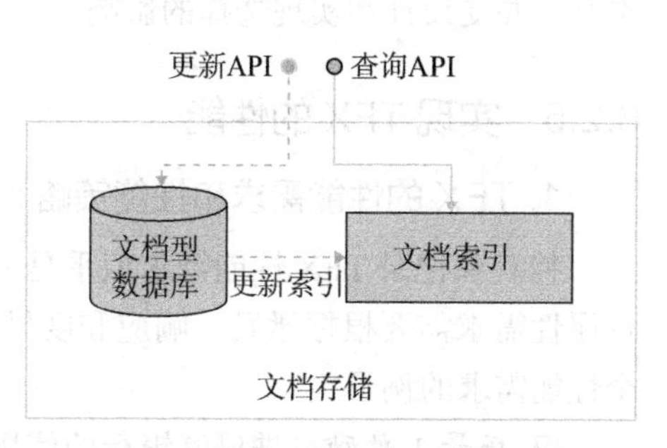

图 6.3　搜索引擎扩展的文档存储

全文搜索引擎变得越来越流行，通常与 NoSQL 文档存储一起使用，以提供额外的功能。许多类型的 NoSQL 存储通常不集成全文搜索，但有全文搜索与文档型数据库和键值存储的集成（例如，ElasticSearch 与 MongoDB 或 DynamoDB 的集成）。从逻辑上讲，键值存储和文档存储之间的区别是键值存储只有一个键和一个 blob，而文档存储有一个键、一些元数据和一个 blob。此外，文档存储知道它正在存储一个“文档”，并提供了以特定格式（通常是 XML 和 JSON）在“内部”查看文档的支持。文档存储更适合大的 blob，但是交叉点取决于所使用的特定引擎。在这两种情况下，我们都可以对 blob 使用全文搜索。

对于 TFX，团队可以选择对存储在数据库中的每份文件进行索引，使其成为搜索引擎

⊖ https://resources.sei.cmu.edu/library/asset-view.cfm?assetid=426058

的一部分。

6. MapReduce

另一个提高性能（特别是吞吐量）的常见策略是对可以在大型数据集上执行的活动进行并行化处理。最常见的方法是 MapReduce，作为大数据系统的 Hadoop 生态系统的一部分[㊀]，它得到了广泛的采用。在高层次上，MapReduce 是一种不需要编写并行代码的大规模数据处理编程模型。其他用于大数据工作负载的分布式处理系统（如 Apache Spark[㊁]）使用了不同于 MapReduce 的编程模型，但也从根本上解决了处理大型、非结构化数据集的相同问题。

MapReduce 的工作原理是对整个数据集（Map）的子集进行并行计算，然后合并结果（Reduce）。MapReduce 的一个关键原则是数据不会被复制到一个执行引擎；相反，计算指令代码被复制到数据集所在的文件系统［Hadoop 中的分布式文件系统（HDFS）］中。MapReduce 的两个关键性能优势是，它通过将计算分散到多个节点（这些节点同时处理计算）来实现并行处理，并通过将数据分布到各个节点来配置和处理数据。

然而，MapReduce 也有一些性能问题。当使用大量节点时，网络延迟可能是一个问题。查询的执行时间通常比现代数据库管理系统高出几个数量级。大量的执行时间花费在设置上，包括任务初始化、调度和协调。与许多大数据系统的实现一样，性能取决于软件系统本身，并受设计和实现选择的影响。

6.2.5 实现 TFX 的性能

1. TFX 的性能需求和性能策略

捕获和记录 TFX 性能需求似乎是一个简单的过程，至少在最初是这样。如前所述，质量属性需求需要根据激励、响应和度量来指定。让我们看看 TFX 涉众可以提供给团队的两个性能需求的例子[㊂]：

- 场景 1 激励：进口商银行的信用证专家需要在开立信用证之前更改单据中的货物清单和描述。
- 场景 1 响应：TFX 文档管理服务按预期更新文档。
- 场景 1 度量：此事务的响应时间在任何时候都不超过 3 秒。

图 6.4 显示了场景 1 的时序图。

- 场景 2 激励：进口商银行的信用证专家在出口商承兑单据后处理出口商银行的付款请求。

㊀ 大规模并行处理（Massively Parallel Processing，MPP）数据库采用类似的并行技术来进行分析处理，这在 Hadoop 之前就已经存在。

㊁ 见“Apache Spark”，https://spark.apache.org。

㊂ 请参阅 2.3.3 节中关于场景结构的描述。

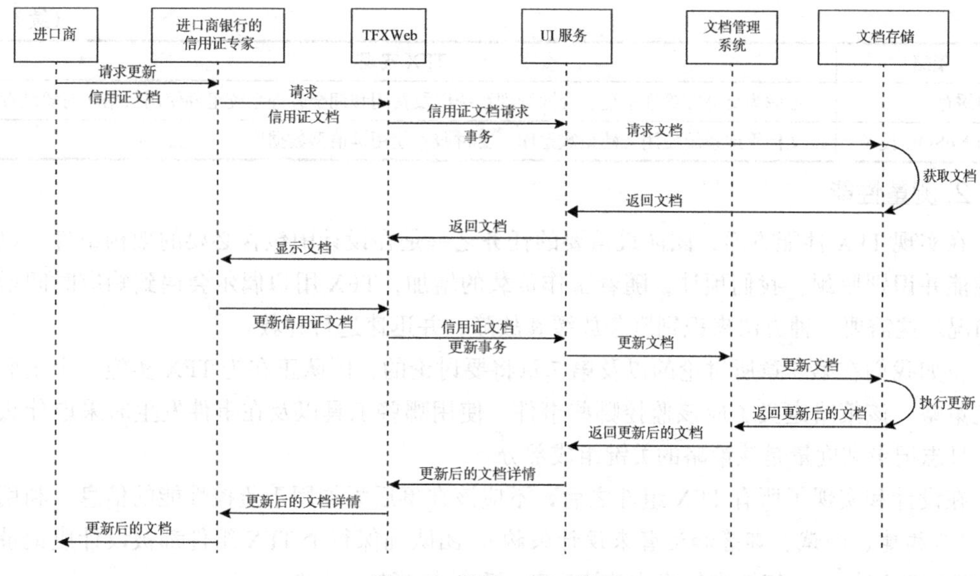

图 6.4 场景 1 的时序图

- 场景 2 响应：TFX 支付服务使用支付网关将付款发送到出口商的银行，并借记进口商的账户。
- 场景 2 度量：端到端支付的事务完成时间不超过 5 秒。

满足这些需求存在相关的重大风险。实现这些目标将取决于系统未来的负载，正如第 5 章中所提到的，我们并没有很好地估计 TFX 负载将如何发展。

考虑到与平台未来负载相关的未知因素，针对性能的 TFX 设计必须基于事实和有根据的猜测。高于预期的工作负载将使团队的初始架构决策成为性能障碍。

考虑到未来负载的不确定性，团队遵循准则 3（在绝对必要的时候再做设计决策），并决定不对可能无法实现的未来负载进行过度的架构设计。团队使用在当前和未来两年的信用证业务中客户的数量统计和预测，以创建性能模型和性能设计。

我们没有足够的空间去考虑团队为了确保 TFX 能够满足其性能目标而需要做的所有工作，但我们将简要概括一些团队计划用于此目的的策略（见表 6.3）。这些策略在前面已经详细讨论过了。

表 6.3 TFX 性能策略示例

策略	TFX 实现
按优先级处理请求	为高优先级请求（如信用证支付事务）使用同步通信模型。对于低优先级请求（如大容量查询），使用异步模型和排队系统
减少开销	如果可能，将较小的服务分组成较大的服务。我们前面给出的一个假设示例是将交易方管理系统和账户管理系统服务合并到交易方管理系统服务中
增加资源效率	安排定期的代码检查和测试，重点关注所使用的算法以及这些算法如何使用 CPU 和内存
增加并发	通过使用消息总线将 TFX 服务与 TFX 支付服务连接起来，减少阻塞时间

（续）

策略	TFX 实现
使用缓存	考虑为交易方管理系统、合同管理系统以及费用和佣金管理系统组件使用数据库对象缓存
使用 NoSQL 技术	文档管理系统使用文档型数据库，支付服务使用键值型数据库

2. 测量性能

在实现 TFX 性能方面，团队最重要的任务之一是在设计中包含必要的架构组件，以度量性能并识别瓶颈。我们预计，随着工作负载的增加，TFX 用户偶尔会遇到响应时间增加的情况。这需要一种方法来识别服务放缓和故障，并迅速进行补救。

正如我们在第 5 章所讨论的以及第 7 章将要讨论的，团队正在为 TFX 实施一个全面的监控策略。该策略定义了应该监控哪些事件、使用哪些工具以及在事件发生时采取什么操作。日志记录和度量是该策略的关键组成部分。

在设计和实现了所有 TFX 组件之后，不应该在事后添加用于监控性能的信息。利用准则 5（为构建、测试、部署和运营来设计架构），团队确保每个 TFX 组件都被设计成记录有用的性能监控信息，如结构化格式的执行时间和使用指标（见图 6.5）。

在日志中捕获性能信息是必要的，但还不够。如图 6.5 所示，需要将日志转发到一个集中的位置，以便进行整合和分析，以提供有用的信息。日志聚合是整体性能管理过程的一部分，必须合并不同来源的不同日志格式。能够将日志聚合在一个集中的位置，并具有近乎实时的访问，这是快速排除性能问题和执行分析的关键。这使我们能够更好地理解每个 TFX 服务的性能概要，并快速识别潜在性能问题的来源。

3. 潜在的性能瓶颈

如前所述，在性能和可修改性之间存在权衡。具有大量小服务的架构增加了可修改性，但可能会遇到性能问题。为了解决延迟问题，可能需要将其中一些服务分组合并到更大的服务中。

该团队已经利用软件组件的标准库来处理服务间接口，以便能够快速解决潜在的性能瓶颈。该库提供了服务间通信的计时信息，可用于识别此类通信中的重大延迟。

随着 TFX 工作负载的增加，架构的数据层可能成为另一个性能瓶颈。这与前面讨论的 PACELC 权衡有关[1]。随着 TFX 服务的数据库规模增加，为了将性能保持在可接受的水平，跨多个数据库实例分布数据可能变得非常必要，这将导致跨数据库实例的数据复制，可能会增加复杂性。幸运的是，TFX 设计基于一组围绕业务领域组织的服务[2]，基于领域驱动的设计原则，这些服务使得 TFX 数据与服务对齐，并围绕业务域进行组织。这种设计使数据能够跨一系列松耦合的数据库进行良好的分区，将复制需求保持在最低限度，降低了复杂性，并优化了性能。

---

[1] 请参见第 3 章中关于复制和分区策略的讨论。

[2] 有关领域驱动设计的更多信息，请参阅 Vaughn Vernon 的 *Implementing Domain-Driven Design*（Addison-Wesley, 2013）。

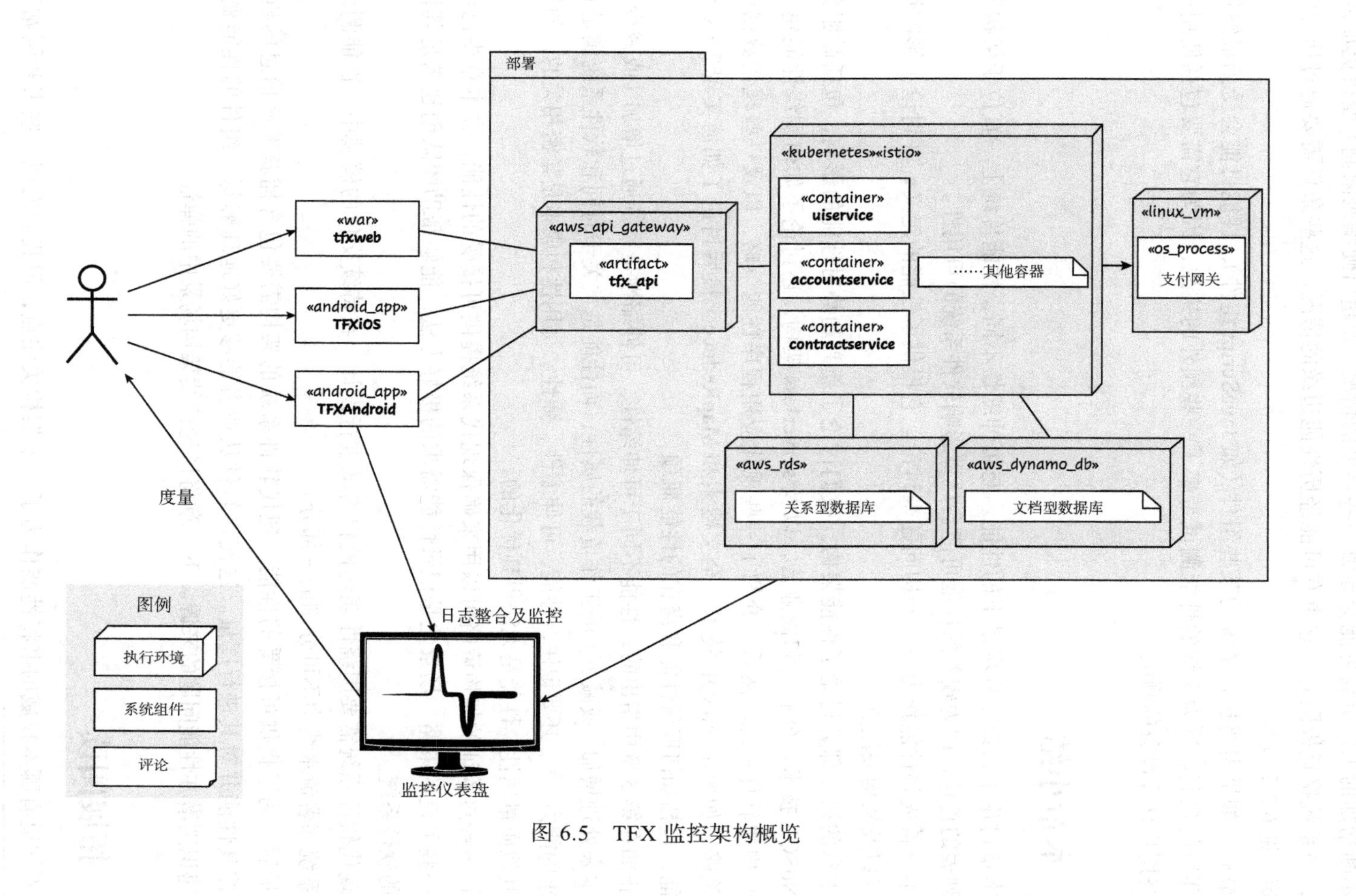

图 6.5　TFX 监控架构概览

不断增加的工作负载可能会导致一些罕见的情况（如超出硬编码限制）变得更加常见。因此，当系统接近极限时，它更有可能经历性能边缘的情况，这些条件需要通过压力测试来确定（见 6.2.2 节）。

最后，如果需要执行系统的某些组件（如 JavaScript 组件），性能可能会受到最终用户计算环境的限制。这为系统的性能测试带来了一些额外的挑战，因为它需要包括使用一系列最终用户计算设备的测试。

6.3 本章小结

本章讨论了持续架构场景下的性能。与可伸缩性不同，性能传统上一直位于架构质量属性列表的首位，因为较差的性能可能会严重影响软件系统的可用性。

本章首先将性能作为一个架构问题来讨论。它提供了性能的定义，并讨论了影响性能的因素以及架构关注点。

本章的第二部分讨论了性能架构。我们讨论了新兴趋势对性能的影响，包括微服务架构、NoSQL 技术、公有云和商业云，以及 serverless 架构，还讨论了如何围绕性能建模和测试来构建软件系统。然后，介绍了一些现代应用程序性能策略，以及一些现代数据库的性能策略，如使用 NoSQL 技术、全文搜索和 MapReduce。最后讨论了如何实现 TFX 案例的性能，包括如何度量性能和潜在的性能瓶颈。

正如在第 5 章中指出的，性能不同于可伸缩性。可伸缩性是系统通过增加（或减少）系统成本来处理增加（或减少）的工作负载的属性，而性能是“关于时间和软件系统满足其时间需求的能力”[⊖]。还要记住，性能、可伸缩性、弹性、可用性和成本是紧密相关的，如果不考虑其他质量属性，性能是无法得到优化的。

许多经过验证的架构策略可以用来确保现代系统提供可接受的性能，在本章中已经介绍了一些关键的策略。场景化是记录性能需求的极好方法，能够帮助团队创建满足其性能目标的软件系统。

现代软件系统需要围绕性能建模和测试进行设计。在持续交付的模型中，性能测试是软件系统部署流水线中不可分割的一部分。

最后，为了提供可接受的性能，现代软件系统的架构需要包含捕获准确信息的机制，以监控其性能并对其进行度量。这使得软件从业者能够更好地理解每个组件的性能概况，并快速识别潜在性能问题的来源。下一章将讨论持续架构场景中的弹性。

6.4 拓展阅读

不知道有哪本权威的书将性能作为了一个架构关注点，但我们发现一些书和网站很有

⊖ Bass, Clements, and Kazman, *Software Architecture in Practice*

帮助。

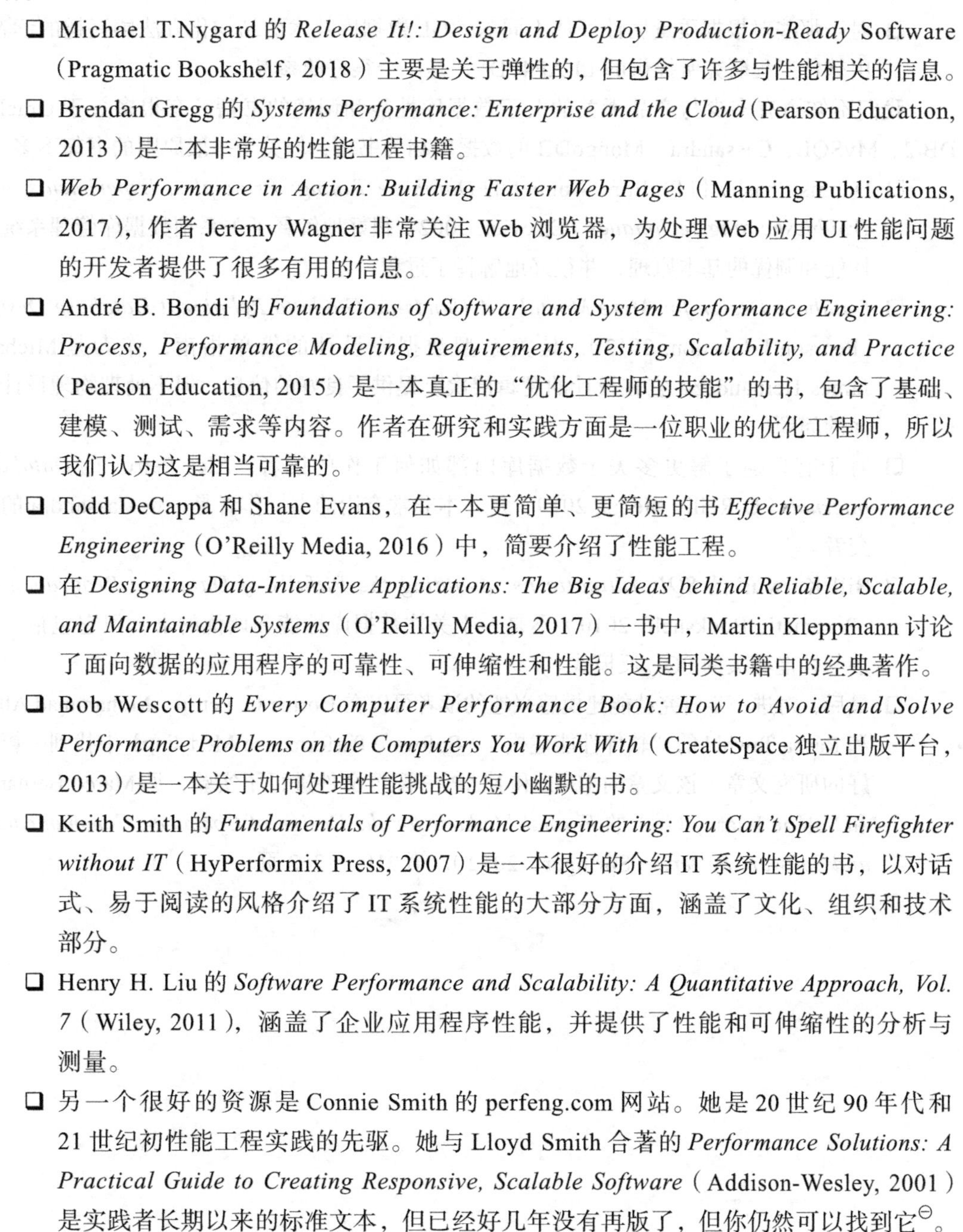

- ❑ Michael T.Nygard 的 *Release It!: Design and Deploy Production-Ready* Software（Pragmatic Bookshelf, 2018）主要是关于弹性的，但包含了许多与性能相关的信息。
- ❑ Brendan Gregg 的 *Systems Performance: Enterprise and the Cloud*（Pearson Education, 2013）是一本非常好的性能工程书籍。
- ❑ *Web Performance in Action: Building Faster Web Pages*（Manning Publications, 2017），作者 Jeremy Wagner 非常关注 Web 浏览器，为处理 Web 应用 UI 性能问题的开发者提供了很多有用的信息。
- ❑ André B. Bondi 的 *Foundations of Software and System Performance Engineering: Process, Performance Modeling, Requirements, Testing, Scalability, and Practice*（Pearson Education, 2015）是一本真正的"优化工程师的技能"的书，包含了基础、建模、测试、需求等内容。作者在研究和实践方面是一位职业的优化工程师，所以我们认为这是相当可靠的。
- ❑ Todd DeCappa 和 Shane Evans，在一本更简单、更简短的书 *Effective Performance Engineering*（O'Reilly Media, 2016）中，简要介绍了性能工程。
- ❑ 在 *Designing Data-Intensive Applications: The Big Ideas behind Reliable, Scalable, and Maintainable Systems*（O'Reilly Media, 2017）一书中，Martin Kleppmann 讨论了面向数据的应用程序的可靠性、可伸缩性和性能。这是同类书籍中的经典著作。
- ❑ Bob Wescott 的 *Every Computer Performance Book: How to Avoid and Solve Performance Problems on the Computers You Work With*（CreateSpace 独立出版平台，2013）是一本关于如何处理性能挑战的短小幽默的书。
- ❑ Keith Smith 的 *Fundamentals of Performance Engineering: You Can't Spell Firefighter without IT*（HyPerformix Press, 2007）是一本很好的介绍 IT 系统性能的书，以对话式、易于阅读的风格介绍了 IT 系统性能的大部分方面，涵盖了文化、组织和技术部分。
- ❑ Henry H. Liu 的 *Software Performance and Scalability: A Quantitative Approach, Vol. 7*（Wiley, 2011），涵盖了企业应用程序性能，并提供了性能和可伸缩性的分析与测量。
- ❑ 另一个很好的资源是 Connie Smith 的 perfeng.com 网站。她是 20 世纪 90 年代和 21 世纪初性能工程实践的先驱。她与 Lloyd Smith 合著的 *Performance Solutions: A Practical Guide to Creating Responsive, Scalable Software*（Addison-Wesley, 2001）是实践者长期以来的标准文本，但已经好几年没有再版了，但你仍然可以找到它[⊖]。

⊖ 例如，https://www.amazon.com/exec/obidos/ASIN/0201722291/performanceen-20。

Trevor Warren 的“SPE BoK”[1]有很多关于软件性能工程的很好的信息。

- 对于那些对根据质量属性评估不同 NoSQL 数据库技术的结构化方法感兴趣的读者，由软件工程研究所提供的 LEAP4PD[2]，是一个很好的参考。

我们不知道有多少与产品无关的关于数据库性能和调优的书籍。有很多关于 Oracle、DB/2、MySQL、Cassandra、MongoDB 的数据库相关书籍，但关于一般原则的书却不多。

- Dennis Shasha 和 Philippe Bonnet 的 *Database Tuning: Principles, Experiments, and Troubleshooting Techniques*（Elsevier, 2002）很好地解释了关系型数据库管理系统的性能和调优的基本原理，并很好地解释了过程。
- *Database Design for Mere Mortals: A Hands-on Guide to Relational Database Design*（Pearson Education, 2013），是关系型数据库设计的简单指南，作者是 Michael James Hernandez。它在设计的逻辑层次上提供了良好的信息，但不处理物理设计方面的问题。
- 对于有兴趣了解更多关于数据库内部如何工作的读者，Alex Petrov 的 *Database Internals*（O'Reilly Media, 2019）是一本非常有用的书，作者是一位 Cassandra 的提交者。
- Bill Karwin' 的 *SQL Antipatterns: Avoiding the Pitfalls of Database Programming*（Pragmatic Bookshelf, 2010）不是一本关注数据库性能和调优的书，但它包括了许多与性能相关的 SQL 反模式。
- 最后，对进一步研究性能建模感兴趣的读者可以在 Dorina C. Petriu、Mohammad Alhaj 和 Rasha Tawhid 的“软件性能建模”（Software Performance Modeling）中找到一篇很好的研究文章，该文章对 UML 和 MARTE 配置文件进行了实验，见 Marco Bernardo 和 Valérie Issarny（编）的 *Formal Methods for the Design of Computer, Communication and Software Systems*（Springer，2012），第 219 ～ 262 页。

[1] https://tangowhisky37.github.io/PracticalPerformanceAnalyst

[2] https://resources.sei.cmu.edu/library/asset-view.cfm?assetid=426058

第 7 章 Chapter 7

架构之弹性

近年来，最终用户对于自己所使用计算系统的可用性的预期发生了巨大的变化。他们已经习惯了诸如谷歌地图、CNN 和 BBC 等互联网服务的可靠性，现在对于为自己构建的其他软件系统，不论这些系统是面向互联网的服务还是组织内部的私有系统，都希望从这些软件系统中获得同样水平的可靠性。

为了满足用户的期望，必须更新我们的思维和技术，传统的高可用性方法是要接受一定数量的计划内和计划外停机时间的，而现在的方法以永不宕机为目标，并且在面对几乎任何问题时都能提供最低限度的服务。

正如前几章所述，架构的关注点是相互关联的，弹性也不例外。弹性及其架构策略与其他质量属性（包括可用性、性能和可伸缩性）明显重叠，这也影响了系统的成本，如图 7.1 所示。

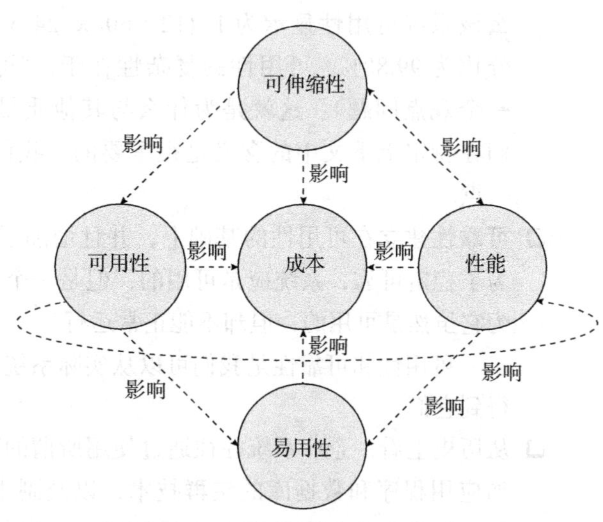

图 7.1　可伸缩性、性能、可用性、易用性与成本的关系

本章将弹性视为软件架构中的一个独特关注点，但它涉及了第 5 章和第 6 章所介绍的质量属性，这些质量属性之间有着密切的关系。

在我们的研究案例中，TFX 系统的开发团队将弹性作为了一个重要的质量属性。TFX

最初可能只是支持单个银行的业务，但作为一个全球性组织，银行希望该系统能够持续可用，尽管在采用该平台的早期阶段，可能会接受短时间的不可用。不管怎样，TFX 的目标是成为主要金融机构开具信用证的关键平台，因此从中长期来看，对系统失败或中断的容忍度会非常低。TFX 的用户期望它是一个始终在线的系统，然后才准备使用它作为此类核心业务流程中的一个关键组成部分。因此，团队现在需要考虑的是，当系统被广泛使用时，在不对其架构进行重大更改的情况下如何实现弹性。

7.1 架构场景中的弹性

我们注意到，人们往往交替使用许多与弹性相关的术语，这很令人困惑。因此，定义一些术语可以澄清我们对概念的理解。

两个常用的术语是*故障*（fault）和*失败*（failure），它们经常可以互换使用，但其所指概念实际上有一些微妙的不同。故障是一种意外情况，如果遇到这种情况，可能导致系统或系统组件无法按要求执行。失败是指系统或系统组件偏离了它所要求的行为。所以，故障就是出了差错，会导致失败[⊖]。

我们所说的*可用性*、*可靠性*、*高可用性*和*弹性*是什么意思呢？

- **可用性**是一个系统中可衡量的质量属性之一，定义为该系统可用时间与**本来**可用总时间的比率。例如，如果一个系统运行失败，一周内有 12 分钟无法使用，那么该系统可用性显示为 1−(12 ÷ 60 × 24 × 7) = 0.9988，或本周的系统可用性百分比为 99.88%。可用性的复杂性在于，“可用”的含义取决于上下文（可能也是一个观点问题）。这就是为什么与其他质量属性一样，使用具体的场景来展示它们在特定上下文中的含义是很重要的。我们将在本章后面的例子中进一步讨论这一点。
- **可靠性**建立在可用性的基础上，并且增加了正确操作的限制，而不仅仅是可用性。为了稳定可靠，系统应是可用的，但是一个高可用的系统有可能不是高可靠的，因为它虽然是可用的，但却不能正常运行。

  可用性和可靠性是我们可以从实际系统中观察到的结果，可以通过不同的方式得到它们。
- 从历史上看，企业系统往往通过使用所谓的**高可用性**技术来实现可用性，主要是诸如应用程序和数据库的**集群**技术，以及副本复制技术，例如跨站的**数据库副本复制**。如果某个服务器节点出了问题，工作负载就会迁移到集群中的一个存活节点上。如果整个集群出现故障，那么工作负载将通过故障切换被转移到一个备用集

⊖ Lorraine Fesq (Ed.), *Fault Management Handbook, NASA-HDBK-1002* (National Aeronautics and Space Administration, 2011)

群，该备用集群已经将（大部分）数据复制到了该集群中。这种可用性方法试图将错误处理和可用性机制从应用软件转移到复杂的中间件和数据库技术中，如数据库和应用服务器的集群技术以及数据库的副本复制机制。这种方法的缺点是，虽然方便了应用程序的开发者，但是可用性机制相当复杂且难以使用，而且在许多情况下，代价是高昂的。有些故障切换过程非常复杂，在故障切换完成前，系统还会有一段时间是不可用的。这些技术也是为单体的本地系统设计的，不太适合基于微服务、高度分布式、云托管的系统。

然而，近年来我们已经看到了一个趋势，为了得到系统的可用性，由基于云计算的互联网巨头如亚马逊、谷歌、Facebook 和 Netflix 的引领，实现了从高可用性方法到弹性方法的转变。

- **弹性**采取了不同的方法来实现可靠性。它要求系统的每个部分在发生故障时，通过调整自己的行为来对系统的可用性负责，例如，通过识别故障何时发生、容忍的延迟、请求重试、进程的自动重启、限制错误的传播等。与使用高可用性技术相比，架构师和软件工程师需要更多地了解实现可用性所需的机制。然而，如果做得好的话，最后的系统能更好地对抗故障和失败，并能更灵活地适应在系统运行过程中出现的问题。

7.1.1 变化：失败的必然性

在云计算时代之前，大多数系统都是由相对较少的单体部件组成的，部署在相对简单、静态的环境中。如前所述，通常使用高可用性技术（如集群和副本复制）来确保这些系统的可用性，从失败的环境到空闲的备用环境进行故障切换。

近年来，高可用性方法对于许多系统来说已经变得不那么有效了，因为这些系统已经变得越来越大，包含了更多的运行时组件，并被部署到云环境中。简单的统计概率告诉我们，组件的数量越多，在任何时间点发生故障的可能性就越大，因此故障就越常见。然而，一般来说，传统的高可用性技术假定系统故障相对较少，因此恢复过程可以相对较慢。此外，这些技术大多数不是为云环境或处理大量小型的运行时组件而设计的；相反，它们是为了只有少量单体组件的系统进行设计和优化的，并在受控的硬件上运行。这些因素意味着，传统的高可用性故障切换方法不能很好地适用于许多新型的应用程序。

这个问题的解决方案听起来可能有点奇怪，那就是：接受系统失败的现实，即使系统的某些部分出现故障，通过我们的设计使系统继续运行并提供服务。如前所述，这被定义为弹性，它涉及在整个架构中处理故障和失败，而不是遵循传统的高可用性方法。弹性不会试图将故障和失败的处理外部化为专用中间件并在其他地方忽略它。

7.1.2 直面系统失败的可靠性

如果承认系统必将经历故障，以及运行的环境条件不可预期，但必须继续提供服务，那么，我们需要慎重设计，以防止意外发生时导致的失败。经典弹性工程[⊖]告诉我们有四个方面可以防止失败：

- 知道该做什么，也就是说，知道哪些自动化机制和人工流程是必需的，以及在什么能够让我们继续提供服务，例如重新启动、故障切换、减少负载、扩容等。
- 知道应该寻找什么，以便我们能够监控系统及其运行环境，从而识别对其可用性构成威胁或可能构成威胁的情况。
- 了解发生了什么，这样就可以从经验中学习什么是成功，什么是失败，并利用这些信息来支持前述观点——"知道应该寻找什么"，并改进我们的系统。
- 了解预期是什么，使用回顾性信息和前瞻性预测来预测运营环境中可能出现的问题。

关于弹性的这四个方面都需要在技术（硬件和软件）、系统运行中的操作过程以及负责系统操作的人员等背景下加以考虑，因为这三个要素在运行时结合起来才形成了系统。

7.1.3 业务场景

传统上，人们使用所需的"多少个 9"来谈论系统可用性，指的是可用性百分比，99%（2 个 9）意味着每天大约 14 分钟不可用，99.99% 意味着每天 8.5 秒不可用，99.999%（传说中的 5 个 9）意味着每天不到 1 秒不可用。

我们意识到这些普遍使用的方法存在着三个重大问题。首先，在大多数情况下，假设 9 的个数越多越好，并且每个业务都声称需要 5 个 9 的可用性，这样做既昂贵又复杂。其次，对于大多数企业来说，这些级别之间的实际差异接近于零［例如，一天中 86 秒（99.9%）和 1 秒（99.999%）的可用性对业务的影响通常没有实质性差异］。最后，这些措施没有考虑到不可用的具体时间点。对于大多数客户来说，在圣诞节的购物季，零售系统的宕机 1 分钟，和在普通周日的清晨，同一系统的系统宕机 20 分钟，这两者之间存在着巨大差异。这就是为什么"9"的数量没有大多数人想象的那么有意义。

我们观察到，在当今的大多数企业中，有两种系统：一种系统几乎需要随时可用（例如，面向公众的 TFX 入站交易 API 网关），另一种系统允许在相当长的一两个小时内不可用或只允许使用最小的服务，而不会对业务产生重大影响（例如，TFX 的报告组件）。

了解业务场景可以让我们决定系统属于哪个类别，并相应地设计其弹性特性。

7.1.4 MTTR，不仅是 MTBF

如果将思考模式从传统的可用性技术转移到弹性技术，那么还要包括改变我们对失败和恢复的看法。在考虑系统可用性时，使用两个关键指标，即平均故障间隔时间（Mean

---

⊖ Jean Pariès, John Wreathall, David Woods, and Erik Hollnagle, *Resilience Engineering in Practice: A Guidebook* (CRC Press, 2013)

Time Between Failures，MTBF）和平均恢复时间（Mean Time To Recover，MTTR），前者是实际上或估计的故障间隔时间的平均值，后者是故障发生时恢复服务所需的平均时间。

MTBF 和 MTTR 都比乍看上去要更复杂。我们把什么归类为故障呢？所说的恢复又是什么意思？如果有一个系统故障，但设法对最终用户隐藏了这一故障，这仍然是一个故障吗？如果电子商务网站有一个系统故障，可以在 1 分钟左右恢复，但会在 20 分钟内无法处理信用卡的交易（也许这意味着我们接受订单，但在可以确认付款后再处理订单），那恢复时间是 1 分钟还是 20 分钟呢？我们必须清楚地思考故障和恢复对系统的意义，这样才能设计一个为业务提供弹性的解决方案。

从历史上看，我们往往通过关注 MTBF 和使用高可用性技术来掩盖故障，并保持系统处于服务状态来实现可靠性，从而避免了恢复的需要。权衡的结果往往是，当我们确实发生宕机时，从宕机中恢复服务既复杂又耗时。

一些早期的互联网公司一般认为，相对于 TBF 而言，TTR 更重要这意味着当创建一个弹性系统时，恢复时间至少和故障间隔时间一样重要，并且可能更容易进行优化。这些公司发现，在实践中，最小化恢复时间可以比最大化故障间隔时间获得更高的可用性。这样做的原因大概是：我们面临着一个非常不可预测的环境，问题既不可避免，又无法控制。因此，只能控制从问题中恢复所需的时间，而不能控制问题的数量。当可以很快地从大多数失败中恢复过来时，失败就变得不那么重要了，那么，故障的发生频率就变得不那么重要了。

这两种方法仍然是完全有效的，但它们意味着不同的权衡，需要使用不同的架构策略。因此，重要的是，我们应该在故障之间或恢复之前的时间内进行优化。这两者的优化都有很大的难度。

在我们的示例中，TFX 团队将快速恢复列为优先事项，我们可以在系统架构中看到这一点，使用了能够快速重启的小型组件，以及以弹性为主要特征的云服务。

7.1.5　MTBF 和 MTTR 与 RPO 和 RTO 的对比

缺乏经验的架构师经常犯的一个错误是几乎把重心完全放在以 MTBF 和 MTTR 为特征的功能可用性上，而把数据可用性留作事后考虑。这种方法类似于许多系统是从纯功能的角度设计的，而系统数据的设计也是事后才想到的。

面对故障时的数据处理不同于功能组件的处理。如果一个功能组件失败了，可以重新启动或复制它；没有失去什么。然而，对于数据，我们必须在保持可用性的同时避免数据丢失。

对于系统中的数据可用性，需要考虑的关键概念是恢复点目标（Recovery Point Objective，RPO）和恢复时间目标（Recover Time Objective，RTO）。RPO 定义了当系统中发生故障时，我们准备丢失多少数据。RTO 定义了在发生故障后我们等待数据恢复的时间，这显然有助于 MTTR。

这两个概念是相关的：如果有一个无穷大的 RPO（也就是说，如果需要的话，准备丢失所有的数据），我们显然可以实现一个接近于零的 RTO。当然，这是不可能的。如果需要 RPO 为零，那么我们可能不得不接受一个更长的 RTO（或许还有其他的折中，比如性能降低），这是使用日志记录和复制等机制来降低数据丢失的风险。

这两种方法都适用于系统级别和单个组件级别。考虑这两个级别使我们能够思考不同类型的数据对系统操作的重要性，并且可能以不同的方式对不同类型进行优先级排序。

我们需要再一次清楚地思考具体的业务环境，以确定可以容忍哪些 RPO 和 RTO 级别，以便可以设计一个系统来满足这些级别的弹性。

在 TFX 的场景中，所有与支付相关的数据都显然至关重要，并且需要一个非常低的 RPO，目标是没有数据丢失。因此，我们可能需要为支付网关服务接受一个相对较长的 RTO，可能需要二三十分钟。系统的其他部分，例如费用和佣金管理系统的数据，可以接受最近的更新损失（可能多达半天的数据），因为重新创建更新不会特别困难，从而不会对业务产生重大影响。这意味着我们或许能够在一分钟内快速恢复大部分系统，但有些服务需要更长时间才能恢复，而系统只提供部分服务，直到这些服务可用（例如，在发生重大事故后的一段时间内，通过快速恢复大部分系统来提供部分服务，但在较长时间内不允许分发支付款项或更新文件）。

7.1.6 逐渐好转

如前所述，一个弹性组织的核心素质之一是了解过去发生的事情并从中学习的能力。这是一个反馈循环的例子，就像我们在第 2 章中讨论的那样，包含了积极的经验以及从错误中汲取的教训。强调学习和分享的开放文化鼓励反馈，并允许组织的一些部门发现的成功做法被其他部门采用和调整使用。在这样一种文化中，来之不易的教训可以被分享，以避免将来出现类似的问题。虽然这听起来很合理，但是在实践中，我们已经看到了实现这种理想状态的一些问题。

首先，尽管人们经常说他们想分享成功和失败，并从中学习，但很多时候这种情况并没有发生，也许是因为人们在分享失败的时候感到不安全，或者在分享成功时感到不受尊重。或者，这可能是因为，尽管有着良好的愿望，但这种活动的优先级会比较低，从来都不足以让人们专注于它，且使之行之有效。

其次，当人们进行回顾性分析时，必须基于对事件发生时收集的数据的分析。如果是没有数据支撑的回顾性分析，那么一个常见的问题是基于不完整的记忆和观点得到结论，而不是基于对事实的分析。这很少能带来有价值的见解！

最后，我们也经常会看到很好的回顾性分析以及成败分享，但是几乎都没有产生长期的影响。这种情况往往是由于没有计划去实施这个实践中的见解和想法。实施持续的改进需要时间、资源和精力。一个弹性组织需要将这三者都投入到从过去学习的过程中，以提高未来的弹性。

7.1.7 弹性组织

作为工程师，自然倾向于关注复杂问题的技术解决方案，这往往导致我们花费大量时间从技术机制上来提高弹性，而对问题的其他方面并没有给予太多的关注。就像其他质量属性一样，弹性涉及人员、流程和技术的交叉，一个弹性组织需要在这三个方面努力工作，正如准则 6 所提醒我们的那样——*在完成系统设计后，开始为团队做组织建模*。如果没有能以弹性方式运行的操作流程，那么拥有复杂而有弹性的技术就没有什么意义；同样，强大的操作流程也不太可能弥补缺乏培训或缺乏执行流程积极性的工作人员。

本书主要讨论实现弹性的技术机制设计，但弹性组织需要确保其人员、流程和技术的结合以创造一个完整的环境，在面对不确定性时强化其弹性。我们在 7.6 提供了一些参考资料，更深入地讨论了弹性的其他方面。

7.2 面向弹性的架构设计

7.2.1 允许失败

如果要创建一个弹性系统，我们需要记住一些持续性架构的准则。准则 2（*聚焦质量属性，而不仅仅是功能性需求*）提醒我们考虑可能的故障和失败，以及如何在整个开发生命周期中减少它们，而不希望在最后才添加这种质量属性。像大多数质量属性一样，弹性最好通过使用准则 3（*在绝对必要的时候再做设计决策*）来解决，在已经做出很多设计决策时要对弹性进行少量并经常性的关注，而不是在设计过程结束的时候才关注弹性。准则 5（*为构建、测试、部署和运营来设计架构*）有助于确保我们考虑如何将弹性测试集成到工作中，以及弹性需求对系统运营的影响。

像其他质量属性一样，我们已经找到了一个探索系统弹性需求的好方法，那就是使用质量属性场景（包括系统可能面临的情况以及系统在每种情况下应该如何反应），从激励、响应和度量的角度来描述。

一旦我们为系统的弹性设置了一组具有代表性的场景，就可以理解这个领域中的实际需求，并探索满足这些需求的设计选项。

如果需求是传统意义上的高可用性，即系统被部署到数量有限的节点上，这些节点可以由高可用性的集群软件来管理，并且在出现严重故障时可以接受一些停机时间，那么，可以考虑使用传统的高可用性方法。这就允许使用诸如集群之类的技术来实现需求，通过这些技术，我们将可用性机制从应用软件转移到基础设施中。如果系统运行在高可用性技术不能很好工作的规模上，或者如果出现了不能允许的恢复时间，那么就可能需要在所有组件的设计中添加弹性机制。或者，我们可能需要高可用性和弹性机制的混合方法（例如，在诸如数据库等服务中使用高可用性的特性，而在定制软件中使用弹性机制）。在任何一种情况下，我们都需要确保在面临可能故障的时候，还处理实现系统可用性的人员和流程方面的问题。

作为一个示例，让我们回顾一下 TFX 团队已经确定的一些场景（见表 7.1），以描述 TFX 示例系统正在运行的弹性需求类型。

表 7.1 TFX 场景

场景 1　文档存储数据库中不可预测的性能问题	
激励	云平台文档型数据库服务操作的激励响应时间变得不可预测且缓慢，从正常的 5 ～ 10ms 变为 500 ～ 20 000ms
响应	涉及存储文档请求的初始性能降低是可以接受的，但是，即使平均请求的处理时间需要一些功能的限制，也应该很快恢复正常。在此场景中，系统的操作人员应该可以看到服务响应时间的增加和数据库服务的变慢
度量	对于长达 1min 的请求，向文档管理器的请求比正常情况慢，需要长达 22 000ms 才能完成，并且持续时间不可预测。如果需要文档访问，TFX 客户端和 API 用户会看到不可预测的响应时间。1min 后，请求处理的平均时间应该恢复正常
场景 2　API 负载非常高的情况	
激励	在 UI 服务的外部 API 上，前所未有的请求量（15k/s）峰值反复出现，持续时间为 30 ～ 60s
响应	当接收到的请求级别太大时，UI 服务无法处理，应该用一个有意义的错误来拒绝无法处理的请求。这种情况应该对那些系统的操作人员是可见的
度量	UI 服务收到的请求总数异常大；成功请求的响应时间基本上不受影响（平均时间增加不到 10%）；UI 服务拒绝的请求数量很大（在 30% 左右）
场景 3　重新启动单个系统服务	
激励	费用和佣金管理系统的部署配置错误，需要重新部署，关闭数据库 1min 进行更改，然后重新启动服务
响应	涉及费用和佣金管理系统功能的请求可能会有长达 1min 的延迟或失败，而且最低数量的一些请求可能会完全失败。费用和佣金管理系统的不可用性以及缓慢和失败的响应级别应该对系统的操作人员是可见的
度量	费用和佣金管理系统的指标和健康检查表明≤ 1min 的不可用，需要费用和佣金管理系统功能的 TFX 请求可能失败，或者≤ 1min 的平均响应时间增加到正常平均响应时间的 200%
场景 4　容器服务不可靠	
激励	用于托管服务的云容器服务开始出现不可预测的行为：容器可能无法启动，那些正在运行的容器可能无法调用其他容器上服务，某些容器可能会意外停止
响应	TFX 的所有部分都可能表现得不可预测，但是即使是必须返回定义良好的错误，移动应用程序和可能的外部调用仍然应该保持可用。服务可用性和容器基础设施的问题应该对系统的操作人员可见
度量	所有表明服务健康状况的指标都应该指出该问题，健康检查应该指出问题发生的地方

当回顾这些场景的时候，很快就能明白为什么它们会被识别。场景 1 表明 TFX 应该如何应对它使用的云资源的问题，场景 2 表明它应该如何应对意外的外部事件，场景 3 定义了当它自己的软件遇到问题时该如何行动，场景 4 定义了如果云供应商的平台出现重大问题应该如何行动。

当回顾这些场景时，可以看到，即使在系统组件和底层平台发生重大故障时，我们仍然非常重视不间断的服务。为了应付系统遇到的问题，所提供的服务水平可能会降低。其重点是一种面向弹性的方法，而不是基于故障切换和故障回退的高可用性方法。

为了达到技术上的弹性，需要有这样的机制：

- 识别问题，以便能够诊断出问题，并尽快采取适当的补救措施，通过健康检查和指标告警机制，来限制损害和解决问题所需的时间。
- 隔离问题，防止系统某一部分的问题迅速扩散到整个系统，例如在部署环境中进行逻辑分离或物理分离，或在收到请求时快速失败，使用这样的机制来防止一个组件中的问题传播到试图使用它的其他组件。
- 保护过载的系统组件。为了避免系统中已经处于重负载的部分过载，使用受控重试等机制，限制重试失败操作的速度，以减少出问题组件上的工作负载。
- 缓解问题，一旦发现问题，最好使用自动化手段，但必要时要包括手工流程，通过诸如状态复制等机制，允许在数据损失最小的情况下进行恢复或故障切换，以及请求的容错处理，允许通过使用如队列等容错连接器，而不是远程进程调用（RPC），来处理瞬态问题。
- 解决问题的办法是确认缓解措施的有效和完整，或确定需要采取的进一步干预措施（可能通过人工手段），采用诸如系统组件的可控重启或从一个弹性区域[1]到另一个弹性区域的故障转移等机制。

TFX 团队可以处理这些场景，考虑应用哪种架构技术来实现这些弹性特征，以应对特定场景（以及其他隐含的类似场景）的挑战。我们将在下一节中讨论一些可能使用的特殊架构策略。

除了其中的软件架构和机制之外，团队还需要确保他们有一个恢复整个系统的策略［用于容器服务场景的不可靠性、主要的云平台性能或可伸缩性问题，或者环境（例如数据中心或公共云的弹性区域）的完全失败］。正如在本章中所讨论的，系统还需要适当的监控机制，例如全链路跟踪、日志记录、指标和健康检查，以提供 TFX 的系统内部可视性，并允许快速识别问题。

我们在 7.3.5 节中探讨如何实现一个弹性场景下的案例。

7.2.2　测量与学习

作为架构师，我们的焦点自然是解决系统级别的设计问题和制定构建软件的最佳方法。然而，正如在本章和前面关于性能、可伸缩性和安全性的章节中所讨论的那样，为了实现这些系统的质量属性，我们还需要能够测量系统运行中的行为，并使用获得的信息来学习将来如何提高系统的性能、可伸缩性、安全性和弹性。这样的做法包括了解今天正在发生什么，了解过去发生了什么，以及预测未来可能会发生什么。

虽然这些问题常常被视为一个业务问题，但重要的是在系统交付生命周期中要尽早开始测量和学习，以确保我们从一开始就能最大限度地提高弹性，并将测量和学习嵌入我们的系统的技术和文化中。尽管开始得很早，但是，我们也应该记住准则 3——在绝对必要的

[1] 例如 Amazon Web Services 或 Azure Availability Zone。

时候再做设计决策，以避免浪费工作。做到这一点的方法是开始测量我们拥有什么，并从中学习，按需扩展，而不是在一开始就建立一个综合而复杂的测量基础设施。只要知道在系统扩展时如何扩展我们的方法，从小处着手就是一个好策略。

一个有时被忽略而又显而易见的观点是，从成功中学习和从失败中学习同样重要。从事件回顾中，我们可以了解所犯的错误以及如何避免这些错误，人们凭直觉就会这样做。然而，一个成功的阶段也有很多值得学习的地方，也许当我们发布了许多变更而没有任何问题，或者处理了一个意想不到的峰值负载情况。为什么我们在这种情况下能够恢复？人们预料到并避免了问题吗？自动化机制是否遇到了可预测的情况并且工作良好？我们是否有避免人为错误的良好流程？在某些情况下这只是运气吗？通过了解做得好和做得不好的地方，产生了一连串可以提升我们应变能力的学习机会。

我们需要开展以下的具体活动来进行测量和学习：

- 从一开始就在系统中嵌入测量机制，使其成为实施工作中的标准部分，并从系统的所有组件中收集数据。
- 定期分析数据，最好是自动分析，以了解这些数据所告诉我们的系统当前状态及其历史表现。
- 对系统运行的优、劣阶段进行回顾，以产生能够改进的洞察力和学习机会。
- 从数据和回顾中鉴别学习机会，并针对每一点，决定需要从中学习哪些具体的变化。
- 通过建立一种希望通过学习来改进的文化，并通过优先改进（如果需要，优先于功能更改）来实施达到这一目标所需的变更，从而持续并有意识地改进。

我们将在本章后面讨论一些实现测量和学习的策略与方法，并在7.6节提供一些有用的信息来源。

7.3 面向弹性的架构策略

我们不可能给出一个单一的架构模式或秘诀来使系统具有弹性。创建弹性系统涉及不同抽象层次的诸多架构决策，当它们结合在一起时，允许系统在不同类型的失败后仍然能够继续服务。尽管如此，一些架构策略和决策对于提高弹性通常是有价值的，所以将在本节中讨论它们。我们并不认为这个清单是全面的，但是这一系列的策略和决策通常是有用的。

按照涉及的弹性元素进行分类，这些策略分别为：识别故障、隔离故障、通过预先排出故障并允许恢复来保护系统组件，以及在确实发生故障时减少损失。我们没有解决故障的策略，因为故障的解决通常是弹性的一个操作性和组织性元素，而不是由架构策略直接解决的。这也许是显而易见的，但值得注意的是，架构的弹性策略四要素只是实现弹性要素的一部分。在智能地应用策略的同时，还要确保正确地实施策略，全面地测试弹性，并建立系统运行过程中应对突发事件的运行机制和流程。

7.3.1　故障识别策略

1. 健康检查

要检查系统组件，我们能做的最基本的事情之一就是询问它们是否正常工作。这样的架构决策意味着要在系统的每个组件中实现一个标准化的健康检查功能，这个功能一般会通过组件运行一些虚拟事务来检查它是否工作正常。

实现健康检查的最常见方法是向每个组件添加一个 API 操作（最好使用标准名称和命名调用），该操作指示组件执行健康状况自检，并返回一个指示是否一切正常的值。如果健康检查操作不能调用或不能返回，也显然表明是存在问题的。

实现健康检查的困难在于如何知道并验证服务是否工作正常，因为系统中有太多的东西需要检查。我们认为，执行健康检查的最有效方法是执行“合成”事务，这些事务尽可能接近服务执行的实际事务，但又不影响系统的实际工作负载。例如，在 TFX 系统的案例中，费用和佣金管理系统的健康检查可以调用内部业务来计算代理费，也许是一个虚构测试客户端的代理费，并对该客户端的配置进行更新（从而防止对正常工作负荷产生任何意外的副作用）。这将检查服务是否可以读取数据、写入数据和执行其关键功能的职责。显然，必须注意不要在健康检查中做任何可能导致系统实际工作负载出现问题的事情（例如向数据库写入一些东西，这可能导致实际的 API 调用返回不正确的结果）。

一旦对所有组件进行了健康检查，就需要找到使用它们的方法。通常需要使用负载均衡，因为负载均衡器需要某种方式来确定服务实例是否健康，在使用这种方式时，需要遵守所使用的特定负载均衡软件的特定需求。我们还可以从特定于系统的监控组件中调用健康检查，这些组件允许为系统操作人员创建某种形式的可视仪表盘，并允许在健康检查指出问题时发出警报。

2. 看门狗与告警

从健康检查的逻辑上看，接下来是使用看门狗并产生告警的策略。看门狗是一种软件，它的唯一职责就是观察特定的情况，然后执行一个动作，通常会产生某种形式的告警作为响应。

许多云和预置的监控工具通过简单的配置就提供了全面的监控设施，通常能够调用一个操作系统脚本进行更复杂的或特定场景的检查。一般来说，使用经过良好测试的监控平台来创建看门狗是一个很好的决定，尽管它确实会将我们与工具或平台联系在一起。

当然，在操作环境中运行定制的看门狗脚本是可能的，也是相当常见的，可以提供某种平台无法做到或无法实现的监控，因为定制看门狗脚本是最快的解决方案。尽管如此，我们还是要警惕很多特别的看门狗进程（或者实际上是许多特别的操作机制），因为它们很快就会变成一个缺乏理解的脚本动物园，这些脚本对系统的弹性几乎没有什么作用。回忆准则 5（为构建、测试、部署和运营来设计架构），确保采用系统范围的方法进行故障识别时，就是一个特别相关的示例。

看门狗进程通常会针对被识别的条件创建某种告警。告警处理包括简单的电子邮件和通过脚本直接发送到复杂的专用系统[⊖]的短信，这样的系统提供了完整的**事故管理**，包括告警、故障升级、执勤待命的处理、优先级排序、利益相关者沟通和事故生命周期管理，所有这些都与许多广泛使用的其他工具集成在一起。对于如何处理告警，可能更多的是一个操作决策而不是一个架构决策，但是一旦做出决策，重要的是告警始终如一地被创建和处理，这样它们就成为系统中一个可靠的告警机制，这是一个架构问题。

在 TFX 系统中，团队可能会使用云平台提供的监控系统，通过扩展配置来监控系统的所有组件，并观察 TFX 特有的条件是否反映了潜在的问题。最初，他们可能会使用一种简单的方法来处理告警，也许只是在问题跟踪系统中发送消息并产生工单，随着操作环境复杂性的增加可能会转向完整的事故管理系统。

7.3.2 隔离策略

1. 同步通信与异步通信的对比：RPC 与消息的对比

当大多数人想到基于服务的系统或遵循教程并使用他们最喜欢的框架构建微服务的时候，服务之间的通信（架构术语中组件之间的**连接器**）几乎总是被假定为在 HTTP 之上使用简单的同步 JSON(JavaScript Object Notation)。简单、快捷、合理的效率和可互操作性——有什么不喜欢的呢？

相信读者知道我们接下来要讨论什么。基于 HTTP 的 RPC，使用 GET 和 POST 请求，简单而高效，但是也非常脆弱，因为它们是同步连接器。如果网络或关键服务出了问题，很容易导致一半的系统被阻塞，等待响应。这意味着故障迅速在系统中传播，成为可见的故障，并且可能变得难以恢复。从服务的角度来看，入站的同步请求可能也是一个问题，因为服务需要立即处理它们而无法控制它们何时到达。因此，大量的请求可能同时到达，导致大量的并发请求处理，从而使服务不堪重负。当然，可以同时减少产生这个问题的客户端和服务器端的负载，但是这会给两者增加相当多的复杂性（可能会对可靠性产生影响）。

正如在第 5 章中所讨论的，替代方案是使用某种形式的固有异步连接器，典型的是点对点消息队列，它允许客户端的异步行为，客户端根据这种行为将请求加入队列，然后监听另一个队列以获得响应。点对点消息队列的一个常见变体是发布 / 订阅消息队列，它允许共享消息通道。在这两种情况下，消息系统在发送方和接收方之间提供了消息缓冲。当然，也可以使用其他传输（如 HTTP）方式来创建异步连接，对于客户端和服务器来说，这种方法更复杂，也更不常见。

⊖ 例如 PagerDuty 或者 Opsgenie，在撰写本书的时候是两个流行的示例。

基于消息的异步通信允许客户端和服务器管理故障和高负载的条件，这比使用同步连接器进行连接要容易得多。如果服务器需要重新启动，请求仍然可以在重新启动期间被发送，并在服务器恢复到可用时被处理。在高负载情况下，服务器继续处理请求，如果消息到达的速度快于处理速度，那么消息就会在消息队列或总线中堆积（最终可能会填满队列并将错误返回给客户端）。正如在第5章中看到的那样，还可以提供一种简单的方法来扩展服务器，即让许多实例读取消息队列或总线来处理传入的请求。折中的方式是需要一个更复杂的客户端，它必须独立于请求（可能以不同的顺序）处理到达的结果，以及消息传递中间件的额外环境复杂性（它本身必须具有弹性）。正如在第6章中所提到的，由于客户端和服务器之间的消息传递中间件的开销，基于消息的通信通常比基于RPC的通信具有更高的延迟和更低的效率，因此通常还需要在性能方面进行权衡。根据我们的经验，在弹性很重要的情况下，这些权衡是值得接受的。与高度同步的系统相比，使异步系统具有弹性要容易得多。

在TFX案例中，团队可以在UI服务和其他域服务（例如，文档管理系统以及费用和佣金管理系统）之间应用这种策略。这将提高内部系统通信的弹性，同时保持用户界面RPC请求的易用性和低延迟。正如第5章指出的那样，团队还得出结论，出于可伸缩性的原因，他们可能需要在某些地方使用异步通信，决定使用一个用于组件间通信的标准库来封装来自主要应用程序代码的详细信息，因此这种策略对两种质量属性都有好处。

2. 隔离舱

弹性系统的一个特征是，当系统内部发生意外故障或环境中发生意外事件的时候，系统能够优雅地降低其总体的服务等级。优雅降级的一个重要策略是限制故障的范围，从而限制受影响的系统数量（或者“限制爆炸半径”）。

隔离舱是一个概念性的想法，它们可以大大有助于限制意外故障或事件造成的损害。隔离舱的概念借鉴于机械工程环境（如船舶），是为了控制故障对系统特定部分的影响，以防止它成为广泛散播的服务故障。

显然，在基于软件的世界中，我们不能安装物理墙来限制物理效果，但是有相当多的机制可以用来在系统的各个部分之间实现类似隔离舱的效果。部署环境中的工作负载冗余和负载分离是两个示例，例如为系统的不同部分分离服务器，或者在K8S服务网格中使用执行策略来强制分离不同的服务组。在更细粒度的级别上，我们可以管理进程中的线程，以便将不同的线程用于不同的工作负载，从而确保某种类型的工作负载出现了问题而不会导致整个进程的停止。

尽管在物理计算环境中更加明显，即便是在一切都是虚拟化的云环境中，我们也可以选择系统组件之间的分离程度，从将服务基本分离到不同虚拟机的一个极端，到将部署环境分离到云平台不同部分（例如，区域或**可用区**）的另一个极端，具体取决于所需的隔离程度。

无论选择哪种方式来进行隔离，隔离舱都是一种有用的概念，可以迫使我们考虑系统的哪些部分最重要，哪些部分可以独立有效地运作。一旦了解了系统的哪些部分可以独立运行，我们就可以确定需要在哪些地方限制其故障的传播，并选择适当的机制来实现它。

在 TFX 系统中，团队必须使用一个第三方支付网关，如果在共享的执行环境中运行，这个网关可能会有不可预测的资源需求，从而导致问题。如图 7.2 所示，资源受限的虚拟机（VM）可以充当隔离舱来隔离问题。

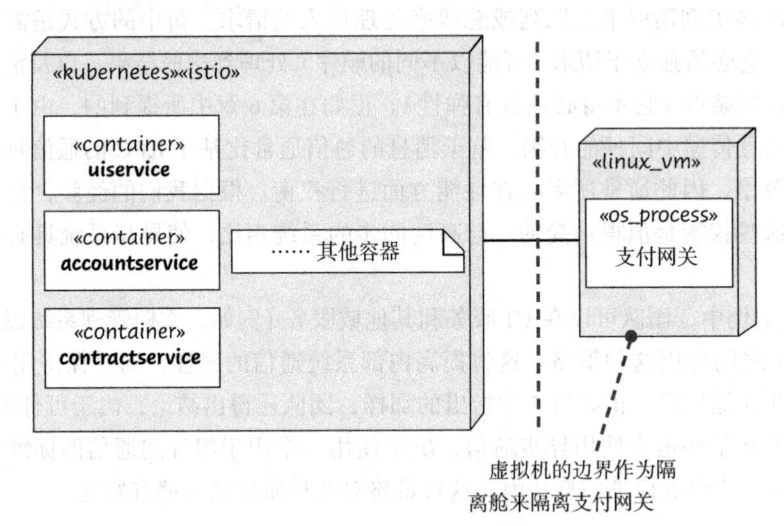

图 7.2 一个虚拟机作为隔离舱

3. 默认值与缓存

每当我们考虑系统弹性的时候，需要不断地问，如果该服务在一段时间内不可用，将会发生什么？当提供数据的服务出现故障时，默认值和缓存是可以帮助我们提供弹性的机制。

正如在第 5 章中所讨论的那样，缓存是数据的副本，它允许我们引用查询的前一个结果来获取信息，而无须访问原始的数据源。当然，缓存适合于相对缓慢的信息更改；每次调用该服务时都会出现显著差异的数据就可能不是一个需要缓存的有用数据值。

缓存可以使用任何数据存储机制来实现，从简单的每个进程（甚至是线程）私有的内存数据结构，到 Redis 等网络可访问的存储，在检索或存储缓存的数据值会产生高昂的成本时非常有用，这使得在希望使用它的调用者之间共享该值变得合理。缓存也可以是内联的，作为代理实现（这样调用者就不会知道缓存），或者作为备用缓存，调用者可以显式地在缓存中检查和更新缓存数据。

TFX 系统中的一个例子是费用和佣金管理系统的内置缓存，用于缓存复杂查找并计算不同类型交易的费用和佣金。一旦结果返回给调用方，中间结果或查找结果就可以存储在内存缓存中以便重用。当缓存的费用和佣金定义发生更改时，费用和佣金管理系统会管理这些数据，使其无效。缓存的查找数据可能在一个时间段之后失效，如果已知缓存过期，也可能是一个操作动作的结果无效。例如，正如在第3章中提到的，费用和佣金管理系统需要查找信用证（L/C）对应方的详细信息，这些信息可以被缓存。

当然，任何架构机制都需要权衡，正如一个古老笑话所说的那样，计算机科学中只有两个难题：缓存失效和事物命名，并且一错再错。缓存的一个大问题是要知道何时丢弃缓存的值并再次调用服务来刷新缓存。如果过于频繁地执行此操作，则会失去缓存的使用效率；如果过于不频繁地执行此操作，则会使用不必要的陈旧数据，该数据可能是不准确的。这个问题并没有单一的答案，这取决于服务中的数据可能发生变化的频率，以及调用者对数据变化的敏感程度。

从弹性的角度来看，缓存可以与快速超时相结合，以便在服务失败时提供弹性替代方案。如果调用方发现它对服务的调用超时，它只使用缓存中的数据值（只要有值）。如果调用成功，调用方可以更新缓存中的值，以便以后在需要时使用。

最后，默认值可以被视为一种基本类型的缓存，具有配置或编码到调用方的预定值。具有用户个性化特性的系统是默认值工作良好的一个例子。如果提供个性化设置参数的服务不可用，则可以使用一组默认值来提供结果，而不是让请求失败。一组默认值比高速缓存的使用要简单得多，但是相应地功能更有限，在相对较少的情况下还是可以接受的。

7.3.3 保护策略

1. 反向施压

假设有一个异步系统，但在这个系统中，客户端有时产生的工作负载比服务器处理它的速度快得多。那么，会发生什么呢？我们得到了非常长的请求队列，并且在某个时刻，队列将会被填满。然后，我们的客户端可能会阻塞或得到意外的错误，这将导致问题。

在异步系统中，一个有用的恢复策略是允许某种信号通过系统返回，这样客户端就可以知道服务器已经超载，发送更多请求已经没有意义了。这就是所谓的*反向施压*。

有多种方法可以为调用方创建反向压力，包括在队列满时对队列进行写操作阻塞、在队列满时返回重试错误，或者在发送请求之前使用中间件提供的队列状态检查特性。像这样的反向施压机制可以让我们处理高负载情况，否则可能会导致复杂的系统故障，因为超时和被阻止的请求会级联到备份的请求树，从而导致不可预测的结果。

使用反向施压的局限性在于它依赖于客户端的正常行为。反向施压只是向客户端发出的一个信号，以降低其处理速度，从而减少服务器上的负载。如果一个实现不好或者糟糕的客户端忽略了反向施压的信号，那么服务器就无能为力了。基于这个原因，反向施压需要结合其他的策略，例如下面将要讨论的减载。

在我们的案例中，如果TFX团队决定实现从UI服务到其他服务的基于消息的通信（如前面所建议的那样），那么他们可以相当容易地向UI服务指示其他服务是否超载，从而允许向UI返回一个清晰的返回代码。

2. 减载

在一个系统中获得更好性能的最简单方法是确定一个需要较少工作来达到所需输出的设计，与之相对，一个有价值的弹性架构策略就是简单地拒绝无法处理或会导致系统变得不稳定的工作负载。这通常称为*减载*。

可以在系统边缘使用减载，在工作负载进入系统时将其拒绝，或在系统内限制正在进行的工作。这在系统的边界上特别有用，因为使用反向施压可能会阻止调用者（如前面所讨论的），这可能会导致与需要解决的问题一样多的问题。通过返回一个清晰的状态码，表明请求不能被处理，也不应该立即重试（比如，HTTP 503 代表服务不可用，或 HTTP 429 代表请求太多），而减载则完全控制了系统的工作。对于一个编写合理的客户端，这可以在请求流量中提供足够的空白，以允许系统处理其积压的工作，或者在需要时进行人工干预。但是，即使客户端忽略错误代码并立即重试，请求仍然会被拒绝（与反向施压不同）。

减载的另一个吸引力在于，它通常可以很容易地实现，使用 API 网关、负载均衡器和代理等基础设施软件的标准特性，这些特性通常可以配置为将 HTTP 返回代码解释为在一段时间内不使用服务实例的信号。例如，正如在本章后面看到的，在 TFX 系统中，团队使用了 API 网关。

减载的一种变体是*速率限制*[⊖]（或"限流"），有时被认为是一种独特的方法。速率限制通常也是由处理网络请求的基础设施软件提供的。两者之间的区别在于，减载由于系统状态（例如，请求处理时间增加或总的入站通信量水平）而拒绝入站请求，而速率限制通常是根据在一段时间内从特定来源（例如，客户端 ID、用户或 IP 地址）到达的请求的速率来定义的。与减载一样，一旦超过限制，额外的请求将被拒绝并返回合适的错误代码。

3. 超时与熔断器

虽然在一组系统服务中可以使用隔离舱来尽量减少故障的影响，但是使用超时和熔断器可以最小化服务问题对调用方和服务本身的影响。

超时是一个非常熟悉的概念，我们只需要提醒自己，在向服务发出请求时，无论是同步还是异步，都不想永远地等待响应。超时定义了调用者将等待多长时间，我们需要一种机制来中断或通知调用者超时已经发生，这样它就可以放弃请求并执行任何需要的逻辑来清理业务逻辑。在第 5 章中提到了快速失败的原则，这是在设计弹性时要牢记的一个好原则。我们不希望大量未完成的请求等待不太可能到达的响应。如果负载很高，这会使我们很快进入超载状态。因此，虽然没有魔法公式来选择正确的超时，但需要使它们相对短一些，也许可以从平均预期服务响应时间的 150% 开始，并从那里进行调优。

⊖ 实事求是地说，这些术语都没有得到普遍认可，它们随着人们的创新和创造的新解决方案而不断演变，但是 Ambassador Labs 团队的丹尼尔·布莱恩特写了一篇关于他们如何定义速率限制和减载的清晰解释："Part 2: Rate Limiting for API Gateways"（blog post）（2018 年 5 月 8 日），见 https://blog.getambassador.io/rate-limiting-for-api-gateways-892310a2da02。

如果服务失败或遇到问题，超时有助于保护客户端不被阻塞，而熔断器是请求端的一种机制，主要目的是保护服务不超载。熔断器是一个小型的、基于**状态机**的代理，位于服务处理请求的代码之前。图 7.3 显示了熔断器的示例状态图。

状态图使用了统一建模语言（UML）标记法，圆角矩形表示熔断器可能的状态，箭头表示可能的状态转换，转换上面斜杠（/）之前的文本表示导致转换发生的条件，斜杠之后的文本表示在转换过程中发生的任何动作。

有很多方法可以设计一个熔断器代理来保护服务免于过载，但是这个例子使用了三种状态：正常、检查和跳闸。

代理以正常状态启动，并将所有请求传递给服务。然后，如果服务返回一个错误，代理将进入检查状态。在这种状态下，代理继续调用服务，但是它在错误状态图变量（errors）中记录遇到的错误数量，并根据成功调用的次数进行平衡。如果错误数量返回为零，代理将返回到正常状态。

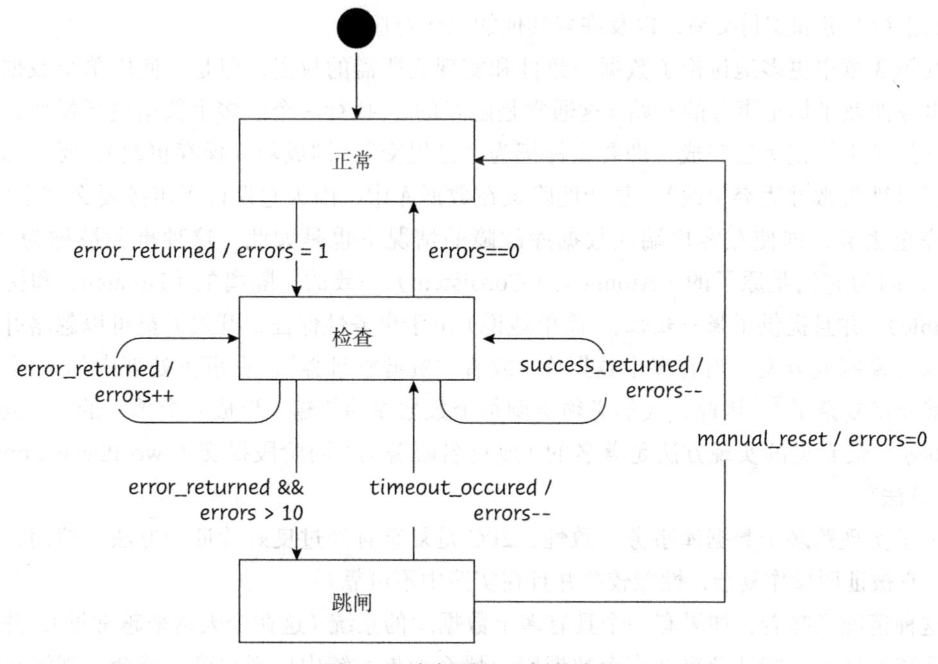

图 7.3　熔断器的示例状态图

如果错误变量（errors）增加到超过一个特定的级别（在我们的例子中是 10），那么代理将进入跳闸状态，并开始拒绝对服务的调用，为服务提供恢复时间并防止可能的无用请求堆积，这种请求堆积可能会使情况变得更糟。超时过期后，代理返回到检查状态，再次检查服务是否正常工作。如果不是，代理将返回到跳闸状态；如果服务已返回到正常状态，错误级别将迅速降低，代理将返回到正常状态。

最后，如果需要，还有一个手动重置的选项可以将代理从跳闸的状态直接移回到正常状态。

超时和熔断器最好实现为可重用的库代码，可以在用于整个系统之前进行完整的开发和测试。这有助于减少弹性代码出现缺陷导致系统崩溃的可能性。

在 TFX 案例中，团队可以为用户界面构建小型库，用于“修饰”操作系统的标准库，以产生 API 请求，使其更容易用于 TFX 的服务，并建立熔断器机制，以防止用户界面无意中使应用服务超载，同时不会使用户界面组件的主要代码复杂化。

7.3.4 缓解策略

1. 数据一致性：回滚与补偿

当计算机系统出现故障时，一个重要的复杂问题是如何确保在出现故障时系统的状态是一致的。几十年前对这种需求的认识引起了计算机科学的一个子领域——事务处理的整体发展。这一领域的研究已经赋能了可靠的关系型数据库、ACID 交易、可靠地处理每年数十亿的银行业务和支付交易，以及许多其他的当代奇迹。

在第 3 章中更多地讨论了数据一致性和实现它所需的权衡，但是，使用单个数据库的简单事务涉及了标记事务的开始（这通常是隐式的），执行一个或多个数据更新操作，然后将事务的结束标记为已完成，即要么标记为“已提交”（即成功并保存更改），要么标记为“回滚”（即失败并丢弃更改）。复杂性隐藏在数据库中，因为它保证了事务要么完全完成，要么完全丢弃，即使在客户端或数据库故障的情况下也是如此。这种事务被称为 ACID 事务[1]，因为它们是原子的（Atomic）、（Consistent）一致的、隔离的（Isolated）和持久的（Durable），并且提供了*强一致性*，（简单地说）由于事务性保证，开发人员可以忽略并发性和数据的复制或分发。当有多个数据库（或者“资源管理器”，在事务处理中的术语）时，事情就变得复杂了[2]，因此，我们必须协调每个数据库的传输，形成一个单一的主（或分布式）事务。最常见的实现方法是著名的（或臭名昭著的）两阶段提交（two-Phase Commit，2PC）算法[3]。

为了实现跨多个数据库事务一致性，2PC 是复杂且经过良好验证的方法。然而，在使用中，它被证明操作复杂，性能较差并且在实践中不可靠。

这种情况意味着，如果有一个具有多个数据库的系统（这在今天越来越常见），并且我们对系统的请求可能涉及更新多个数据库，那么如果系统中出现故障，就会出现潜在的一致性问题。

我们的选择是将请求限制为只更新单个数据库，使用事务处理监视器来实现分布式事

---

[1] Wikipedia, “ACID.” https://en.wikipedia.org/wiki/ACID

[2] 资源管理器在维基百科的“X/Open XA”中描述，见 https://en.wikipedia.org/wiki/X/Open_XA。技术标准可从 The Open Group 的“Distributed Transaction Processing: The XA Specification”（1991）获得，见 http://pubs.opengroup.org/onlinepubs/009680699/toc.pdf。

[3] Wikipedia, “Two-Phase Commit Protocol.” https://en.wikipedia.org/wiki/Two-phase_commit_protocol

务，或者在没有分布式事务的情况下确保足够的一致性。

在许多具有多个数据库的现代系统中，不能简单地将请求限制为只更新一个数据库，而不使我们的API难以使用（只是将一致性问题转移给调用者）。历史经验表明，2PC协议的使用在大规模系统上并不能很好地工作[一]。这使我们需要找到另一种机制，在发生错误时来确保一致性。

解决这个问题的最常用架构策略是*补偿*，即在没有自动事务回滚机制的情况下，如何处理可能不一致的数据。重要的是要认识到，补偿并不能像ACID事务那样保证强一致性[二]，而是提供了一种弱一致性的形式，即在补偿过程结束时，不同的数据库是一致的。然而，在这个补偿过程中，数据将是不一致的，并且受影响的不幸用户将看到不一致的数据结果（所谓的幻影读取）。

还记得在第3章中讨论过，还有另一个相关的策略，被称为*最终一致性*。两者之间的区别在于补偿是分布式事务的替代品，因此积极地尝试使用一种特定的机制（补偿事务）来最小化不一致性的窗口。最终一致性机制各有不同，但一般而言，这种方法接受不一致性的存在，并且与之共存，允许在方便的时候进行纠正。最终一致性通常用于同步同一数据的副本，而补偿通常用于实现需要一起更改的一组相关但不同数据项的一致更新。

补偿听起来像是一个直截了当的想法，但是在复杂的情况下很难实现。其思想很简单，对于数据库的任何更改（事务），调用方都有能力进行取消更改的另一个更改（补偿事务）。现在，如果需要更新三个数据库，我们可以连续更新前两个数据库。如果对第三个服务的更新失败（可能服务不可用或超时），那么我们将补偿事务应用于前两个服务。

组织分布式事务的一种模式已在数量众多[三]的开源库[四]中得到了实现，其中的Distributed Saga模式，近年来许多著名的微服务咨询公司都对其进行了普及[五]，但事实上可以追溯到数据库社区在1987年的原始研究[六]。saga是一系列补偿事务的集合，它在每个数据库中组织执行补偿所需的数据，并在需要时简化应用这些数据的过程。当由可重用库实现时，它们可以提供一种选择，以相对可管理的额外复杂性来实现补偿事务。

在我们的案例中，TFX团队特意围绕领域概念来构建了服务，以尽量避免需要某种形式的分布式事务的情况。他们也选择使用了支持传统ACID事务的关系型数据库作为主数据库。但是，可能会出现业务需求，需要对两个或多个服务进行原子更新，如合同管理系统以及费用和佣金管理系统。在这种情况下，UI服务可能需要包含安全执行此更新的逻辑，

[一] Pat Helland, "Life beyond Distributed Transactions: An Apostate's Opinion" in *Proceedings of the 3rd Biennial Conference on Innovative DataSystems Research (CIDR)*, 2007, pp. 132–141

[二] 一致性是一个非常复杂的主题，这里只描述了它的表象，Martin Kleppmann的*Designing Data-Intensive Applications*（O'Reilly Media, 2017）是一个参考，它在这个主题上提供了更多的深度描述。

[三] https://github.com/statisticsnorway/distributed-saga

[四] https://github.com/eventuate-tram/eventuate-tram-sagas

[五] 例如，https://microservices.io/patterns/data/saga.html

[六] Hector Garcia-Molina and Kenneth Salem, "Sagas," *ACM Sigmod Record* 16, no. 3 (1987): 249–259

可能需要使用一个 saga 来以结构化的方式执行此类更新。

2. 数据可用性：复制、检查和备份

在第 3 章中，谈到了随着 NoSQL 数据库的日益普及，数据库模型在过去几年中出现的爆炸式增长。在弹性架构设计中，重要的因素是下游数据库的特性、所使用的数据库数量，以及是否使用带有 ACID 事务的 RDBMS 或者带有数据复制和最终一致性的 NoSQL 数据库分区。

在第 3 章中，我们提醒读者注意 Brewer 的 CAP 定理，它巧妙地抓住了分布式数据系统中一致性、可用性和分区容错（一种弹性）之间的关系。这提醒我们，对于分布式数据系统，必须接受一些折中，特别是为了保持一致性（这对于许多系统很重要），必须在分区容错或可用性之间作权衡。

如前所述，在考虑弹性时需要特别注意数据，因为这一问题涉及避免损失以及保持可用性。根据我们所关心的失败程度，不同的架构策略可以帮助人缓解失败。

通过确保来自故障节点的数据在其他节点上立即可用，可以使用复制来缓解节点失败（正如在第 5 章中所讨论的，数据复制也可以成为一种有用的可伸缩性策略）。许多 NoSQL 数据库产品将此策略的某些版本作为标准功能实现，而一些产品（如 Cassandra）则将其作为其设计的基础。大多数关系型数据库都把提供复制作为一种选项。

如果我们遭遇了整个服务的失败，那么可以在短期内使用前面所述的缓存和默认值策略来弥补它，并使服务数据再次可用，重新启动服务，将数据复制到服务的另一个实例，以便从那里得到服务，或者启动一个全新的服务（可能在另一个云的弹性区域）来替换失败的服务。这显然依赖于我们是否在两者之间复制了数据，复制的延迟定义了我们可以实现的 RPO。

如果整个站点都无法访问（整个的云的弹性区域或者传统数据中心），那么我们需要能够从云提供商或者企业网络的存活部分访问数据。这几乎总是涉及在两个区域的数据库之间设置数据复制，并使用故障转移模型将失败区域中的服务替换为存活区域中新的但等效的服务。与服务失败一样，数据复制机制中的延迟定义了在此场景中可能丢失的数据量，从而定义了我们可以实现的 RPO。

最后，弹性问题还要面对数据库中数据损坏的难题。数据损坏可能是由于系统软件有缺陷，或者是所使用的底层数据库技术有问题或缺陷。值得庆幸的是，这样的问题相对来说比较少见，但是它们确实会发生，所以我们需要为它们制定一个策略。减少数据损坏的 3 个策略是：定期检查数据库的完整性，定期备份数据库，以及适当地修复损坏。

数据库的检查包括检查底层存储机制的完整性和检查系统数据的完整性。大多数数据库系统都有一种执行内部一致性检查的机制（比如 SQL Server 中的 DBCC），编写脚本来检查系统数据的数据模型完整性也不是很困难。越早发现问题，就越容易解决，如果我们发现得足够早，可能对系统运行都不会有影响。

尽管有一些微妙之处，数据库备份仍然是一个显而易见的策略。显然，我们希望尽可能避免备份损坏的数据。因此，有必要了解正在使用的备份机制是如何工作的。从理论上讲，它将自己执行一致性检查，或者将数据卸载为数据库的物理结构不同的格式，在许多情况下绕过内部损坏（例如，将 RDBMS 表卸载为行而不是页）。

最后，如果我们确实发现了数据损坏，处理此问题的一种策略是，使用特定于数据库的内部工具（可能是将数据库表的内容复制到新表，使用特定索引避免内部损坏）或在识别和修复缺陷后应用特定于系统的“数据修复”来解决系统级损坏。

对于 TFX 系统，该团队已决定使用云服务作为数据库，因此依赖于云服务提供商来更新软件并运行例行的数据完整性检查。然而，除此之外，他们应该考虑如何检查数据的应用级完整性，特别是跨数据库的完整性，也许可以构建一个可以频繁运行的例行对账工具。他们还需要一个处理云可用区问题的策略（允许故障转移到存活的可用区）以及一个有效的数据备份策略。

7.3.5 实现 TFX 的弹性

我们没有足够的空间来考虑需要做的所有工作，以确保案例研究中 TFX 系统的弹性，但是看到了 TFX 团队如何通过一个弹性场景来演示这个过程，并展示了他们将如何使用本章中的信息来实现这种情况下的弹性。

处理的场景是非常高的 API 负载场景，其中 TFX 突然在 UI 服务的 API 上经历了非常高的请求负载。该场景清楚地表明，系统在此负载下应该保持可用，但可以拒绝无法处理的请求，并且系统的操作人员应该可以看到这种情况。

表 7.2 总结了 TFX 团队如何满足系统弹性五个要素的示例。

表 7.2 API 过载场景的弹性处理活动

元素	机制
识别	我们将通过在 UI 服务上实现健康检查请求来识别这种情况，并使用 API 网关监视 API 请求率的告警。这些需要集成到整个系统监控仪表盘中
隔离	我们将使用隔离舱将支付网关从系统的其余部分隔离开来。支付网关是一个第三方应用程序，过去曾在高负载下消耗大量内存和 CPU 而导致问题。我们将在一个特定大小的 Linux 虚拟机中运行它，该虚拟机充当隔离舱，以防止此软件再次以这种方式运行时影响其他软件
保护	我们将通过用户界面（移动应用程序和 Web UI）在 API 请求中构建熔断器，以实现可控的重试。这将防止网络服务的进一步超载，但如果超载是暂时的，则允许用户界面继续工作。 API 网关也提供了保护，因为如果请求流量的水平过高，在我们无法处理时，它将使用减载
缓解	为了缓解这种情况，我们将云平台配置为在这种情况发生 60 秒后实现服务的自动扩展。自动扩展过程可能需要几分钟时间，因此此缓解应该在 5 分钟内生效。然而，我们将在自动化中构建一个人工确认步骤，以便能够将攻击与高需求区分开。如果原因是攻击，我们不会采用自动扩展来应对，因为它不是有用的流量，我们会使用像 Akamai、Arbor Networks 或 Cloudflare 这样的保护服务
解决	这个弹性场景不需要架构设计，但确实需要一个操作策略。如果请求负载迅速减少，我们将分析它，以考虑是否系统中应该有更多的在线容量。如果它没有迅速消退并被判断为有效的请求流量，我们将确认自动扩展是有效的。如果流量看起来是一种攻击，我们将尝试识别允许它被 API 网关丢弃的特征，如果需要的话，第三方专业安全公司将参与其中

图 7.4 突出显示了满足这个弹性场景需求的架构影响，这是 TFX 案例研究中部署视图的一个稍微改动的版本（见附录 A）。

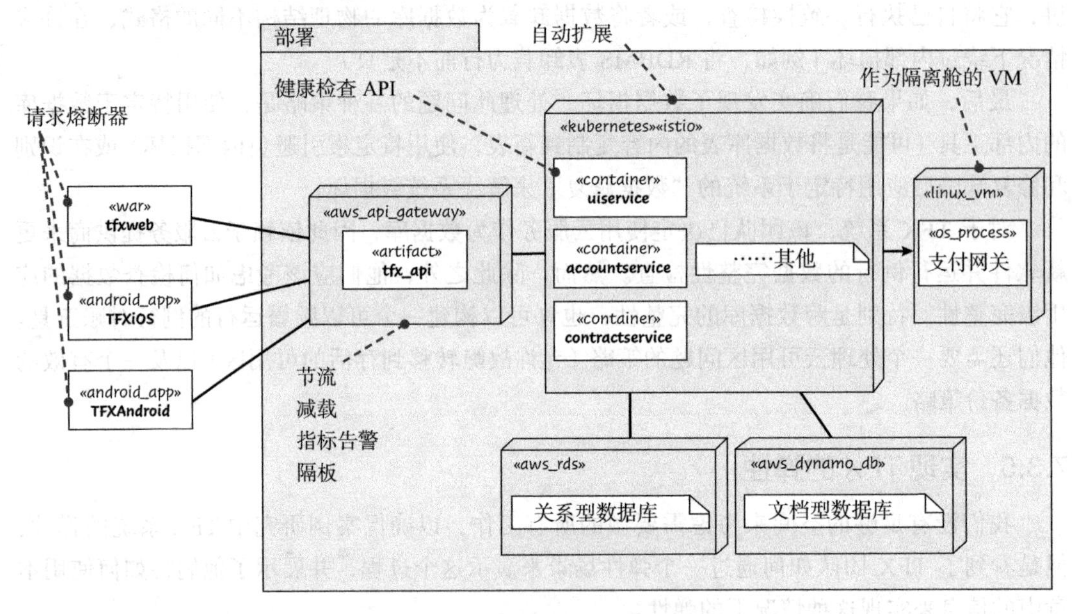

图 7.4 TFX 部署视角的弹性策略

此图的表示法松散地基于 UML 部署图。立方体形状是执行环境；系统组件可以在某个地方执行，比如 K8S 集群或数据库。矩形是执行环境中系统的组件，标记为“部署”的方框显示部署到云环境中的系统部分。带有折角的矩形是注释。海鸥状引号（«»）中的文本是指示所表示的组件或部署环境类型的原型。

图 7.4 说明了实现弹性通常需要共同使用一组机制来满足一个弹性需求。TFX 团队现在将继续处理其他的弹性需求，设计一组机制来实现弹性的每一个要素。一种机制通常会处理一系列的弹性场景（例如，客户端熔断器也会在重启单个系统服务场景时支持弹性），但是通过每个场景工作意味着我们要知道如何满足每个机制的需求，并确认系统中每个机制的用途。

7.4 维护弹性

软件架构中的许多传统关注点都是在设计时为系统设计一套合适的结构，如运行时功能、并发、数据或其他结构。然而，系统的架构只有在生产环境中实现和操作时才有价值，这是准则 5（为构建、测试、部署和运营来设计架构）中的一部分。在 DevOps 运动的推动下，软件架构师对系统的可运营性产生了更多的兴趣，这是一个令人鼓舞的趋势。在本节中，我们将讨论软件架构之外的一些弹性问题。

7.4.1 运营的可见性

在我们遇到的许多系统中，系统在生产环境中的可见性非常有限。很常见的情况是，团队依赖于日志文件和一些关键运行时指标（比如事务吞吐量、CPU 使用量和内存使用量），连同大量的猜测工作和直觉实现基本的可视化。

然而，正如弹性模型中的“识别”元素所表明的那样，了解生产环境中正在发生的事情是实现弹性的一个重要部分。虽然系统架构只是实现弹性的一小部分，但全面了解任何重要的系统都是一项相当复杂的任务，应该成为一个架构的关注点。

运营可见性的关键是监控，通常被描述为包含度量指标、跟踪和日志。度量指标是一段时间内跟踪的测量数字，例如每秒的事务数量、使用的磁盘空间或每小时的事务数量。跟踪是相关事件的序列，它揭示了请求如何在系统中流动。日志是事件的时间戳记录，通常由创建它们的系统组件组织，最常见的日志类型是我们非常熟悉的简单文本消息日志。监控是一种快速反馈循环，就像在第 2 章中介绍的那样，为我们提供持续改进系统所需的信息。

监控本身的问题是，很可能无法利用收集到的数据做任何非常有用的事情；也就是说，将这些数据转化为信息可能相当困难。这些日志、度量指标和跟踪实际上如何与系统中正在发生（或已经发生）的事情关联呢？实际上，需要的不仅仅是日志、度量指标和跟踪，我们需要了解系统如何工作以及它可能处于的各种状态，必须能够从收集到的数据关联到系统处于（或曾经处于）什么状态以及它是如何到达那里的。这是一个困难的问题，而这种洞察力最近使人们对系统的可观察性[⊖]产生了极大的兴趣，扩大了监控的范围，以深入了解系统的内部状态，从而能够更好地预测和理解系统的故障模式。

对于这个问题，没有一个神奇的解决方案，也没有足够的篇幅来详细探讨这个问题，需要用一整本书来探讨。但是，我们希望已经提醒读者需要在整个系统生命周期中解决这个问题。好消息是很多人都在致力于这样的解决方案，有开源和商业工具可以帮助解决部分问题。这一领域发展得如此之快，以至于书籍中的知名工具可能毫无帮助，而且对于那些我们遗漏的工具来说当然是不公平的，但是，使用各种目录中的一个［如 Digital.ai（以前的 Xebia）DevOps 工具周期表[⊜]或 Atlassian 的 DevOps 工具列表[⊜]］将提供一个有用的起点。

7.4.2 面向弹性的测试

我们从不相信任何一个软件，除非它已经被测试过了，这同样适用于质量属性，比如性能、安全性和弹性，就像它适用于系统的功能那样。正如我们在第 2 章中所讨论的那样，

⊖ Cindy Sridharan 的 *Distributed Systems Observability*（O'Reilly, 2018），为这个想法提供了一个易于理解的介绍。

⊜ https://digital.ai/periodic-table-of-devops-tools

⊜ https://www.atlassian.com/devops/devops-tools

将测试作为交付过程的一个自动化部分，向左移动并使用**持续测试**方法，是建立对系统质量属性的信心的关键，我们也应该尝试使用这种方法来提高弹性。

与许多其他质量属性一样，弹性很难测试，因为它有许多不同的维度，而且系统的弹性是相当具体的。导致一个系统出现问题的事情可能不会发生在另一个系统上，或者即使发生了，也可能不会造成类似的问题。通常需要一些创造性思维来考虑失败场景并为其创建测试。创建一个安全的测试环境通常也是很困难的，这个环境要与生产环境足够类似，以便在规模和复杂性方面具有真正的代表性。即使我们可以创建运行时环境，复制生产环境数据集的净化版本（甚至复制生产数据集）可能也是一个非常困难和耗时的任务。对于许多面向互联网的系统来说，另一个重要的问题是如何生成足够大的合成工作负载来执行一个实际的测试。

所有这些挑战都意味着，虽然在开发周期中测试特定的场景仍然是有价值的，但我们所知道的获得对系统弹性的信心的最有效方法之一，就是故意在系统中引入故障和问题，以检查它是否做出了适当的反应。这就是著名的 Netflix Simian Army 项目背后的想法[1]，该项目是一组软件代理程序，它们可以进行配置，以便在系统上疯狂运行，并通过杀死虚拟机、在网络请求中引入延迟、使用虚拟机上的所有 CPU、从虚拟机分离存储等方式引入各种问题。这种在运行时向系统注入故障的方法已经成为所谓混沌工程[2]的关键部分。这种方法也可用于测试其他的质量属性，如可伸缩性、性能和安全性。

显然，需要谨慎行事，核心的系统涉众需要了解正在发生的事情，需要在非生产环境中建立信心，但最终没有什么比看到系统处理真正的失败更能建立对系统弹性的信心了，即使它们是有意制造的。

7.4.3 DevOps 的角色

从历史上看，开发团队和运维团队在不同组织的原因之一是因为他们被视为具有不同的（甚至是相左的）目标。开发是以变更为目的，运维是以稳定为目的，这通常被解释为最小化变更的次数。难怪这两个群体经常合不来！

DevOps 方法的最强大之处是它如何形成一个统一的跨职能团队，具有相同的目标：以最短的周期时间可靠地交付价值。

因此，在试图建立一个弹性系统时，DevOps 是非常有价值的，因为现在每个人都应该把生产系统的可靠性和稳定性作为目标，在这个目标和不断改变的需求之间做平衡。DevOps 帮助整个团队更早地思考弹性问题，并希望激发主要从事弹性建设的人员与主要从事运营的人员一样关注弹性特性。

---

[1] 最初的 Simian Army 项目（https://github.com/Netflix/SimianArmy）现在已经退役了，并被 Netflix 和其他公司的类似工具所取代，例如，商用的 Gremlin 平台（https:// www.gremlin.com）。

[2] Casey Rosenthal, Lorin Hochstein, Aaron Blohowiak, Nora Jones, and Ali Basiri, *Chaos Engineering* (O'Reilly Media, 2020). Also, *Principles of Chaos Engineering* (last updated May 2018). https://www.principlesofchaos.org

7.4.4　检测与恢复、预测与缓解

在 7.4.1 节中已经讨论了理解系统中正在发生的事情是多么重要，并讨论了系统所需要的机制。在本章的前面，我们还讨论了回顾意识和前瞻预测对于实现系统弹性的重要性。这些信息大部分都远远超出了架构的范围，但架构在确保其可行性方面可以发挥作用。

实现良好的操作可见性使我们能够发现有问题的情况并从中恢复。分析过去的监测数据，并考虑它向我们展示了什么以及未来可能发生的事情，使我们能够预测未来可能发生的问题，并在问题发生之前加以缓解。

确切地说，你需要什么取决于你的系统做什么、它的架构和所使用的技术，如何选择将受到可以设置的监控和可以实际使用信息做什么的限制。

一个很好的起点是确保有足够的监控信息，通过某种健康检查来检测系统的每个部分是否正常运行，这种检查使用了来自每个组件的监控信息，或者（甚至更好）在组件中实现的监控信息，这些信息可以通过简单的网络请求快速查询。一旦能够识别出问题所在，我们就有能力在它显而易见的时候尽快从中恢复。正如在 7.2 节中提到的，确保系统的每个组件都有一组明确的恢复机制是弹性系统的关键构建模块。

一旦能够检测与恢复，接下来就是能够预测与缓解。预测包括使用监控数据来确定未来问题可能发生的位置，并在问题发生之前有足够的时间，以便进行缓解。一个经典的方法是跟踪关键指标的历史趋势，这些指标包括吞吐量、负载峰值、关键操作的执行时间等，以便在趋势变得严重之前发现它们在朝着错误的方向发展。跟踪信息和日志还可以为预测提供有价值的输入，例如，跟踪可能会发现暂时性错误或告警条件，而这些错误或告警条件在今天似乎不会造成问题（可能是因为强大的重试逻辑），但是，如果出现某种模式，则很可能指向未来的一个严重问题。

7.4.5　事故处理

生活中一个不幸的现实是，任何运营系统在其生命周期中都会遇到问题，我们通常将生产系统中的运营问题称为事故。

如今，许多组织正在摆脱传统的竖井式支持组织，并采用基于**IT基础设施库**（Information Technology Infrastructure Library，ITIL）[⊖]的**服务交付管理**（Service Delivery Management，SDM），因为它们采用了更多的 DevOps 工作方式，将开发和运营所需的技能合并到一个跨职能的团队中。

我们非常热衷于转移到 DevOps，因为多年来一直承受着严格实施传统 SDM 的负面影响。然而，基于 ITIL 的方法提供了许多在 DevOps 世界中仍然必要的能力和活动，这些能力和活动需要转移或替换。事故管理就是其中之一。

⊖ 有许多关于 ITIL 的书籍，在 Matthew Skelton 的“Joining Up Agile and ITIL for DevOps Success”（2014）中可以找到关于 ITIL 中 DevOps 的解释，https://skeltonthatcher.com/2014/10/21/joining-up-agile-and-itil-for-devops-success。

尽管已经参与了许多生产事故，但我们不是事故管理方面的专家。然而，我们包含这一部分是为了提醒读者在为系统建立有效的事件管理方面发挥作用，并作为实现准则 5（为构建、测试、部署和运营来设计架构）的一部分。

为了实现弹性，需要能够很好地应对突发事故，最大限度地减少事故的影响，并把每一次事故都当作一次学习的机会。有效的事故应对需要一个结构良好的、经过充分演练的方法，具有明确的角色（例如，事故指令、问题解决和沟通）、一个明确的运行事故响应的流程、一套供所有人使用的预先商定的有效工具集（例如，协作和知识管理工具），以及一个用来进行内部和外部解决团队沟通的经过深思熟虑的方法。

可以在许多资料中找到关于事故响应的更详细建议，*Site Reliability Engineering: How Google Runs Production Systems* 一书（参考 7.6 节）中关于应急响应和事故管理的章节是一个好的起点。在许多组织中，拥有 IT 服务管理（IT Service Management，ITSM）的基本知识也是值得的，如在 ITIL 框架中所发现的那样，使用与从事事故管理多年的人员相同的语言可以帮助建立一些重要的组织桥梁，并挖掘该领域的深层专业知识库，如运行事后分析和根源分析，这些通常是软件开发团队缺乏经验的技能。

7.4.6 灾难恢复

许多关于设计和实现弹性系统的文献都集中于如何处理局部的失败，控制它，防止事情变得更糟糕，并从中恢复。这是一个很有价值的建议，在这一章中已经讨论了很多这样的想法和机制。然而，在离开关于弹性的主题之前，重要的是要考虑大规模的故障和灾难恢复的需要。

所谓灾难，指的是系统的大规模故障，这些故障很难对用户隐藏，并且可能涉及大量的恢复工作。传统企业计算中的例子是数据中心的丢失或主网出了问题。这些事故也会发生在云平台上，AWS、Azure 和谷歌云平台的一些可用区域偶尔会出现严重的停机，造成了巨大的影响（例如，2019 年 2 月的 AWS S3 宕机、2019 年 11 月的 GCP 计算和存储问题、2018 年 9 月的 Azure 区域宕机，以及 2020 年 3 月的 Azure 容量问题）。

这种故障的可能性意味着需要考虑它们将如何影响我们的系统，并且如果我们判断发生这种故障的风险和可能性证明了所涉及的努力和费用是合理的，就必须制定计划来减轻这种停服故障。

从这种大规模故障中恢复系统被称为**灾难恢复**，通常涉及手动操作和自动机制。传统企业领域的选择通常包括在物理上相互距离较远的数据中心准备好备用容量和备用系统实例。在云服务的世界里，它涉及使用云提供商的弹性区域，允许从世界的一个地区到另一个地区的完全故障切换，甚至能够在另一个云提供商的平台上恢复我们的系统服务。

显而易见，灾难恢复是复杂的，为了提供全面保护以防范不大可能但完全可能发生的事件，可能会耗费大量的时间和金钱。作为软件架构师，我们的工作是平衡这些力量，确定灾难恢复投资和实施的可接受水平，并向关键涉众解释折中方案，以确保他们同意。

在 TFX 案例中，团队必须考虑 TFX 如何在重大停机或云平台出现问题时幸存下来（例如，设计一种允许转移到可用区的故障切换机制），并且必须从业务和客户那里了解停机在异常情况下的重要性。然后，他们可以与业务团队一起决定应该花费多少时间和精力，以及在极端情况下可以接受多大程度的停机。

7.5　本章小结

互联网时代提高了人们对系统可用性和可靠性的期望，以至于许多系统现在被期望永远处于运行状态。使用企业级的高可用性技术（如集群和数据复制）来实现可用性的历史方法对于某些系统仍然是一个很好的解决方案。然而，随着系统变得越来越复杂，被分解成更小、更多的组件，当它们迁移到公共云环境时，传统的高可用性方法开始暴露出了局限性。

近年来，从互联网规模系统早期先驱者的经验教训中出现了一种实现可用性和可靠性的新方法。这种方法仍然使用许多基本的数据复制和集群技术，但是以不同的方式利用它们。如今的架构师不是将可用性从系统外部化并将其推入专门的硬件或软件中，而是通过系统设计来识别并处理整个架构中的故障。经过几十年在其他学科的工程实践，我们将这些系统称为弹性系统。

弹性系统的架构需要包括如下机制：在出现问题时快速识别，隔离问题以限制其影响，保护有问题的系统组件以允许进行恢复，在系统组件无法自我恢复时缓解问题，以及解决无法迅速缓解的问题。

与其他质量属性一样，场景是探索系统中弹性需求的一个好方法，并且为架构师和开发人员提供了一个结构，以确保他们的系统能够提供所需的弹性。

通过应用许多经过验证的架构策略，我们可以在系统架构中创建弹性机制，在本章中已经讨论了几个更重要的架构策略。然而，同样重要的是要记住，要想实现弹性，需要关注整个业务环境（包括人员、流程以及技术）才能有效。

最后，测量与学习的文化允许软件系统团队从其成功和失败中学习，不断提高弹性水平，并与其他人分享他们来之不易的知识。

7.6　拓展阅读

弹性是一个宽泛的领域，在本章中我们只介绍了它的一些重要概念。要了解更多信息，建议从在这里列出的一些参考文献开始。

- Michael Nygard 的著作 *Release It! Design and Deploy Production-Ready Soft ware*，第 2 版（Pragmatic Bookshelf, 2018）提供了丰富的基于经验的系统设计建议，以满足生产操作的需求，包括提高可用性和弹性。我们的一些架构策略直接来自 Michael 的见解。
- 关于经典弹性工程的一本好书是 Jean Pariès、John Wreathall 和 Erik Hollnagle 合著

的 *Resilience Engineering in Practice: A Guide book*（CRC Press，2013），他们是该领域的三位名人。书中没有具体讨论软件，但是提供了很多有关组织和复杂系统弹性的有用建议。

- Cindy Sridharan 的 *Distributed Systems Observability*（O'reilly，2018）是对现代系统可观测性的一个很好的介绍。前 Netflix 工程师 Casey Rosenthal 和 Nora Jones 在 *Chaos Engineering: System Resiliency in Practice*（O'reilly，2020）中对混沌工程有很好的介绍。
- 谷歌团队的两本有价值的书是：*Site Reliability Engineering: How Google Runs Production Systems*（O'reilly Media，2016），作者是 Betsy Beyer、Chris Jones、Jennifer Petoff 和 Niall Richard Murphy，对于讨论识别、处理和解决生产事故，以及利用事后研究创建学习文化的问题特别有用；以及 Ana Oprea、Betsy Beyer、Paul Blankinship、Heather Adkins、Piotr Lewandowski 和 Adam Stub blefield（O'reilly Media，2020）的 *Building Secure and Reliable Systems*。
- 在 Ester Derby 和 Diana Lawson 的 *Agile Retrospectives: Making Good Teams Great*（Pragmatic Bookshelf, 2006）中可以找到关于举行学习仪式的有用指南，这些被称为回顾（retrospective）。Aino Vonge Corry 的 *Retrospective Antipatterns*（Addison-Wesley，2020）提出了一个在敏捷世界中不能做什么的独特总结。
- 下面文献提供了关于数据问题的大量信息。
  - Pat Helland, " Life beyond Distributed Transactions: An Apostate's Opinion, " in *Proceedings of the 3rd Biennial Conference on Innovative DataSystems Research* (CIDR), 2007, pp. 132–141[⊖]
  - Ian Gorton and John Klein, " Distribution, Data, Deployment: Software Architecture Convergence in Big Data Systems, " *IEEE Software* 32, no. 3(2014): 78–85
  - Martin Kleppman, *Designing Data Intensive Systems*（O'Reilly Media, 2017）
- 最后，一个在软件弹性领域似乎来来去去的想法是抗脆弱性。这个术语似乎是由著名作家和研究人员 Nassim Nicholas Taleb 在 *Antifragile: Things That Gain from Disorder*（Random House, 2012）中创造的。抗脆弱性的核心思想是，某些类型的系统遇到问题时会变得更强，例如免疫系统和森林生态系统遇到火灾时会变得更强。因此，抗脆弱系统本质上具有高度的弹性。原著没有提到软件系统，但有几个人把这个想法应用到了软件上，甚至提出了一个抗脆弱的软件宣言；参见 Daniel Russo 和 Paolo Ciancarini 的"A Proposal for an Antifragile Software Manifesto"，*Procedia Computer Science* 83（2016）: 982–987。在我们看来，这是一个有趣的想法，但据我们观察，在软件领域看到的许多关于它的讨论似乎是模糊的，很难将这些建议与更成熟的想法（例如，混沌工程和持续改进）区分开来。

⊖ 也可以从不同的地方获得，包括 https://www-db.cs.wisc.edu/cidr/cidr2007/papers/ cidr07p15.pdf。

第8章 Chapter 8 软件架构与新兴技术

许多组织都有专注于测试和应用新兴技术的团队，以便在将这些技术用于其他项目之前获得使用经验。某些组织试图在没有经验的情况下将新兴技术用于开发新项目，有时会对交付时间表和交付风险产生不利的影响。如果要求参与新兴技术的团队列出他们的关键问题，架构导向的方法可能不会出现在问题列表的顶部。软件架构可以帮助处理与应用新技术相关的挑战这一概念，可能不会得到他们的认同。

然而，具有架构技巧的 IT 专业人士善于发现新技术提供的机会，而这些机会可能并不明显。他们往往有很深的技术知识，并能帮助团队尽可能使用最新技术。例如，利用人工智能（Artificial Intelligence，AI）和机器学习（Machine Learning，ML）等流行的新技术的项目往往是数据密集型的。从高级分析和大数据架构中得到的一些经验教训可以应用到这些项目中，以提高速度并降低实施风险。

一些新兴的技术，如区块链中的共享分类账，具有深远的架构影响，然而，在评估这些新技术时，架构很可能不是一个考虑因素。区块链共享分类账的实现具有重大的架构挑战，如延迟、吞吐量和对外部信息的访问。这些挑战有时会被忽略，因为没有人考虑整体架构。

成熟的组织经常与创业公司合作以促进创新，因此新技术很快就被引入这些组织中。它们如何适应组织的现有架构通常不是问题，但经验表明，架构师试图将这些新技术集成到他们的系统架构中往往是不成功的。

本章强调架构驱动方法在处理新兴技术时的价值，简要概述了三种关键的新兴技术：人工智能（AI）、机器学习（ML）和深度学习（Deep Learning，DL）。我们将在 TFX 案例研究的场景中讨论如何使用架构导向的方法来实现这些新技术。然后，将注意力转向另一个关键的新兴技术——区块链的共享分类账，并解释架构技能和思维方式如何支持在 TFX 环境中实现区块链的共享分类账。

回想一下，在我们的案例研究中，团队正在为一家软件公司工作，该公司正在开发一项名为 TFX 的在线服务，该服务将为信用证的发放和处理提供一个数字化平台。在本章中，我们将在 TFX 案例研究的背景下，从实践而非理论的角度来讨论新兴技术。本章特别关注架构的视角，并提供了一些有用的架构工具来处理下一个新兴的技术趋势。例如，参阅本章中的侧栏“当非技术涉众想引入新技术的时候”。

8.1 使用架构处理新技术引入的技术风险

当团队试图使用新兴技术时，采用架构导向的方法的好处之一是，架构可以用于规划并与涉众沟通。良好的规划和清晰的沟通可以显著降低实施和技术的风险，这是此类项目的一个关键考虑因素。

我们发现，处理新技术的项目比其他新的软件开发项目风险更大，因此，将风险降到最低的活动（比如关注架构决策和权衡以及仔细评估新技术）是有益的。架构缩小了评估的场景，因此可以根据预期用途对其范围进行调整，并提供最佳的投资回报。

最后，在处理新兴技术时，在进行架构和设计活动之前，进行实际操作的原型设计以获得有关该技术的知识是很重要的。

8.2 人工智能、机器学习和深度学习简介

本节的目的是介绍，讨论在 TFX 案例研究中应用这些技术所需的术语和定义。人工智能、机器学习和深度学习的精确定义很难达成一致。幸运的是，这一章只需要简单的描述，有兴趣的读者应该学习更多关于人工智能、机器学习和深度学习的专业书籍，8.6 节中给出了一些参考。

人工智能通常被描述为由机器展现的智能，通过模仿通常与人脑相关的思维能力，例如学习和解决问题[㊀]。机器学习可以被描述为用标准模型增强软件系统，以便在不使用明确指令的情况下执行特定任务[㊁]。深度学习通常被认为是机器学习的子集，并使用了人工神经网络[㊂]。

我们还需要引入机器学习模型的概念，从架构的视角来看，这很重要。这个概念可能在某些项目中混用，因为它通常会用于引用代码和机器学习参数（比如权重）。在本章

㊀ Wikipedia, “Artificial Intelligence.” https://en.wikipedia.org/wiki/Artificial_intelligence

㊁ Wikipedia, “Machine Learning.” https://en.wikipedia.org/wiki/Machine_learning

㊂ Wikipedia, “Deep Learning.” https://en.wikipedia.org/wiki/Deep_learning

中使用了Keras[1]的定义，它将模型定义为两者都包含，但实际上它们是不同的（请参阅Keras关于现有模型的文档）[2]。在架构的术语中，模型是软件架构中的一种新型工件，就像DevSecOps过程和流水线那样，必须与之适应。

8.2.1 机器学习的类型

给定一组输入及其相应的输出，机器学习的处理是将输入映射到输出的“学习”过程。当输出不能从使用一组规则的输入派生时，可以使用机器学习进行处理。最常见的机器学习算法类型有监督式学习、非监督式学习和强化学习。

1. 监督式学习

监督式学习使用有标记的训练数据集来学习模型的参数，以便对可操作的数据集进行分类。

分类就是监督式学习的一个例子。分类处理的目标是将输入划分成两个或两个以上的类。就TFX案例而言，据估计，在2016年，全世界只有64%的信用证单据（例如提单和保险单据）在首次提交时得到遵守，换句话说，它们没有任何分歧[3]。这种情况给开证行造成了一个严重的问题，即忽略了分歧并进行了付款。分类可以用来预测有分歧的文件是否可能被接受或拒绝。这是一个分类问题的例子，因为我们要预测的类别是离散的：“文档可能被接受”和“文档可能被拒绝”。

2. 非监督式学习

这种类型的机器学习过程被应用于在没有标记动作的输入数据组成的数据集中寻找结构。非监督式学习直接从可操作的数据中获取模型参数，而不使用有标记的训练数据集。数据集群是一个非监督式学习的例子，它可以在数据中发现隐藏的模式或分组。例如，在我们的案例研究中，设想有机会获得关于进口到某一国家的所有产品的数据以及关于进口商和出口商的数据，利用这些数据，通过数据集群可以找到模式并进行识别，例如，小公司更有可能从亚洲老牌出口商那里进口产品，而大公司可能更喜欢与小供应商打交道（当然，这完全是一个虚构的例子）。这些信息可以帮助TFX系统预测哪家公司更有可能从哪家出口商进口产品。反过来，这可以帮助银行确定它们的信用证产品，并将这些产品推销给它们的客户。当回顾TFX案例中模型训练的部分时，我们将再次遇到非监督式学习。

3. 强化学习

在强化学习中，一个计算机程序必须在一个动态的环境中执行一个特定的目标（例如，

---

[1] Keras的机器学习框架，见 https://keras.io。

[2] Keras FAQ, “What Are My Options for Saving Models?” https://keras.io/getting_started/faq/#what-are-my-options-for-saving-models

[3] John Dunlop, “The Dirty Dozen: Trade Finance Mythology,” *Trade Finance Global* (August 30, 2019).https://www.tradefinanceglobal.com/posts/international-trade-finance-mythology-the-dirty-dozen

开车或者和对手玩游戏）。该程序在解决问题的过程中，会得到奖励和惩罚方面的反馈。然而，TFX 团队并没有从他们对 TFX 初始需求的分析中发现强化学习的好处，因此对这种类型的机器学习的进一步讨论超出了本书的范围。

8.2.2 什么是深度学习

深度学习利用了人工神经网络，通常，人工神经网络被 AI 和 ML 从业者简称为*神经网络*。将神经网络与机器学习方法结合使用，尤其是通过监督学习，深度学习可以提取模式并检测可能过于复杂而无法使用其他方法识别的趋势。神经网络的工作方式与大多数使用它们的人无关，它们通常是使用预先构建的库和服务来实现的。然而，我们在下面的段落中对这一技术做了一个非常简短的概述，并鼓励想要进一步了解该主题的读者咨询 Russel 和 Norvig[⊖]。

一个非常简单的统计步骤被称为*神经元*，神经网络是由神经元组成的巨大的、高度互联的图。神经网络通常包括以下三种层：

- *输入层*：输入层中的神经元的功能是获取数据，供神经网络处理。
- *隐藏层*：位于中间层的神经元负责神经网络的主要处理过程。
- *输出层*：输出层中的神经元产生神经网络结果。

图 8.1 提供了一个典型神经网络的概述。

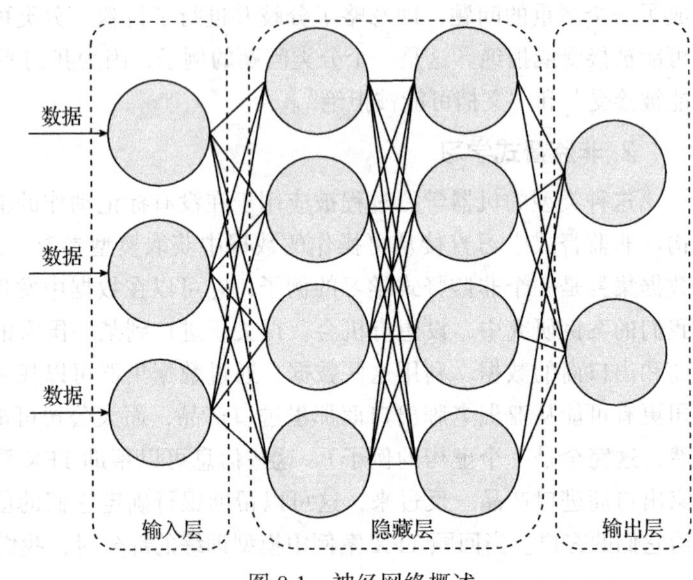

图 8.1 神经网络概述

在神经网络中，数据从输入层传输到输出层，如果需要的话可以在一层内多次传输。神经网络的另一个能力是从训练数据中学习的能力。神经网络根据其在训练过程中处理的训练数据来进化和适应，并将其输出与期望的结果进行比较。这是通过调整神经元和层之间的连接来实现的，直到网络的精确度达到所需的水平。然后，神经网络利用这些知识，以实际数据作为输入来进行预测。

⊖ 有关神经网络及其操作的深入讨论，请参考 Stuart Russell 和 Peter Norvig 的 *Artificial Intelligence: A Modern Approach*, 第 4 版（Pearson, 2020）。

8.3 在TFX中使用机器学习

本节从架构的视角来研究机器学习，看看那些非常适合机器学习解决的问题类型，应用机器学习的先决条件，以及机器学习引入的新架构。

8.3.1 机器学习解决的问题类型、先决条件和架构考虑

如前所述，机器学习可以被描述为统计模型的应用，使软件系统能够在没有明确指令的情况下执行特定的任务。总的来说，机器学习擅长用“噪音”数据解决模式匹配问题。在如何训练系统识别数据中的模式方面，这些技术有所不同，但机器学习帮助解决的基本问题类型是一个高阶的条件决策过程，涉及识别模式和选择相关动作。将使用的范围缩小到我们的目标服务，机器学习可用于TFX的一些领域包括：

- 文档分类：使用光学字符识别（Optical Character Recognition，OCR）将文档内容数字化，然后使用自然语言处理（Natural Language Processing，NLP）或其他文本处理对文档内容进行分类。
- 用于客服的聊天机器人和对话界面：能够自动化（或部分自动化）银行信用证专员与客户之间的一些互动。
- 数据输入：能够自动完成与信用证处理有关的一些数据输入任务。
- 高级分析：机器学习用来提供高级分析，例如预测进口商是否可能与银行进行更多的信用证业务。

本章重点讨论文档分类和聊天机器人。遵循架构导向的方法，我们需要理解机器学习的先决条件，以便在这些领域有效地使用机器学习。机器学习将统计模型应用于大量的数据，我们需要能够构建数据，这意味着要使用数据密集型应用的架构准则和策略，例如利用大数据来创建一个有效的解决方案。

从高级分析和大数据架构中得到的经验可以应用到人工智能和机器学习的项目中，以提高项目速度并降低风险。团队可能已经做出了一些架构决策。例如，已经决定使用NoSQL数据库作为TFX架构的一部分。每个NoSQL产品都与几个质量属性的权衡相关联，例如性能、可伸缩性、持久性和一致性。在制定满足质量属性需求的架构时，最佳实践之一是使用一系列相应的架构策略。如前所述，策略是一种影响一个或多个质量属性响应控制的设计决策。这些策略经常记录在案，以促进架构师重用这些知识[⊖]。

此外，有监督机器学习模型需要使用训练并验证过的数据集进行训练，这与机器学习模型在训练之后用于进行预测的数据操作是不同的。训练和验证数据集的可用性是使用有监督机器学习的先决条件，例如，对于像文档分类和聊天机器人这样的用例。

除了与数据密集型系统相关的考量外，机器学习还引入了新的架构关注点。对于任何

⊖ 参阅 https://quabase.sei.cmu.edu/mediawiki/index.php/Main_Page，提供了大数据系统软件架构策略的一个目录。

数据密集型系统来说，可伸缩性、性能和弹性等策略都适用于机器学习系统。另外，训练和验证数据集的数据版本控制是机器学习系统架构的一个重要方面。

机器学习系统引入的新关注点包括跟踪数据过程的能力、元数据管理以及机器学习任务性能的可观察性。数据来源记录了影响数据的系统和过程，并提供了数据创建的记录。元数据[㊀]管理涉及描述其他数据的数据的处理；请参阅 8.3.2 节的“数据摄取”以了解关于在实践中如何使用这些概念的更多细节。

跟踪数据来源和管理元数据对于整个机器学习过程非常重要，尤其是对于准备用于机器学习模型处理的数据，需要特别关注数据架构。此外，性能和可伸缩性架构所考虑的因素也非常重要。能够观察机器学习任务的性能是监控整个系统性能的关键，这需要在运行时监控机器学习的组件以及操作的数据。最后，必须确保数据科学家创建的模型，特别是内部模型，在用于生产环境之前得到如下验证：

- 应该彻底检查它们是否有任何安全问题。
- 它们应该经过适当的测试和调试。
- 它们的结果应该是可解释的，这意味着可以被人们理解。它们的偏差应该被衡量和理解。

下一节将解释如何在 TFX 中使用文档分类。稍后，将讨论如何将聊天机器人集成到 TFX 平台中。

8.3.2 在 TFX 中使用文档分类

TFX 的业务目标之一是在支付时尽可能对文档验证过程进行自动化处理，以消除几个手动的、冗长的且易出错的任务。如前所述，据估计，高达 70% 的信用证单据在第一次向银行提交时就有分歧。这些单据主要是纸质的，信用证专员通常不会注意到分歧，他们会根据信用证的要求手动核实这些分歧，直到进口商收到货物和发票并发现它们与他们订购的货物不完全一致时，才会注意到这些分歧。这可能会引发一个漫长而痛苦的诉讼过程。

使用 OCR 技术对文件内容进行数字化，并使其数字化内容符合信用证规定的要求，这将是解决方案的一部分。然而，简单的文本匹配不足以解决这个问题。具体而言，单据中对货物的描述往往与信用证中缩写的描述不完全一致，例如，常用“LTD”代替“Limited”或用“ Co”代替“ Company”。在出口国和进口国的语言翻译中，拼写错误很常见，例如，用“mashine”代替“machine”或用“modle”代替“model”。甚至可以用同义词来表示，例如，使用“ pants”，而不是“ trousers”。如果文档使用了缩写、有拼写错误或使用了同义词，通常不会出现分歧。考虑到这些挑战，尝试使用传统 IT 流程将 OCR 流程的结果与信用证的要求相匹配不会产生良好的结果。

为了解决这个问题，需要利用机器学习，以便 TFX 能够“阅读”和“理解”OCR 工具

㊀ 参见第 3 章，了解元数据的更多信息。

从文档中生成的文本。然后，TFX 系统可以将其内容转化为有意义的信息，可用于验证过程，在本质上模仿信用证专员的工作。

1. TFX 的架构方法

基于机器学习的先决条件和架构考量，TFX 团队设计并实现了一个包含机器学习组件的系统架构。然后，他们分别设计了两个流程（也称为机器学习流水线），以便在 TFX 平台中包含一个文档分类模型。图 8.2 显示了机器学习流水线的高层描述。请注意，这些流水线并不是特定于 TFX 的。大多数机器学习项目都会使用类似的方法。

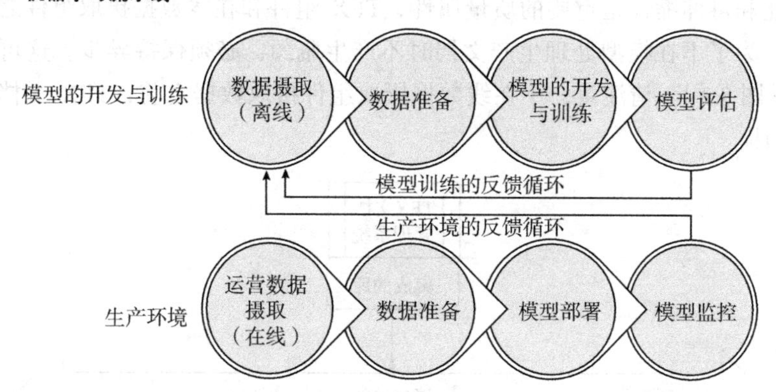

图 8.2 机器学习流水线：模型的开发与训练以及生产环境

这一架构遵循准则 5（为构建、测试、部署和运营来设计架构）。当开发、训练和评估机器学习模型的时候，数据科学家通常在沙箱开发环境中工作，这与传统的 IT 环境是截然不同的。他们的观点不同于软件架构师、软件工程师和运营人员。由代码和模型参数组成的模型需要从沙箱环境提升到 IT 测试和生产环境，正如前面提到的，机器学习模型是一种新型的组件，软件架构以及 DevSecOps 过程和流水线都必须与之适应。此外，此架构使用了准则 2（聚焦质量属性，而不仅仅是功能性需求）。具体来说，它侧重于可伸缩性、性能和弹性，并应用了本书中讨论的架构策略。总体而言，这是一个数据密集型应用的架构，处理非常庞大的数据[⊖]。因此，需要利用大数据架构的准则和策略，例如通过分区数据库来分发数据读取的负载，以创建有效的解决方案架构。

从架构角度来看，机器学习流水线中最重要的组件是数据摄取、数据准备、模型部署和模型监控。

2. 数据摄取

系统架构需要提供两种类型的数据摄取功能：在线摄取和离线摄取。在 TFX 的场景中，离线摄取用于以批处理模式收集文档，用于训练模型，如图 8.2 所示。在线摄取用于收集文

⊖ 一般来说，数太（T）字节的数据。

档，作为生产环境中运行的模型所需的输入，这个活动称为模型评分。

数据摄取需要解决的两个重要问题是跟踪数据来源和元数据管理的能力。为了跟踪数据来源，摄取过程的第一步应该是在对数据进行任何更改之前存储数据的副本。由于离线摄取过程涉及大量的数据，特别是如果数据分布在几个数据库节点上，使用 NoSQL 文档型数据库将是实现这一需求的一个很好的技术解决方案。另一个选择是使用对象存储，如亚马逊简单存储服务（Amazon S3）[⊖]，但是 NoSQL 数据库是 TFX 更好的选择，因为它允许将每个数据集作为文档存储，从而将元数据附加到数据上。描述输入数据集中字段的元数据需要在这个阶段被捕获。

由于性能和可伸缩性是重要的质量属性，TFX 组件和在线数据摄取组件之间的通信应该是异步的，为了不在模型处理生产文档时不产生瓶颈，必须保持异步。这可以通过消息总线实现（见图 8.3）。请注意，于在线数据摄取组件摄取数据之前，TFX 文档管理系统会对文档进行扫描。

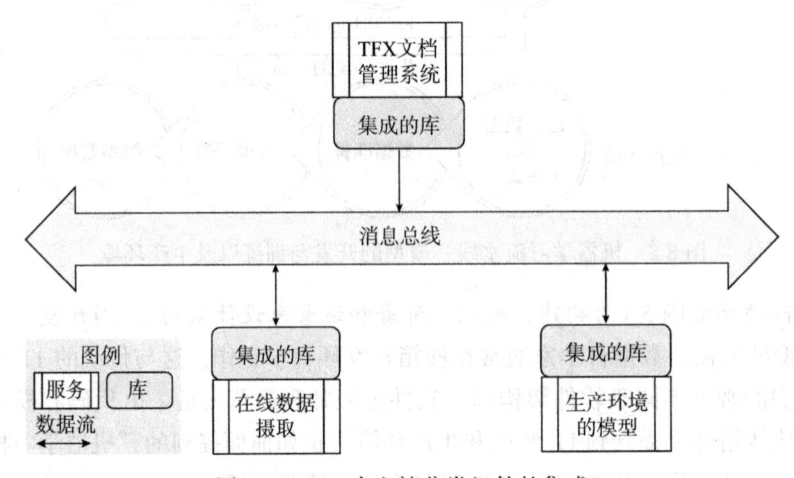

图 8.3 TFX 中文档分类组件的集成

3. 数据准备

从架构视角来看，下一个重要的机器学习流水线组件是数据准备，这对于开发和训练流水线而言是与生产环境的流水线不同的（见图 8.2）。开发和训练中的数据准备包括数据清理和离线摄取过程所收集数据的特征工程。数据可以通过数据准备组件进行自动检查和清理。然而，也可能需要一些人工干预。例如，团队可能需要手动验证文档图像是否足够清晰，以便 OCR 工具能够处理，并获得良好的结果。一些文件可能需要再次成像，以改进 OCR 的处理结果。

特征工程是一种设计时活动，用于创建或选择如何将数据集输入机器学习模型中。在

⊖ 也可以参阅“What Is Amazon Machine Learning?”https://docs.aws.amazon.com/machine-learning/latest/dg/what-is-amazon-machine-learning.html。

特征工程中，另一个数据准备组件从原始数据中提取特征[1]，以提高机器学习算法[2]的效果。完成这些步骤后，在离线收集过程中收集的数据将被手动标记为预期的预测结果。

生产环境中的数据准备仅限于自动数据检查和清理，不需要任何人工干预。它还包括在生产环境流水线中进行的特征生成或特征提取过程。这个过程是对特征工程处理的补充，与嵌入相关，但这个概念已经开始深入到机器学习技术中，超出了本书的范围。

在开发和训练流水线中，输入文档可以分成两个数据集：一个是用于训练机器学习模型的训练数据集，另一个是用于验证模型预测是否可接受的验证数据集。另一种方法是使用一个数据集同时满足两个目的的交叉验证。无论哪种方式，预分割训练集都是一项耗时的任务，因为训练集的大小决定了神经网络的精度：使用太少的文档会导致网络不准确。不幸的是，没有硬性规则来确定训练集的最佳大小，并且机器学习流水线的数据准备部分可能需要大量的时间，才能在训练模型时达到可接受的模型精度。

4. 模型部署

一个实现 TFX 文档分类的好方法是使用 NLP 神经网络。使用 R 或 Python 等语言为 TFX 创建一个神经网络可能很诱人，但是充分利用专家级的开源软件（例如来自 Stanford NLP Group 的软件[3]）是一个实现模型的更好方法。考虑到第一种选择涉及的架构权衡（如可靠性、可维护性、可伸缩性、安全性和易于部署），利用可重用的开源软件是一个更好的选择，见表 8.1。（完整的 TFX 架构决策的日志在附录 A 中。）

表 8.1 TFX 文档分类模型的决策日志项

项目	类型	标识	描述	选项	理由
TFX 文档分类模型	机器学习	AD- ML-1	TFX 将利用预封装的可重用软件来做文档分类	选项 1，TFX 使用诸如 R 或 Python 语言来创建一个神经网络 选项 2，利用来自专家的开源软件，例如 Stanford NLP Group 的开源软件	考虑第一个选项中的架构权衡，例如可靠性、可维护性、可伸缩性、安全性和易于部署，充分利用预封装的可重用软件是一个更好的选项

如前所述，该模型用于沙箱环境中的训练和评估。然而，一旦模型得到了充分的训练并提供了可接受的预测，就需要将其提升为一组 IT 环境，以便最终在生产环境中使用。机器学习模型的组件（包括模型代码和参数）需要集成到 TFX 的 DevSecOps 流水线中。这种集成包括打包机器学习模型的构件，并在部署之前使用自动化测试套件来验证模型，还包括测试模型潜在的安全问题。将模型打包并将其部署到环境中被称为模型服务（见图 8.2）。

模型代码在生产环境中部署为一个 TFX 服务（见图 8.3）。为了可伸缩性和性能，模型参数被缓存起来，像第 5 章中所讨论的那样，使用缓存。

[1] 在机器学习中，特征和离散变量作为系统的一个输入。

[2] Wikipedia, "Feature Engineering." https://en.wikipedia.org/wiki/Feature_engineering

[3] https://stanfordnlp.github.io/CoreNLP

5. 模型监控

一旦实现了模型，就需要密切监控其性能。在机器学习中，性能有两层含义：模型分类、精度和召回率；或者吞吐量和延迟。从架构角度来看，重要的是使用场景来定义质量属性需求（例如性能）而不是试图满足模糊的需求（例如“模型将具有可接受的性能”）。

通过记录每次模型运行的关键信息（包括模型识别、模型使用的数据集、预测结果与实际结果），来监控模型的文档分类精度，这些信息被定期收集和分析。如果该模型的精度随着时间的推移而下降，则可能需要用新数据重新训练并重新部署。如果输入数据的特征不再与训练集的特征相匹配，就会出现这种情况，例如，如果在模型处理的业务数据中添加了一种具有不同缩写的新类型商品。

对于监控模型的吞吐量和延迟，可以通过使用与在第5章中讨论的相同策略来实现。具体来说，它涉及记录信息，包括一个文档何时被提交到TFX机器学习生产流水线中，准备该文档以供机器学习模型处理需要多长时间，以及该文档运行模型的持续时间。定期收集和分析这些信息，并根据需要对模型的生产环境进行调优。此外，当文档从提交到分类开始的总处理时间超过给定阈值时，将生成报警。

6. 通用服务

TFX的机器学习架构利用了TFX架构中的几个通用组件来支持机器学习流水线的处理。这些组件包括以下内容：

- 数据组件（包括元数据和数据来源）
- 缓存组件
- 日志记录及日志处理组件
- 仪表盘组件
- 告警和通知组件

7. 架构导向的方法的好处

如前所述，采用架构导向的方法来实现机器学习的好处之一是，架构可用于规划开发团队和与包括数据科学家在内的涉众进行沟通，利用架构规划和沟通可以显著减少实现风险和技术风险，并减少涉众之间的沟通误区。诸如聚焦架构决策和权衡以及仔细评估新技术等活动，对机器学习项目非常有益。

架构导向的方法可以促进企业对机器学习的采用。正如前面所看到的，质量属性（如安全性、可伸缩性和性能）在分类精度以及吞吐量和延迟方面，是使用机器学习模型构建软件系统时的关键要素。在沙箱环境中成功地运行了模型并不能保证同一模型在生产环境中执行良好。此外，**持续集成**和持续部署流程需要像常规代码和配置那样囊括机器学习模型。总之，对待机器学习模型和组件应该像对待其他软件构件一样。它们不需要因为是一种新技术而变得特别。

我们不应该孤立新技术，而应将它们整合到现有的系统中，应该考虑在应用程序中包含机器学习组件。例如，我们可以在传统的 IT 架构中包含人工智能助理，在这些架构中，人工智能助理是有意义的。对于 TFX，一个 AI 助理，也被称为聊天机器人，可以帮助一个信用证专员处理客户查询，这带我们进入本章中 TFX 系统在第二个领域中的机器学习应用。下一节将讨论如何在 TFX 架构中实现聊天机器人技术。

8.3.3 在 TFX 中实现一个聊天机器人

聊天机器人到底是什么？它只是一个软件服务，可以作为人类代理的替代品，通过文本或 TTS（Text-To-Speech）提供在线聊天对话[1]。

这项服务是纳入 TFX 范围的一个很好的候选服务。信用证部门经常接到大量的电话和电子邮件，例如进口商询问何时开出信用证，以及出口商希望得到诸如何时付款等信息。因此，信用证专员花费了大量的宝贵时间来研究和回答问题。通过使用聊天机器人自动处理部分查询，将使信用证部门的工作效率更高。让我们根据持续架构准则来演练一个为 TFX 实现聊天机器人的假设场景。

1. Elsie：一个简单的菜单驱动聊天机器人

因为 TFX 团队对聊天机器人没有任何经验，他们决定从实现一个简单的 TFX 聊天机器人开始。他们应用了准则 4（利用“微小的力量”，面向变化来设计架构），并创造了一个模块化的聊天机器人设计，可以按需扩展。他们谨记了准则 3（在绝对必要的时候再做设计决策），并且不在过程的早期尝试包含太多的需求，不论是功能性需求，还是质量属性的需求。

遵循这个方式，团队决定使用一个开源的可重用的聊天机器人框架[2]。这个框架可以用来实现一系列的客服聊天机器人，从基于菜单的简单聊天机器人一直到使用自然语言理解（Natural Language Understanding，NLU）的高级聊天机器人。因为希望利用“微小的力量”，所以首先创建了一个基于菜单的单一用途聊天机器人，它能够处理来自进口商的直接查询（见图 8.4）。

TFX 将 L/C 聊天机器人命名为 Elsie[3]，使用 TFX API 与 TFX 合同管理系统进行接口通信。Elsie 向进口商提供了一个简单的选择清单：

1）通过进口商名称查询信用证状态

2）通过出口商名称查询信用证状态

3）通过信用证编号查询信用证状态

4）常见问答

5）帮助

---

[1] Wikipedia, “Chatbot.” https://en.wikipedia.org/wiki/Chatbot

[2] Rasa Open Source 是这种框架的一个示例，见 https://rasa.com。

[3] Elsie 是 L/C 的谐音，而 L/C 是信用证的缩写。

6）与一个代理对话

7）退出

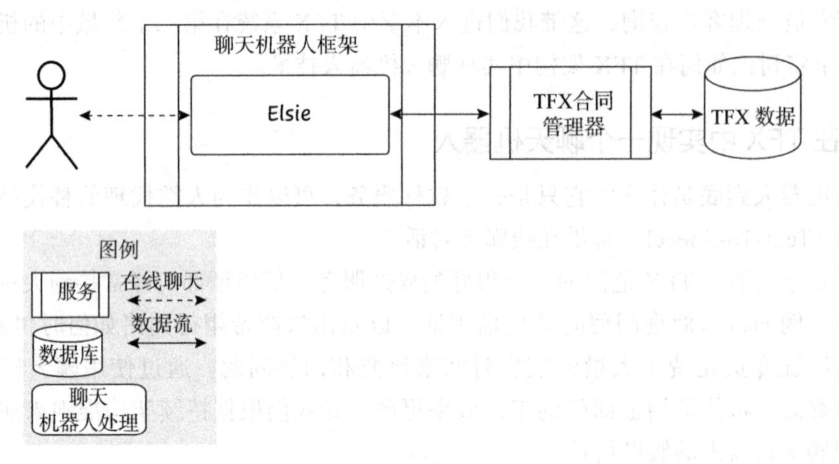

图 8.4 Elsie 的初始架构：基于菜单且目的单一的聊天机器人

使用智能手机、平板电脑、笔记本电脑或台式机，进口商可以从 Elsie 的简单选项菜单中选择一个选项并获取信息。无论是作为移动应用程序，还是基于浏览器的应用程序，团队都可以使用开源的聊天机器人（chatbot）框架，在弹出窗口中快速实现这个简单的设计。

这个聊天机器人的架构遵循了持续架构准则，特别是准则 2（*聚焦质量属性，而不仅仅是功能性需求*）。在设计中考虑了安全性因素（见第 4 章）。对于菜单选项 1、2 和 3，Elsie 确保进口商有权访问 Elsie 正在检索的信用证信息，并且进口商不能访问与其他进口商相关的信用证数据。这意味着进口商在访问 TFX 聊天机器人之前需要输入他们的凭据。Elsie 检索进口商的凭证并将其保存在会话状态的存储区域中，以便对进口商进行身份验证，以及对 TFX 信息访问进行验证。这不适用于访问常见问答（菜单选项 4）。

最初的用户测试进行得很顺利，当前对性能或可伸缩性没有任何担忧。业务测试人员对 Elsie 的能力很满意。然而，他们关心的是基于菜单的简单用户界面的局限性。如果为 TFX 聊天机器人增加更多的能力，比如提供信用证状态以外信息的能力，那么基于菜单的界面变得更难使用。它显示了太多的选项，变得太长，不能完全在智能手机屏幕上或在一个小的弹窗中显示。此外，业务测试人员希望从一个菜单选项跳转到另一个，而不必返回主菜单并在子菜单中导航。他们想用更熟悉的方式，用自然语言和 Elsie 交谈。

2. Elsie 的一个自然语言界面

在 Elsie 的第一次实现中，TFX 团队使用的开源聊天机器人框架包括了对 NLU 的支持，因此继续使用这个框架可以将 NLU 添加为 Elsie 的功能。我们在上一节文档分类中讨论的一些机器学习架构注意事项也间接适用于这里。

具体来说，团队需要实现一个简化的机器学习流水线，并升级 TFX 聊天机器人的架构（见图 8.5）。如前所述，离线模式下的数据摄取和数据准备，以及模型部署和模型性能监控，是系统架构上非常重要的两个步骤。TFX 平台的用户不希望与一个不理解他们的问题或响应缓慢的聊天机器人交谈，所以对语言识别的精度、吞吐量和延迟的模型监控尤为重要。商业用户使用某些贸易金融术语，随着时间的推移，Elsie 能更好地理解这些术语。

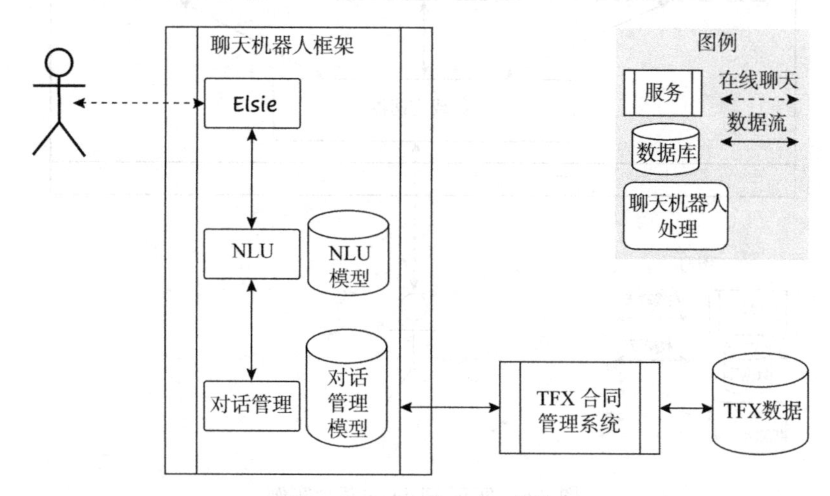

图 8.5 Elsie 的 NLU 架构

新架构利用了机器学习，包括两个模型，这两个模型需要在沙箱环境中进行训练，并部署到一组 IT 环境中，以便最终在生产环境中使用（见图 8.5）。这些模型包括一个 NLU 模型，Elsie 使用这个模型来理解进口商希望它做什么，还包括一个对话管理模型，用于构建对话，以便 Elsie 能够对消息做出令人满意的响应。

3. 提升 Elsie 的性能和可伸缩性

团队成功地实现了 Elsie 的自然语言接口，并启动了性能和可伸缩性测试。不幸的是，引入 NLU 功能会对某些质量属性产生负面影响。Elsie 的性能并没有很好的可伸缩性。使用本书前面描述的模板，Elsie 的性能目标被记录如下：

- 激励：Elsie 可以处理多达 100 个并发用户的交互。
- 响应：Elsie 可以处理这些交互而没有任何明显的问题。
- 度量：任何时候，与 Elsie 进行的任何交互的响应时间都是 2s 或更短。

测试人员注意到，一旦用户数量超过 50，Elsie 的响应时间就会超过 5s，甚至对于简单的对话也是如此。正如在第 5 章中看到的那样，这个问题的最简单的解决方案之一是部署多个 Elsie 的实例，并在实例之间尽可能平等地分发用户请求。

对于这个解决方案，TFX 团队设计了如图 8.6 所示的系统架构。该架构使用一个负载均衡器，确保在 Elsie 的各个实例之间平均分配用户请求。它还使用了关联会话的方式，这意味着会话数据在会话期间被保存在同一个服务器上，以便使会话的延迟最小化。

这些改变是成功的。因此，Elsie 现在可以处理预期数量的进口商查询，以满足企业客户的需求。

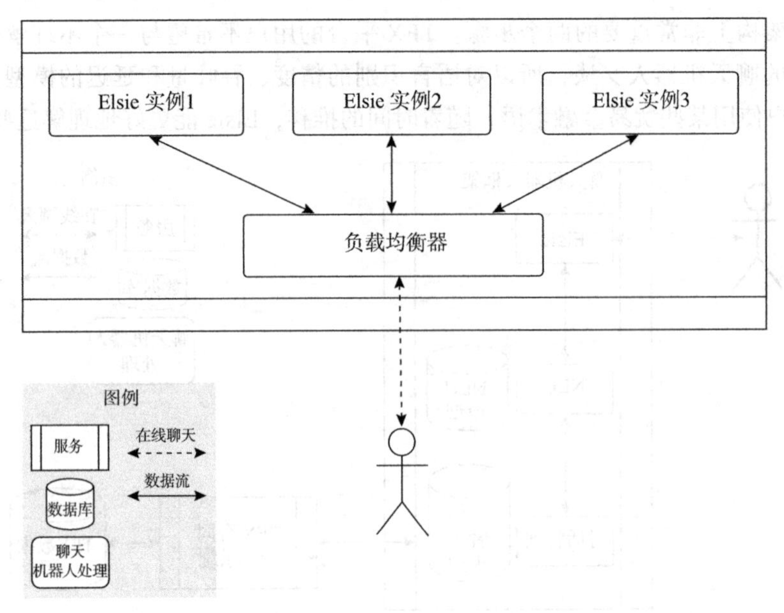

图 8.6 实现 Elsie 的多个实例

4. Elsie：一体化聊天机器人

该团队的下一个挑战是增强 Elsie 的能力，以处理来自出口商和进口商的查询。他们更新模型，对其进行再训练，并与业务客户一起对其进行测试。

这种方法起初似乎很有效，因为现在一个聊天机器人可以处理 TFX 用户的所有对话。然而，一些担忧正在浮现。NLU 模型和对话管理模型在代码和参数方面都在快速增长。即使只有很小的变化，训练这些模型现在也需要几个小时。模型部署，包括功能、安全性和性能测试，也成了一个漫长的过程。它虽然还是可管理的，但很快就会很难快速实现新的需求。

不幸的是，Elsie 成了瓶颈。随着模型的成长，维护和训练变得越来越困难。因为对代码和参数的所有更改需要满足多个涉众，发布模型的新版本变得越来越难以安排。多个团队成员正试图同时更新模型，这造成了版本控制的问题。TFX 业务部门对延缓实现他们的需求感到不满，因此，团队需要重新考虑 TFX 聊天机器人的系统架构。

5. Elsie：多领域聊天机器人

为了更好地响应来自业务合作伙伴的需求，团队使用了 TFX 聊天机器人的联邦架构方法。利用这个模型，该团队将创建三个特定领域的聊天机器人：

- ❑ 进口商的 Elsie
- ❑ 出口商的 Elsie
- ❑ 常见问答的 Elsie

这三个聊天机器人都有各自的 NLU 模型和训练数据。除了三个特定领域的聊天机器人之外，这个架构还需要一个路由机制来确定哪个聊天机器人应该处理哪些特定用户请求。一种可能是将每个请求发送给每个聊天机器人，让它决定是否能够处理请求。不幸的是，这种方法可能会把团队带回从前，即通过实现 Elsie 的多个实例解决的性能和可伸缩性问题。更好的策略是实现一个派发器组件（见图 8.7），该组件负责评估每个会话请求并决定哪个聊天机器人应该处理它。派发器将作为另一个聊天机器人实现，它可以处理用户的意图，并通过将用户信息传递给适当的特定领域聊天机器人来采取行动。

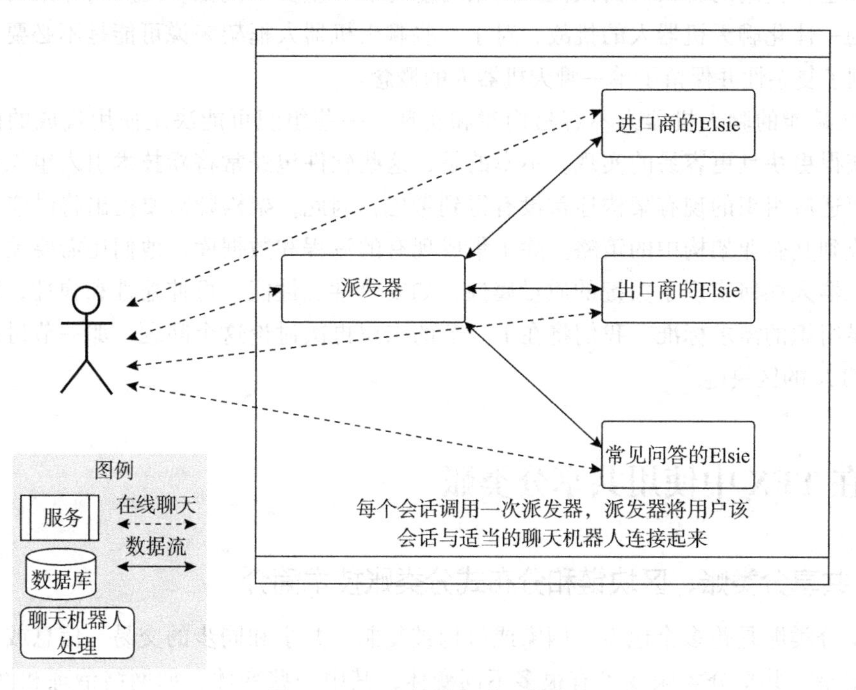

图 8.7　Elsie 的联邦学习架构

该团队对当前架构和提议的架构之间的权衡进行了如下评估：

- 可维护性和适应性与复杂性的对比：将一体化聊天机器人模型分成三个较小的模型集，可以让团队更快地响应业务伙伴的需求。此外，通过使用联邦架构模型，每个聊天机器人将拥有自己独立且更简单的部署周期。然而，这种方法将复杂性移到了 TFX 聊天机器人架构的内部，并可能增加其脆弱性。例如，对开源聊天机器人框架所做的更改必须通过测试并应用于所有聊天机器人。此外，多组训练数据需要人工处理，这使数据摄取和转换的过程复杂化。
- 性能与复杂性的对比：引入调度程序组件将提高聊天机器人的吞吐量，但也会增加复杂性，因为在系统架构中引入了第四个聊天机器人和相关模型。

团队认为权衡是可以接受的，并构建了一个简单的原型来测试提出的方法，包括派发器的概念。这个测试是成功的，团队决定继续前进并实现图 8.7 中描述的系统架构。

联邦架构的策略被证明是成功的，TFX 的商业客户对结果很满意。

6. 架构导向的方法的好处

利用机器学习模型的聊天机器人是数据密集型的软件系统，需要应用大数据架构的原则和策略来创建一个有效的架构解决方案。与其他机器学习系统类似，数据来源和元数据是 NLU 赋能的聊天机器人中数据架构的重要考量因素。

本节中讨论的一些架构策略是技术特定的，在决定应用具体策略之前，了解需要解决的问题和正在使用的聊天机器人框架的架构能力非常重要。例如，使用联邦架构来解决前面讨论的一体化聊天机器人的挑战，对于一些聊天机器人框架来说可能是不必要的，因为它们分割了复杂性并保留了单一聊天机器人的概念。

NLU 赋能的聊天机器人不容易构建和实现，一些组织可能决定使用现成的商用软件包，以获得更快且更容易的实现。不幸的是，这些软件包经常将新技术引入组织中。这些技术如何适应组织的现有架构通常没有得到考虑，因此，架构师需要提出将供应商聊天机器人集成到其企业架构中的策略。除了集成现有的流程和数据库，他们还需要关注供应商的聊天机器人如何实现了关键的质量属性，如安全性、性能、可伸缩性和弹性，以及它们是否满足组织的需求标准。我们将在下一节的末尾再次讨论这个问题，那一节讨论的是如何实现 TFX 的区块链。

8.4 在 TFX 中使用共享分类账

8.4.1 共享分类账、区块链和分布式分类账技术简介

共享分类账是跨多个地点、国家或机构被复制、共享和同步的交易、信息或事件的一个综合记录。共享分类账技术有很多不同变体，其中一些变体，如网络治理和网络信任，从业务角度来看是重要的。从架构的角度来看，有些协议（例如事务延迟和智能合约的变体）非常重要。区块链和分布式分类账技术（Distributed Ledger Technology，DLT）是最常见的变体。

区块链通常被定义为一个安全和不可变的信息块列表，每个信息块都包含前一个块的密码学散列[一]以及交易数据[二]。大多数人第一次听说区块链是因为，区块链是比特币背后的去中心化数据基础设施，但区块链早于比特币。比特币的创新是一个适应性的工作量证明任务，以便在公共的共享分类账中达成共识。提出其他数字货币的创业公司开始效仿这一概念，试图通过在新改进的区块链（如以太坊[三]）上构建新的加密货币来改进比特币。最后，去中心化的、密码学安全的数据库用于货币以外用途的想法得到了采用，特别是在金融服

[一] 一个密码学散列是一个接收一个输入并返回一个唯一的固定长度的结果的函数。这一操作是不可逆的，不能从散列重建输入。

[二] Wikipedia, “Blockchain.” https://en.wikipedia.org/wiki/Blockchain

[三] https://www.ethereum.org

务领域。贸易融资，特别是信用证，可能是最有前途的用例之一，尽管 TFX 案例是作为一个更传统的系统来设计架构的。

DLT 是一个由多方[1]维护的共享分类账。它可以被视为具有密码学验证的交易级共识记录，而区块链是区块级共识，这意味着共识的单位是多笔交易[2]。关键区别在于，区块链需要在区块链的所有副本之间达成全球共识，以向链中添加区块，而 DLT 则无须确认整个链中的添加即可达成共识。DLT 通常作为专用网络实施，但也可以作为公用网络实施（见附录 B）。

8.4.2 共享分类账解决的问题类型、先决条件和架构考虑

我们很难找到共享分类账是唯一解决方案的用例。识别可以用区块链或 DLT 解决的用例相对容易，但是技术人员在考虑使用这种技术时需要回答的关键问题是，区块链或基于 DLT 的方法是否是做出最佳权衡的解决方案。更成熟的技术，例如分布式数据库，可能会通过更简单、风险更小的技术实现提供同样或更好的益处。在评估共享分类账等新兴技术时，使用架构导向的方法并具体评估质量属性的权衡是必不可少的。

寻找区块链或 DLT 用例的技术人员通常关注三个领域的技术优势：安全性、透明度和信任。在金融服务中，普遍的用例是消除双方利用可信任的第三方来验证交易的需要，这会增加成本和延迟。一些被认为有前途的用例包括以下内容：

- 证券交易的清算和结算
- 国际支付
- 防止犯罪分子将非法获得的资金当作合法收入（反洗钱）
- 核实客户身份，评估其与金融机构关系的适当性和风险（“了解你的客户”）
- 保险，包括保险、再保险和理赔的凭证
- 贸易金融，包括信用证处理

此外，一些企业的共享分类账（如 Corda[3]），由于其不变性或共识能力，目前正在考虑由软件团队采用分布式或去中心化应用平台。当一个复杂的企业间或市场级别的业务流程需要协调的时候，区块链或 DLT 可能是一个很好的方法。这可能是一种比在每个参与者托管的节点上部署相关的工作流和业务逻辑更好的方法，而且必须由一个新的中心化节点进行中介。

类似于在本章的人工智能 / 机器学习部分所看到的，从分布式应用架构，特别是从分布式数据库系统架构中得到的经验教训，可以应用到共享分类账项目中，以提高项目实施速度并降低风险。一些架构上的决策可能已经被 TFX 团队采用了。

一个金融服务公司可能决定加入一个联盟来应用这种技术，这个决定可能是基于业务

[1] 每一方可能是一个人、一个集团或一个组织机构。

[2] Wikipedia, “Distributed Ledger.” https://en.wikipedia.org/wiki/Distributed_ledger

[3] https://www.corda.net

关系，而不是技术原因。在这种情况下，该联盟应当已经决定了使用哪种共享分类账技术。每个区块链技术或 DLT 都与几个质量属性的权衡相关，质量属性包括如互操作性、可伸缩性、性能、可伸缩性、可用性、易用性、成本和安全性。正如在本章前面提到的，当开发一个满足质量属性需求的系统架构时，最佳实践之一是使用一系列相应的架构策略。

至少在可预见的将来，金融服务中的共享分类账实施可能使用由一个联盟经营的专用网络。尽管金融服务公司在技术上可以不加入联盟而实施自己的共享分类账网络，但该公司很可能无法成功地说服其他公司加入其网络。目前还不清楚金融服务公司是否会利用公共共享分类账网络进行业务交易。使用专用网络是金融服务中共享分类账系统的一个重要约束。

实现私有共享分类账网络的一个关键的先决条件是拥有一个公共接口，该接口至少被联盟内的每个成员所接受。实际上，这意味着使用行业标准的消息格式，例如 SWIFT（Society for Worldwide Interbank Financial Telecommunication，环球银行金融电信协会）或 ACORD（Association for Cooperative Operations Research and Development）消息格式。

8.4.3 共享分类账的能力

比特币和以太坊等加密货币使用的传统公共区块链系统有一些局限性。它们的安全协议使用了基于共识的概率方法，因此计算量很大，有时速度很慢。为了解决这个问题，出现了两种办法：

- 通常在金融服务部门由一家或多家公司运营的私有网络中的服务器上运行的私有共享分类账。这些公司可以组成一个联合体来经营它们自己的分类账业务，可能使用 DLT 或区块链。
- 被许可的共享分类账，意味着参与决定哪些交易得到确认的一系列当事方的能力受到控制。

区块链和 DLT 都提供了一些共同的功能。它们的数据是不可变的（即，一旦存储在分类账中，就无法更改）。但是，某些 DLT 允许在发生错误时回滚事务。它们的数据也会被验证，这意味着新的区块或交易在添加到分类账之前会被验证和确认。验证和确认机制取决于区块链或 DLT 的具体实现。

私有的区块链和 DLT 通常是被许可的，而公共区块链和 DLT 可能是被许可的，也可能不被许可的[1]。

最后，区块链或 DLT 的实现可以提供智能合约，这是使用一组业务规则的应用程序，旨在自动执行、控制或记录事件和动作，由分类账数据触发并使用分类账数据[2]。图 8.8 总

[1] Richard Gendal Brown, “The Internet Is a Public Permissioned Network. Should Blockchains Be the Same?” *Forbes* (May 6, 2020). https://www.forbes.com/sites/richardgendalbrown/2020/05/06/the-internet-is-a-public-permissioned-network-should-blockchains-be-the-same/?sh=44afb8de7326

[2] Wikipedia, “Smart Contract.” https://en.wikipedia.org/wiki/Smart_contract

结了这些能力，附录B提供了关于特定产品实现的额外信息。

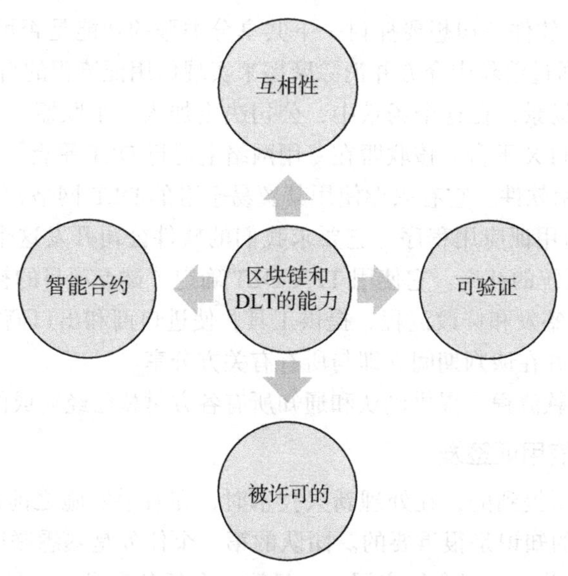

图 8.8　区块链和DLT的能力概况

当非技术涉众想引入新技术的时候

我们的业务合作伙伴有时希望引入新技术，而且适合组织的系统架构通常在选择标准的列表中排名不高。有时候，原因是竞争对手正在做这件事，或者这会让他们看起来很有创新精神。

例如，他们可能决定加入一个共享分类账的联盟，以利用这一新兴技术。不幸的是，使用的是共享分类账技术，而不是已有的、更成熟的技术（如分布式数据库），所带来业务好处并不总是清晰地表达出来，而且不可实现的挑战也是未知的。此外，如前所述，像机器学习和聊天机器人这样的新兴技术并不容易构建和实现，一些商业组织可能决定使用现成的软件包，希望更快和更容易的实现。

我们发现，处理这种情况的最佳方式是从一开始就防止这种情况发生，方法是与非技术涉众建立牢固的关系，并在讨论这些决策的会议桌上获得一个席位。用非技术术语来解释架构权衡（包括成本），可能足以帮助人们理解技术风险可能大于收益。

如果这种方法失败了，并决定继续实施，我们的下一道防线将是获得一个承诺，以适合组织的中长期（3～5年）架构以取代新技术。在实施之前，应该验证短期解决方案是否符合质量属性要求以及组织的标准。

如果可能的话，应该使用一组定义良好的API，将新技术与其他系统隔离开来，这些API可能由API网关管理。与组织内的任何其他系统一样，新技术应纳入组织的监控和报警系统。

8.4.4 在 TFX 中实现一个共享分类账

回到 TFX 案例，软件公司想要探讨一下共享分类账的功能是否可以应用到 TFX 平台上。共享分类账可以通过消除中介方并消除摩擦来实现信用证流程的自动化吗？

让我们来看一个场景，在这个场景中，公司决定加入一个联盟，其成员已经包括了几家银行，其中一家是 TFX 平台。该联盟在专用网络上运行 DLT 平台，目前没有任何运行在其平台上的信用证应用软件。它有兴趣使用其贸易金融的 DLT 网络，并希望在该网络上建立一个基于 DLT 的信用证应用程序。它要求我们的软件公司开发这个新软件（称为 TFX-DLT），作为对 TFX 系统的补充。它使用 TFX-DLT 确定了试点项目的初始业务目标如下：

- 改进信用证的签发和修改流程，提供工具，使进口商和出口商能够记录信用证合同和修改条款，并在谈判期间立即与所有有关方分享。
- 改进信用证付款流程，提供确认和通知所有各方付款已经完成的能力。

1. 使用 DLT 的信用证签发

正如在本章开头所提到的，在处理新兴技术时，在着手实施之前进行实际操作的原型设计以获得有关技术的知识是很重要的。团队的第一个任务是熟悉联盟使用的 DLT，并使用该 DLT 编写一个简单的智能合约应用。一旦第一个任务完成，并且团队已经获得了一些 DLT 的经验，他们就开始设计新的信用证签发流程和 TFX-DLT 应用程序的系统架构。有关新的信用证签发流程的描述，请参见图 8.9，该团队做出了以下假设：

- 进口商银行使用 TFX 平台。理想情况下，第一个进口商方面的 TFX-DLT 实施将是在客户银行的公司。
- 进口商银行和出口商银行都是该联盟的一部分，也正在运行 DLT 网络节点。
- 出口商的银行系统可以使用一组自定义 API 与 TFX-DLT 应用程序连接，该团队将建立这些 API 作为 TFX-DLT 项目的一部分。

团队基于 TFX-DLT 的新签发流程做架构设计，如图 8.9 所示。在这个流程中，一旦双方就条款达成一致，公证节点就确认信用证的签发交易。信用证条款在议付过程中发生的临时变更不记录在 DLT 上，只记录最初和最终条款。使用 TFX-DLT 并不排除进口商和出口商在谈判信用证条款时相互直接沟通的必要性，但是，信用证条款一旦最后确定，就需要记录在 TFX-DLT 上，以便由作为 DLT 核心平台一部分的公证节点进行确认。

下一步是设计一个系统架构来启用这个流程。图 8.10 描述了这个架构。该团队还设计了一组简单的 API，用于将 TFX（特别是合同管理系统）及出口商的银行系统与 TFX-DLT 连接起来。如 TFX-DLT 架构图（见图 8.10）所示，信用证数据存储在 TFX、DLT 节点和出口商的银行系统中。该团队考虑了两种存储信用证文件的方法：

- 与存储信用证数据的办法类似，第一种办法是将其存入 DLT、TFX 和出口商的银行系统。
- 第二个选择是在 DLT 上存储一个 URL。这个 URL 指向 TFX 平台内的一个位置，并允许出口商的银行访问信用证文件。

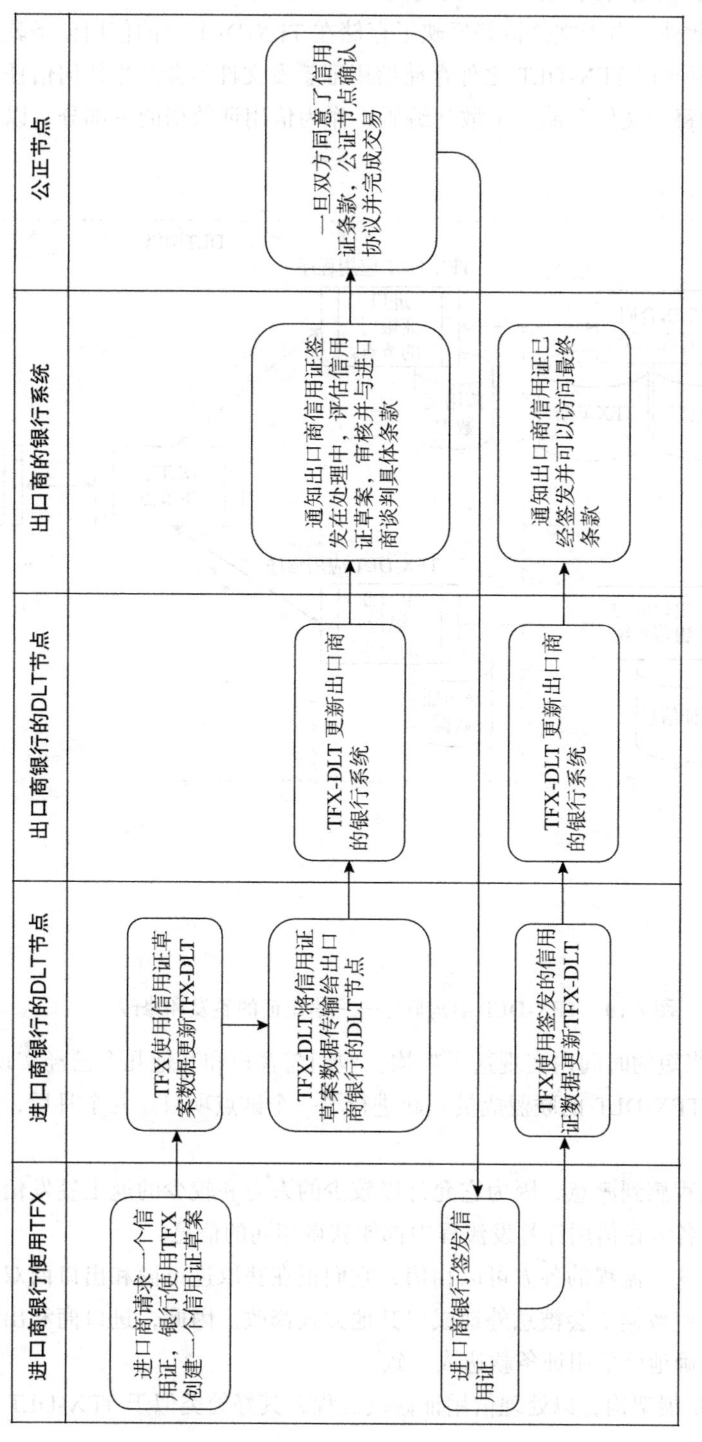

图 8.9 TFX-DLT 的信用证签发流程

团队查看每个选项之间的权衡，并决定使用第二个选项，因为文件的大小可能会导致DLT的性能问题。此外，由于文件恰好反映了存储在TFX-DLT上的信用证条款，而且这些条款是不可变的，因此在TFX-DLT之外存储信用证签发文件不会产生任何信任问题。团队还决定在DLT中为每个文件存储一个散列编码，作为信用证数据的一部分，以便识别任何更改。

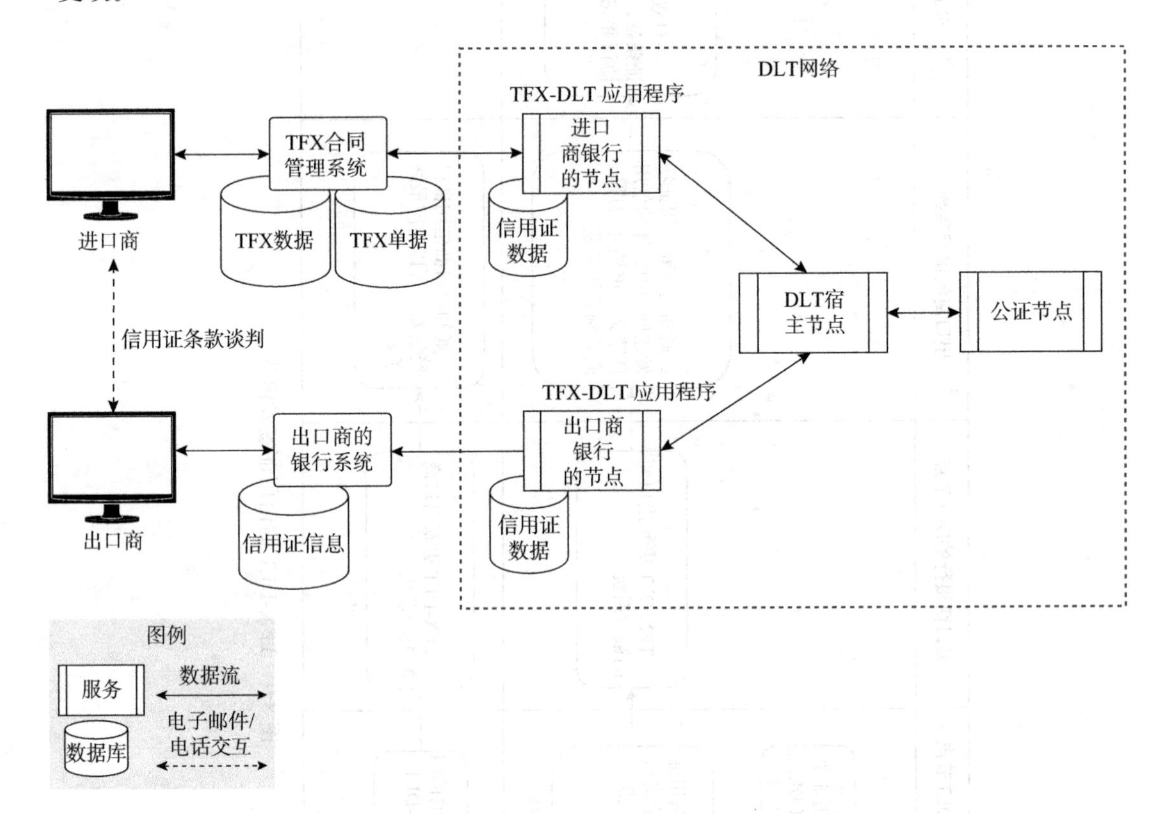

图 8.10　TFX-DLT 架构概览——信用证的签发和修改

团队能够在相当短的时间内实现这个架构。他们与客户和其他几个已经实现了DLT节点并同意尝试使用TFX-DLT的联盟成员一起进行了一个试点项目。几个月后，新平台展示了以下优点：

- 银行对新流程感到满意，因为它允许以较少的人力和较少的返工签发信用证并发出通知，所有各方在信用证签发流程中都能获得相同的信息。
- 此外，参与这一流程的各方可以相信，它们正在获取进口商和出口商双方的相同数据，而且这些数据不会被意外地或以其他方式修改。因此，进口商和出口商可以更迅速、更准确地就信用证条款达成一致。

该团队还可以扩展架构，以处理信用证修改流程，其好处类似于TFX-DLT为信用证签发流程提供的好处。

2. 使用 DLT 的信用证支付

现在让我们来看看团队如何实现他们的第二个目标：改进信用证的支付流程。信用证数据已经存储在 TFX-DLT 上，因此，团队需要实现以下功能：

- 出口商银行将使用一种新的 API 来通知 TFX-DLT，某一特定信用证已付款。
- 使用 TFX 支付服务的 API 在 TFX-DLT 和 TFX 支付服务之间建立接口。此接口用于通知 TFX 支付服务，出口商的银行已对某一特定信用证进行了付款。
- 与信用证签发单据所采用的办法类似，预先发出付款通知的单据不存入 DLT。相反，它们存储在出口商的银行系统中，相应的 URL 存储在 DLT 中。这个 URL 指向出口商银行系统中的一个位置，并允许所有各方访问这些文件。

团队能够快速扩展 TFX-DLT 架构以包含这些功能（见图 8.11）。他们与客户和其他几个联盟成员进行了第二个试点项目，这些联盟成员已经在使用 TFX-DLT 来签发和修改信用证，并同意用它做信用证支付。

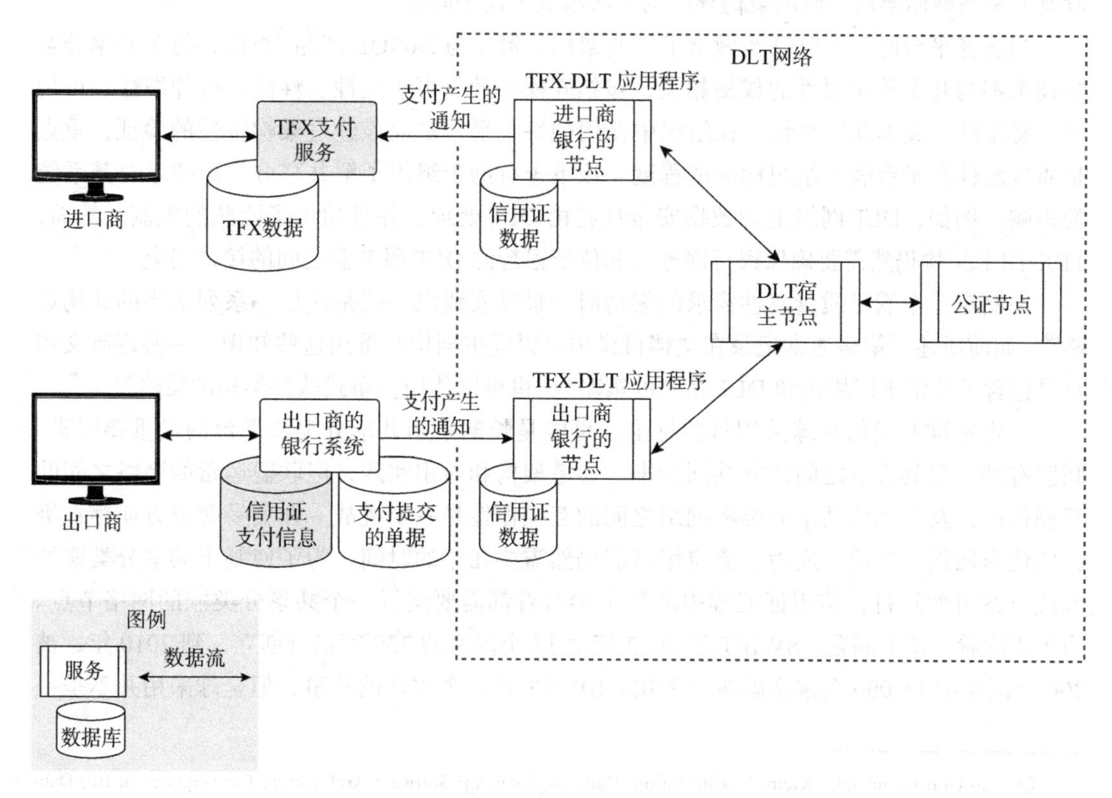

图 8.11　TFX-DLT 架构概览——信用证支付

- 银行对新流程感到满意，因为进口商银行在付款给出口商后立即得到通知，表示已经支付了信用证。

- 如果根据信用证的条款允许分批装运，进口商的银行就能够很容易地将每批货物的付款与信用证总额进行核对，并迅速查明任何差异。
- 出口商和进口商都对新流程感到满意，因为新流程使支付流程更快、更简单，问题更少。
- 至于信用证的签发和修改流程，所有参与支付流程的当事方都可以相信，他们获得的是与进口方和出口方相同的支付数据，而且这些数据是不可变的。

总之，TFX-DLT 使客户能够有效而安全地使用 TFX 系统签发和支付信用证，处理交易的对方银行是 DLT 联盟的成员，但没有使用 TFX 系统。

8.4.5 架构导向方法的好处

共享分类账的实现在架构上有很大的挑战，比如延迟、吞吐量和对外部信息的访问。致力于这些项目的团队往往关注与平台相关的编程挑战，可能会忽略这些其他挑战，因为没有人考虑整体架构，使用架构导向的方法解决了这个问题。

当选择平台时，有时已经做出了一些架构决策。与 NoSQL 产品[㊀]类似，每个共享分类账技术都与几个质量属性的权衡相关，包括互操作性、可扩展性、性能、可伸缩性、可用性、易用性、成本和安全性。在组织中使用的每个平台都应该经过架构特性的验证，重点是质量属性和平台满足组织标准的程度。该审查有助于组织了解共享分类账技术对其系统的影响。例如，DLT 网络上的数据安全性将由 DLT 处理，并且超出了团队的控制。然而，TFX-DLT 架构仍然需要确保银行服务器和位于银行的 DLT 服务器之间的接口安全。

在制定一个满足质量属性需求的架构时，最佳实践之一就是使用一系列适当的架构策略[㊁]。如前所述，策略通常记录在文档目录中，以促进架构师重用这些知识。一些现有文档目录包含了特定于区块链和 DLT 系统的策略[㊂]，也可以使用分布式软件架构的策略目录[㊃]。

制定标准并确保全球采用这些标准，可能是长期采用共享分类账平台的最重要因素。联盟有助于在其成员之间建立共同标准、参考架构和通用实践，但联盟运营的网络之间的互操作性以及与其他共享分类账网络之间的互操作性是一个挑战。在贸易融资方面存在潜在的优秀用例；然而，成为主流应用可能仍然需要几年的时间。为了使基于共享分类账的解决方案有效运行，信用证流程中的每个参与者都需要运行一个共享分类账的网络节点。为了正确看待这个问题，SWIFT 于 1973 年由 15 个国家的 239 家银行创立，到 2010 年，被 200 个国家的 11 000 多家金融机构采用。SWIFT 是一个成功的故事，但全球采用并不是一

㊀ Ian Gorton and John Klein, " Distribution, Data, Deployment: Software Architecture Convergence in Big Data Systems," *IEEE Software* 32, no. 3 (2014): 78–85

㊁ Len Bass, Paul Clements, and Rick Kazman, *Software Architecture in Practice*, 3rd ed. (Addison-Wesley, 2012)

㊂ 例如，参见 Raghvinder S. Sangwan、Mohamad Kassab 和 Christopher Capitolo 的文章，"Architectural Considerations for Blockchain Based Systems for Financial Transactions"，*Procedia Computer Science* 168（2020）: 265–271。

㊃ 获取大数据系统的软件架构策略目录，参考 https://quabase.sei.cmu.edu/ mediawiki/index.php/Main_Page。

蹴而就的。

共享分类账网络最终可能以与 SWIFT 网络相同的方式进行定位：一个通用但相当模糊的“管道装置”框架，只有少数专家能够理解，而其他人都将该框架隐藏在 API 或通用数据格式之后。

8.5 本章小结

在本章中，我们展示了架构驱动方法在处理新兴技术时的价值，并简要概述了三种关键的新兴技术：人工智能、机器学习和深度学习。在 TFX 案例的背景下，讨论了如何使用架构导向的方法来实现这些技术，特别是针对文档分类和客服聊天机器人。然后，我们把注意力转向另一个关键的新兴技术——共享分类账，并解释了像 TFX 这样的架构团队如何支持了它的实现。

我们在 TFX 案例背景下讨论了这些技术在实践中的应用。具体来说，讨论了机器学习可以解决的问题类型、先决条件和系统架构的关注点。我们描述了机器学习技术如何应用于 TFX 平台的文档分类验证过程，从架构角度简要概述了机器学习架构和流程的各种组件。我们强调了在与机器学习打交道时数据架构的必要性，以及在做大数据和高级数据分析的系统架构时所学到的经验教训的适用性。我们还指出，在设计依赖于机器学习的应用程序时，需要考虑系统架构的质量属性，如安全性、性能和可伸缩性，以及在设计满足这些要求的架构时依赖架构策略的好处。

然后，我们描述了如何为 TFX 平台增量构建一个聊天机器人，在信用证专员最低程度人工干预的情况下，向进出口商提供信息服务。作为叙述的一部分，我们看到了采用架构优先方法的重要性，特别是考虑到架构质量属性（如项目中的安全性和性能）的时候。

最后，我们给出了一个共享分类账的简要概述，并描述了如何实现共享分类账网络的 TFX。我们研究了两个潜在的用例，包括信用证的签发和修改，以及信用证支付。

总之，使用案例研究中的具体例子，我们说明了架构如何在跨企业应用和采用新兴技术方面发挥关键作用。我们对其中的一些技术进行了更深入的研究，但是其他技术无疑会在不久的将来出现。关键在于，架构导向的方法使得整个企业能够顺利地采用创新技术，并显著降低了实现风险和技术风险。这种方法基本上涵盖了应用持续架构的准则，特别是准则 2（聚焦质量属性，而不仅仅是功能性需求）、准则 4（利用“微小的力量”，面向变化来设计架构），以及准则 5（为构建、测试、部署和运营来设计架构）。

8.6 拓展阅读

这部分包括了一个书籍和网站列表，我们发现这些书籍和网站有助于进一步理解本章讨论的主题。

- 对于经典AI教科书，Stuart Russell 和Perter Norvig 的 *Artificial Intelligence: A Modern Approach*, 4th ed.（Pearson, 2020）是个很棒的资源，被认为是人工智能领域（包括ML）的标准范本。
- Andriy Burkov 的 *The Hundred-Page Machine Learning Book*（Andriy Burkov, 2019）是一本有关ML的精炼教材。这本书提供了关于最流行ML技术的准确而有用的信息。它不像 *Artificial Intelligence: A Modern Approach* 那么详尽，但对我们大多数人来说仍然非常有用。
- Charu C. Aggarwal 的 *Neural Networks and Deep Learning*（Springer, 2018），对于希望更好地理解神经网络和深入学习概念的读者来说，这是一本很好的教科书。
- *Distributed Ledger Technology: Beyond Block Chain: A Report by the UK Government Chief Scientific Adviser*（Government Office for Science, 2016）[⊖] 是对DLT的全面客观分析（在2015年年末）。它还包括一组有用的参考资料（参见第84–86页）。
- Raghvinder S. Sangwan、Mohamad Kassab 和 Christopher Capitolo 的 " Architectural Considerations for Blockchain Based Systems for Financial Transactions ", *Procedia Computer Science* 168（2020）: 265–271, 包含一些适用于DLT的架构策略。

⊖ https://assets.publishing.service.gov.uk/government/uploads/system/uploads/attachment_data/file/492972/gs-16-1-distributed-ledger-technology.pdf

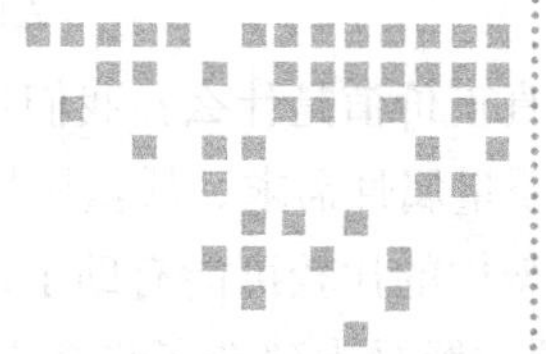

第 9 章 Chapter 9

持续架构实践的结论

9.1 变与不变

正如引言中所说的，软件架构的基础在过去的几年中并没有改变。架构的总体目标仍然是使开发的软件能够尽早、持续地交付业务价值。不幸的是，许多架构的实践者并不总是优先考虑这个目标，甚至不能完全理解这个目标。

软件架构的组件不是孤立存在的：它们是相互关联的。创建一个架构意味着在需求、决策、蓝图和技术债务之间进行一系列权衡，这些都反映在可执行的代码中。有时候，这些权衡是最优的，有时又由于团队无法控制的约束，它们仅不是最不利的。无论哪种方式，有意识地进行架构权衡和明确地关注架构决策是一项必不可少的活动。

虽然我们第一本书《持续架构》更关注于概述和讨论概念、思想和工具，但本书提供了更多的实操建议。它侧重于提供关于如何利用持续架构方法的指导，并囊括了关于主要架构关注点的最新的深度信息，包括数据、安全性、性能、可伸缩性、弹性和新兴技术。

通过本书，我们重新回顾了在敏捷、DevOps、DevSecOps、云和以云为中心的平台时代架构所扮演的角色。我们的目标是为技术人员提供关于如何更新经典软件架构实践的实用指南，以满足当今应用开发的复杂挑战。我们重温软件架构的一些核心主题，例如在开发团队中不断演变的架构师角色，满足涉众的质量属性需求，以及架构在管理数据和实现关键的跨领域考量方面的重要性。对于其中的每一个领域，我们都提供了一种更新的方法，使架构实践具有相关性，通常基于上一代软件架构书籍中的传统建议，并解释如何在现代软件开发环境中应对这些领域的挑战。

架构仍然有价值吗？

架构的真正价值是什么？我们认为架构是交付有价值软件的推动者。软件架构的关注点包括了质量属性需求，质量属性需求是使软件成功的原动力。

与建筑架构的比较可能有助于说明这一概念。石拱门是最成功的建筑构造之一。大约2000年前，罗马人建造了许多石拱桥，至今仍然屹立在那里——例如，公元1世纪建造了石拱桥Pont du Guard。当时是如何建造石拱桥的？首先建造一个拱形的被称为定心的木制框架。围着框架搭建石头，最后放上一块拱顶石。拱顶石赋予了拱门强度和刚度。然后移除木框架，石拱桥留在了原位。同样的技术在1825～1828年也用于建造了英国格洛斯特的Over Bridge（见图9.1）。

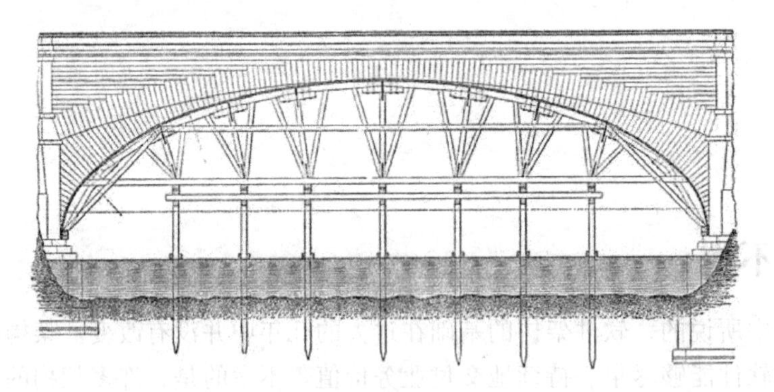

图9.1　英国格洛斯特的Over Bridge的定心

我们认为软件架构是构建成功软件“拱门”的定心。当罗马人使用这种技术建造桥梁的时候，很可能没有人担心定心的美学或外观。其目的是提供坚固、强健、可靠和持久可用的桥梁。

同样，我们认为软件架构的价值应该由它所帮助交付的软件的成功来衡量，而不是由其工件的质量来衡量。有时，架构师使用价值显性架构这一术语来描述他们创建的一组软件架构文档，尤其是那些引以为豪的文档，开发人员不应该（在理想情况下）为了使用该架构而背离这些文档。然而，我们对这些说法有些怀疑，软件架构真的能像构建石拱桥那样，评估到一个定点，直到拱门完成，拱顶石一旦就位，桥梁就可以安全使用了吗？

9.2　更新架构实践

正如Kurt Bittner在我们第一本书《持续架构》[⊖]前言中指出的那样，敏捷开发已经成为旧闻，原有的迭代、增量开发和瀑布式的软件开发方式已经从新软件开发的前沿退出。随

⊖ Murat Erder and Pierre Pureur, *Continuous Architecture: Sustainable Architecture in an Agile and Cloud-Centric World* (Morgan Kaufmann, 2015)

着原有的应用程序被替换、重构或者退役，原来的方法论正在失去对软件开发人员的控制。与此同时，多亏了 DevOps、DevSecOps 和持续交付这些概念，敏捷开发又在不断发展。软件架构正在通过采用诸如持续架构和进化架构[1]之类的现代方法而迎头赶上。这些方式、过程和方法论都可以看作是软件交付拼图的一部分（见图 9.2）。

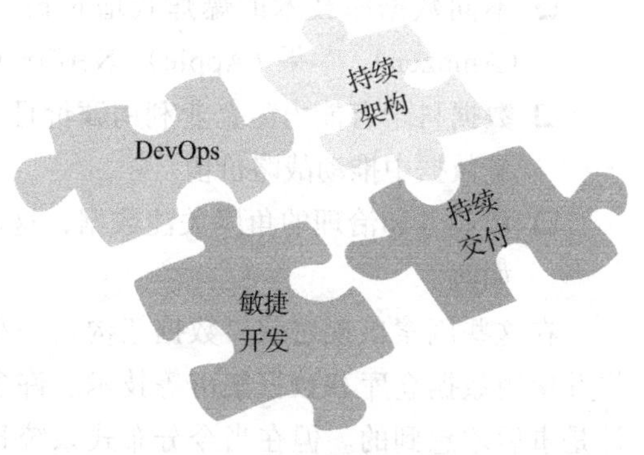

图 9.2　软件交付拼图

持续性架构方法工作良好的主要原因之一是，它不是一种正式的方法论。使用持续架构的准则、基本活动、技术和思想，没有预设的顺序或过程可以遵循；根据正在开发的软件产品场景，我们可以选择只使用其中的一部分。这个工具箱对于项目非常有效，而且持续架构的工具是动态的、可适应的，并且随着时间的推移而不断发展。这些工具的构建和优化来自我们与其他从业者在实际系统中的工作经验。它们是实践性的，不是理论或学术性的。通过它们，架构师能够帮助软件开发团队创建实现关键质量属性的成功软件产品。

第 2 章并没有强调模型、透视图、视图和其他架构工件。这些是有价值的可交付成果，应该用于架构的描述和沟通。然而，如果不执行以下构建和维护架构的基本活动，单靠架构工件是不够的：

- 聚焦质量属性，这些属性代表了一个良好架构应该处理的主要交叉需求。我们认为，安全性、可伸缩性、性能和弹性可能正在成为现代架构中最重要的质量属性。
- 驱动架构决策，这是系统架构的工作单元。
- 了解技术债务，理解并管理这些债务对于一个长期架构至关重要。
- 实现反馈循环，使我们能够在软件开发生命周期中进行迭代，并以有效的方式理解架构决策的影响。

9.3　数据

在过去几年中，架构领域的一个重要发展是对数据的更多关注。数据是一个发展极其迅速而有趣的架构主题。

处理数据是 IT 系统存在的原因。迄今为止，几乎所有技术的目标都是确保数据得到更有效且高效的处理。随着可连接设备和互联网使用的普及，世界上的数据量正在成倍增长。这就产生了以灵活的方式管理、关联和分析数据的需要，以便我们能够找到联系并驱动洞察力。技术演进对系统开发方式也产生了重大影响。从数据架构的角度来看，我们确定了

[1] Neal Ford, Rebecca Parsons, and Patrick Kau, *Building Evolutionary Architectures* (O'Reilly Media, 2017)

三个主要驱动因素：

- 不同数据库技术的爆炸式增长最初来自互联网巨头 FAANG［Facebook、亚马逊（Amazon）、苹果（Apple）、Netflix 和谷歌（Google）］。
- 数据科学有能力为企业利用廉价且可扩展的技术，从日益数字化的世界所产生的大量数据中推动战略价值。
- 从业务和治理的角度关注数据，这对于制药业和金融服务业等监管严格的行业尤其如此。

在这些因素出现之前，数据架构是一小群数据建模师和技术人员的领域，他们处理报告并使用数据仓库和数据集市等技术。许多系统是从纯功能的角度设计的，系统数据的设计是事后才想到的。但在当今分布式系统日益普及的世界中，对数据的关注需要成为一个核心的架构问题。这里有一些关于如何做的建议：

- 当关注数据时，首先要考虑的是如何沟通。在团队和业务涉众之间开发一种通用语言可以使软件开发生命周期有效且高效。领域驱动设计是一种推荐的方法，它包含了公共语言，并支持开发松耦合的服务。最重要的是，公共语言应该存在于代码和其他工件中。
- 数据库技术是一个非常活跃的领域，提供了多种多样的选择。数据库技术的选择是一个重大决定，数据库技术的变更将是一项昂贵的任务，要根据质量属性需求进行选择。
- 最后，数据不是孤岛，它需要在组件之间以及与其他系统进行集成。在考虑数据时，不仅要关注技术和如何对其进行建模，而且要考虑如何集成。重点是清楚哪些组件掌握了数据，以及如何定义（即表示和标识）数据和相关元数据。最后，要清楚如何管理这些定义随时间的演变。

9.4 关键的质量属性

我们相信，在 DevOps、DevSecOps 和云的时代，一组特定的质量属性对架构来说正变得越来越重要。这些质量属性并不总是被软件架构师和工程师很好地理解或者优先考虑，这就是在本书中详细讨论它们的原因。

用一个现实生活中的例子来说明这些质量属性的重要性。2020 年是股票市场剧烈波动的一年。由于对新冠肺炎疫情的影响的担忧导致市场暴跌，随后货币政策和疫苗的承诺又推动了市场飙升，投资者和交易员争先恐后地进行交易，以限制损失或希望获利。但在市场波动最大、损失或收益最大、交易活跃度最高的日子里，许多散户投资者发现，他们无法进行交易，甚至无法在网上查看自己的投资组合。有些人无法登录，有些人登录后无法及时进行交易，有些人发现他们的账户出现了错误的零余额。未来所有类型的系统都可能发生具有类似负面影响的事件，因此，我们建议在构建新系统或增强现有系统时重点关注那些关键的质量属性。

总之，我们不可能给出一个单一的架构模式或方法来使软件系统安全、可伸缩、高性能且有弹性。创建一个系统涉及许多不同抽象层次的设计决策，当这些抽象层次结合在一起时，允许系统满足其所有的质量属性需求。尽管如此，我们还是在本节中提供一些关于每个关键质量属性的建议。我们并不认为这个列表是全面的，但它是一个通用的工具集。

9.4.1 安全性

如今，安全性是每个人都关心的问题，对每个系统都至关重要。因为现代互联网所连接的系统面临着威胁，我们都需要遵守与安全有关的严格法规，例如《一般数据保护条例》中的隐私条例。以下建议可以让软件系统更安全：

- 将安全性集成到系统架构的工作中，作为持续架构循环中的常规部分，使用来自安全社区的经过验证的技术，例如用于威胁识别和理解的威胁建模。在尝试使用安全设计策略来缓解安全威胁之前，我们需要这样做。此外，我们还需要关注流程的改进和人员的培训。
- 安全性工作还必须适应敏捷的交付方式，因为现在需要迅速和持续地采取行动，同时应对日益复杂的威胁环境。每年进行两次为期多天的安全审查，并为手工补救制作一页又一页的调查结果，这种做法已不再有用或有效。如今，安全性需要是一个持续的、风险驱动的过程，它要尽可能自动化，并支持持续的交付过程，而不是阻碍它。通过以这种合作、风险驱动和持续的方式工作，可以确保系统已经准备好了，并继续准备好面对不可避免的安全威胁。

9.4.2 可伸缩性

传统上，可伸缩性并不在系统架构质量属性列表的前列，但是在过去几年中，正如在本节前面提到的交易中断中所看到的那样，这种情况已经发生了变化。以下是一些让系统更具可伸缩性的建议：

- 不要把可伸缩性和性能混为一谈。可伸缩性是系统通过增加（或减少）系统成本来处理增加（或减少）的工作负载的属性。性能是“关于时间和软件系统满足其时间需求的能力”[⊖]。
- 与其他质量属性一样，可伸缩性的完整视角要求考虑业务、社会和流程方面的因素，以及它的架构和技术方面。
- 可以使用一些行之有效的架构策略来确保系统是可伸缩的，我们已经在本书中介绍了其中的一些关键策略。
- 请记住，性能、可伸缩性、弹性、可用性和成本密切相关。建议使用场景来记录可伸缩性需求，并帮助我们创建可伸缩的软件系统。

⊖ Len Bass, Paul Clements, and Rick Kazman, *Software Architecture in Practice*, 3rd ed. (Addison-Wesley, 2012)

- 另外，对于基于云的系统，可伸缩性不是云供应商的问题。软件系统需要有可伸缩性的架构，而将有可伸缩性问题的系统移植到商业云上可能也无法解决这些问题。
- 在系统中加入一些机制，以监控系统的可伸缩性，并尽快处理故障。这些机制将使我们能够更好地理解每个组件的可伸缩性概况，并快速识别潜在的可伸缩性问题的根源。

9.4.3 性能

与可伸缩性不同，性能传统上一直位于系统架构的质量属性列表的首位，因为糟糕的性能可能会严重影响系统的可用性。对于如何应对性能挑战，我们提出以下建议：

- 相对于可伸缩性，有许多经过验证的架构策略可以用来确保现代系统能够提供可接受的性能，在本书中介绍了其中的一些关键策略。
- 使用场景来记录性能要求。
- 围绕性能建模和测试来设计系统。在持续交付模型中，性能测试是软件系统部署流水线不可分割的一部分。
- 在系统中加入监控机制，以监控系统的性能并处理失败。

9.4.4 弹性

近年来，出现了一种实现可用性和可靠性的新方法，它仍然使用数据复制和集群等许多基本的技术，但以不同的方式加以利用。现在的架构师不是将可用性从系统中外部化并将其推到专门的硬件或软件中，而是设计系统来识别并处理整个架构中的错误。根据其他学科的几十年工程实践，我们称其为系统弹性。以下建议可以让系统更有弹性：

- 在构建弹性系统时，需要包括一些监控机制，以便在出现问题时迅速识别，隔离问题以限制其影响，保护有问题的系统组件以允许进行恢复，在系统组件无法自我恢复时缓解问题，以及解决无法迅速缓解的问题。
- 利用各种场景来探索并记录弹性需求。
- 一些经过验证的架构策略可用于为系统创建弹性机制，我们在本书中讨论了其中几个更重要的策略。然而，请记住，要想取得弹性，需要关注整个运营环境（包括人员、流程以及技术）才能有效。
- 建立一种基于成功和失败进行衡量和学习的文化，不断提高系统的弹性水平，并与他人分享自己来之不易的知识。

9.5 当今时代的架构

正如在第 2 章中提到的，在敏捷、DevOps 和 DevSecOps 时代，架构活动已经成为团队的责任。系统架构正逐渐演变成一门学科或技能，而不是一个角色。软件架构和软件工程之间的分离似乎正在消失。然而，我们强调进行架构活动所需的关键技能如下：

- 设计能力：架构是一项以设计为导向的活动。架构师可能会设计一些非常具体的东西，比如网络，或者一些无形的东西，比如流程，但是设计是活动的核心。
- 领导力：架构师不仅仅是各自专业领域的技术专家，他们还是技术领导者，在自己的影响范围内塑造和指导技术工作。
- 关注涉众：架构本质上是为软件系统的涉众提供广泛的服务，平衡他们的需求，清晰地沟通，澄清定义不清的问题，以及识别风险和机会。
- 概念化并解决全系统层面问题的能力：架构师关注整个系统（或系统的系统），而不仅仅是其中的一部分，因此他们倾向于关注系统的特性，而不是详细的功能。
- 全生命周期的参与：架构师可能参与系统生命周期的所有阶段，而不仅仅是构建系统。架构涉及的范围通常跨越系统的整个生命周期，从建立系统需求到系统最终退役和替换。
- 平衡考量的能力：最后，在工作的所有这些方面，架构工作很少只有一个正确的答案。

DevOps、DevSecOps和左移的趋势模糊了许多传统角色，包括架构，但是与传统角色相关的责任和任务仍然需要完成。性能工程、安全工程和可用性工程等角色都属于这一类。在每种情况下，都需要在架构和实现之外完成大量工作；然而，如果架构不适合，那么专门的工具和流程也无法挽救系统。

我们可以使用“左移”方法，并且相信自己已经在一个好的位置，但是不要休息，不要认为自己已经完成了。在整个交付生命周期中仍然需要持续的架构工作，比如在需要的时候做出新的架构决策、高风险决策的架构决策审查、持续的风险审查、适应功能的持续更新、持续的安全建模审查和监控度量的审查。这些活动需要被整合到团队工作的方式中，包括sprint或迭代的结束评审、sprint backlog的创建等。

9.6 实践中的持续架构

如果读者阅读了本书的全部内容，那么应该可以轻松地将持续架构的原则和工具付诸实践。希望即使读者只阅读自己认为相关的章节，也能找到有用的信息和策略。架构的成功是影响我们所谓的“已实现架构”（即在特定环境中作为代码实现的软件产品）的能力。同样，我们的成功将是从业人员立即将持续架构的建议付诸实践。

我们相信，目前的行业趋势正在远离传统的架构方法论，并且不要指望时光倒流。我们需要一种能够包含现代软件交付方法的架构方式，为这些方法提供一个更广阔的架构视角，而这正是持续架构试图达到的效果。

我们希望读者已经发现本书有趣和有用，并且能够受到它的启发，以新的思路调整并扩展其建议，了解如何为自己的项目提供架构支持，以快速提供强健有效的软件功能。祝好运，并希望与我们分享你的经验。

Appendix A 附录 A

案例研究

本附录描述了本书中使用的案例研究，以说明每章中介绍的架构技术。主要的权衡是，如果要创建单个案例研究来清楚地说明想要表达的每一点，案例研究就会变得过于复杂和不切实际。不过，我们已设法在很大程度上解决了这一僵局，基本令人满意。

我们在案例研究中选择了贸易金融领域中的云原生应用程序，因为它可能与读者已经研究过的系统有足够的相似之处，便于快速理解，也足够复杂，足以说明本附录主题。该应用程序被设计为拥有足够多的有趣的架构特性，这样我们就不用矫情地证明我们的观点了。正如在第 1 章中提到的，这个案例研究完全是虚构的。任何与真实贸易金融系统的相似之处纯属巧合。

贸易金融是金融业务的一个领域，是全球实物贸易的基础。贸易金融的理念是使用一系列金融工具来降低货物卖方未收到付款和货物接收方已付款但未收到货物的风险。它涉及金融中介机构（通常是银行）向买方和卖方提供担保，保证在特定条件下交易将由金融机构承保。

在本书中，我们无法完全描述一个现实的贸易金融系统，因此将案例集中在贸易金融的一个特定部分——信用证，并提供了一个概要架构描述，在本书的主要章节中使用案例研究时，我们填写了部分架构描述。在第 1 章中，我们提供了业务领域以及系统的关键参与者和用例的概述。本附录充分展开了这一描述，可作为本书其余部分的基础。

A.1 介绍 TFX

信用证（L/C）是一种常用的贸易**金融工具**，通常由参与全球贸易的企业使用，以确保在买方和卖方之间完成货物或服务的付款。信用证通过国际商会制定的公约（在其 UCP 600

指南中）进行了标准化。

除了货物的买方和卖方，信用证还涉及至少两个中间人，通常是银行，一个代理买方，一个代理卖方。银行在交易中充当担保人，确保卖方在货物发货后获得付款（如果买方未收到货物，则获得补偿）。

从历史上看，即使在今天，贸易金融流程都是劳动密集型的，以文档为中心，涉及对大型复杂合同文档的手工处理。在我们的案例研究中，一家虚构的金融科技公司已经看到了通过将大部分流程数字化来提高效率和透明度的潜力，并计划创建一个名为贸易金融交易（TFX）的在线服务，该服务将为信用证的签发和处理提供一个数字平台。该公司的战略是找到一家大型国际金融机构作为其第一个客户，然后向该机构的所有贸易金融客户出售该平台的使用权。

从长远来看，该计划是为大型国际银行的贸易金融业务提供 TFX 作为白标（可重塑）解决方案。因此，在短期内，它将是一个单租户系统，但如果最终该策略成功，它将需要发展为一个多租户系统。

TFX 的目的是让在贸易金融流程中撰写和使用信用证的组织以高效、透明、可靠和安全的方式进行交互。

正如第 1 章中的用例所述，TFX 的主要功能是允许国际货物买方向其银行申请信用证，并允许货物卖方从其银行兑换信用证付款。对于银行而言，该平台是一种简单高效的机制，用来与客户签订、执行和管理信用证合同。

TFX 系统是作为云原生软件即服务（Software as a Service，SaaS）平台构建的。在示例中，使用 Amazon Web Services（AWS）作为系统的云提供商，尽管我们在下面的架构描述中引用了 AWS 的特定功能，但这只是像 TFX 这种系统可能搭载的云平台的一个示例，并不是案例研究的重点。我们之所以选择 AWS，是因为它在业界被广泛采用，许多技术人员都熟悉其关键服务。我们不为云服务商带货，AWS 也并不优于其他云提供商，用 AWS 举例只是为案例研究带来一些接地气的感觉。

A.2 架构概述

本附录提供了 TFX 平台第一版的概要架构描述。本着工业实践的精神，我们提供“恰到好处的架构”来解释系统的关键方面，而无须定义设计细节，这些细节在落地过程中用代码描述比用模型描述更好。同样重要的是，请记住这是一个潜在系统的模型，并不反映我们构建的系统。因此，为了满足交付时间表或迎合我们无法实际包含的特定产品功能，通常需要进行权衡和决策。例如，尽管我们确实相信跟踪技术债务是一项必不可少的架构活动，但在本附录中也只能提供一些假设性示例。

架构的不完整描述也是有意为之。它的某些方面作为开放性问题保留（在本附录稍后概述），然后在章节中讨论，以说明架构设计过程的某些方面。其他方面未定义，因为不需要它们来支持本书的内容，出于篇幅原因，我们省略了它们。

架构描述以一组视图表示，这些视图取自 Rozanski 和 Woods（R&W）集合[⊖]，每个视图都说明了架构的不同方面。可以在维基百科上找到架构观点的完整描述，在 *Software Systems* 和 www.viewpoints-and-perspectives.info 网站中专门解释了 R&W 集合。简单来说，此模型中使用的视图如下所示：

- 功能视图：系统的运行时功能结构，展示了系统的运行时功能组件、每个组件暴露的接口，以及元素之间的依赖和交互。[功能组件是那些执行与问题域相关的活动，而不是与基础设施相关的活动（例如部署、容器编排和监控）的组件。]
- 信息视图：系统的信息结构，显示关键信息实体及其关系以及任何重要的状态或生命周期模型，以说明它们在系统内的处理方式。
- 部署视图：定义系统的运行时环境，包括系统需要的基础设施平台（计算、存储、网络）、系统中每个节点（或节点类型）的技术环境要求，以及软件元素到将执行它们的运行时环境的映射。如前所述，我们假设 TFX 是在 AWS 上运行的云原生应用程序。

A.2.1 功能视图

图 A.1 中的统一建模语言（Unified Modeling Language，UML）组件图说明了系统的功能结构，并在下文中进行了说明。

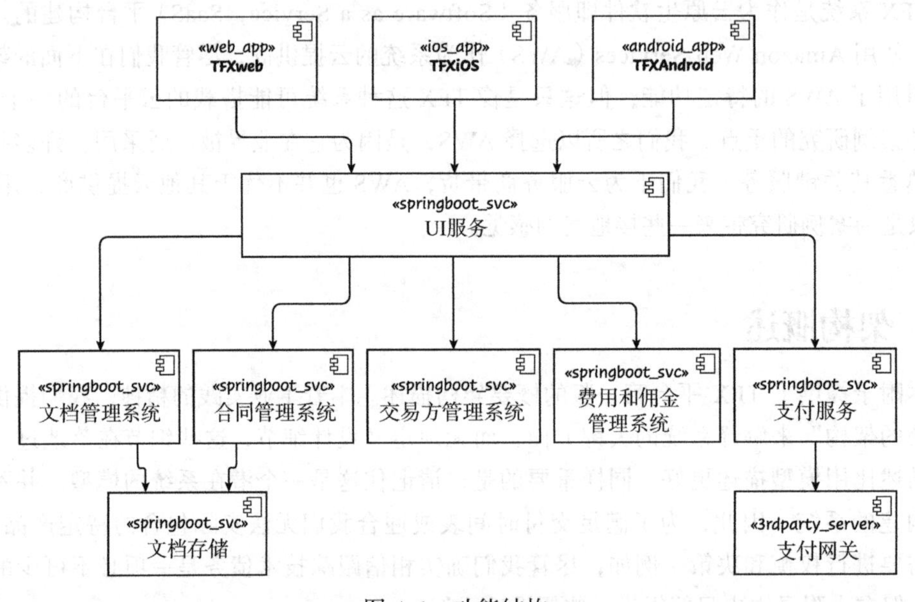

图 A.1 功能结构

⊖ Nick Rozanski and Eoin Woods, *Software Systems Architecture: Working with Stakeholders Using Viewpoints and Perspectives*, 2nd ed. (Addison-Wesley, 2012)

在图 A.1 中，我们使用了简单的方框和线条符号，其灵感来自 UML2 组件图符号。

- 矩形是功能部件。
- 组件之间的线条显示哪些组件调用其他组件上的操作。
- 在海鸥状引号（«»）之间的小文本是原型。原型用于指示每个组件的类型。我们使用这种机制来表示组件将如何从技术上实现。

在表 A.1 中，我们用自然语言非正式地解释了每个组件的特征。我们还通篇使用术语 API（Application Programming Interface，应用程序编程接口）来表示提供可调用操作的组件间接口，而不必定义每个组件使用哪种 API 技术。

表 A.1 功能视图组件描述

组件：TFXWeb	
描述	在桌面浏览器中运行的传统 Web 用户界面；使用基于 JavaScript、HTML 和级联样式表（Cascading Style Sheets，CSS）的技术来编写
职责	提供面向任务的界面，允许请求、创建、监控、执行和管理信用证和其他信用证部件为不同的银行员工和客户提供角色定制界面
提供的接口	通过浏览器提供人机界面
交互	调用 UI 服务来获取所需的全部信息，并进行必要的更新
组件：TFX iOS 和 TFXAndroid	
描述	移动端原生用户界面优化，适用于移动设备（小屏幕和大屏幕）
职责	提供面向任务的界面，允许请求、创建、监控、执行和管理信用证和其他信用证部件为不同的银行员工和客户提供角色定制界面
提供的接口	通过移动设备提供人机界面
交互	调用 UI 服务来获取所需的全部信息，并进行必要的更新
组件：UI 服务	
描述	提供一组 API 来支持应用程序用户界面的需求 作为域服务的前端服务，比简单的 API 网关功能更强大
职责	暴露一组专门满足用户界面需求的域服务，允许从中查询所有域实体，并控制其更新
提供的接口	为域服务提供 API
交互	调用域服务来提供对域实体和相关操作的访问被 TFXWeb、TFXiOS 和 TFXAndroid 组件深度使用
组件：文档管理系统	
描述	通过其他组件（尤其是用户界面）提供对大型非结构化文档 执行直接操作能力的服务
职责	接受各种格式（如文本、JSON、PDF、JPEG）的文件 从文件自动生成元数据 允许将元数据附加到文件 允许查询文档集以返回匹配文档的列表，包括非文本格式（如 PDF 和 JPEG）的自然语言关键字索引 允许检索特定的文档文件
提供的接口	提供了一个 API，允许两种类型的文档管理： 1）在单次或批量操作中导入和检索各种格式的大文件。 2）通过元数据管理文档集，允许标记、搜索和用复杂匹配规则（例如日期和标签）来检索文档列表
交互	使用文档存储来存储、索引和管理正在导入的文档

（续）

组件：交易方管理系统	
描述	管理并提供对以下事项描述信息的受控访问： • 交易方——银行以及银行支持的买卖双方 • 银行账户——银行及其客户使用的银行账户 • 用户——有关银行工作人员及其客户的信息，这些人是授权和身份验证系统中无法保存的系统用户
职责	受控操作：创建、修改和移除交易方 受控操作：创建、修改和删除银行账户 受控操作：创建、修改和删除用户 受控操作：创建、修改和删除用户授权 持久存储和维护所有这些信息的完整性 简单检索与交易方、银行账户、用户和授权相关的信息 对用户和授权信息的复杂查询 检查基于谓词的授权相关的查询（例如，“is-authorized-to-release”是否授权发布）
提供的接口	提供给系统内部组件使用的API
交互	无
组件：合同管理系统	
描述	提供创建和管理代表信用证（L/C）的合同对象的能力
职责	合同域对象的创建和管理 管理合同对象的状态（使其在任何时候都处于有效的、明确定义的生命周期状态，并且仅根据定义的状态模型做状态切换） 处理合同域对象所需的批准流程（多个且可能很复杂）
提供的接口	提供API来创建、管理、批准和查询合同对象
交互	依赖于文档管理系统来存储和检索文档文件（例如PDF） 作为信用证创建过程的一部分，依赖费用和佣金管理系统来计算费用和佣金 依赖交易方管理系统来记录由信用证赎回流程产生的客户账户交易
组件：费用和佣金管理系统	
描述	提供计算操作，允许按需计算费用和佣金 允许定义和管理费用和佣金的计算规则
职责	提供受控操作：创建、修改和删除费用和佣金的计算规则 持久化存储，并维护费用和佣金计算规则的完整性 允许按需计算费用和佣金的数额
提供的接口	提供API以允许定义费用和佣金的计算规则 提供API以允许为特定交易计算费用和佣金
交互	无
组件：支付服务	
描述	提供创建和管理支付域对象的能力
职责	允许创建付款，在需要时获得批准，发送到网络并查询其状态
提供的接口	提供API来创建、管理和查询付款
交互	向支付网关发送指令

（续）

组件：文档存储	
描述	用于非结构化文档数据的存储
职责	提供受控操作：创建、修改和删除有元数据关联的非结构化文档数据 提供存储文档的索引 提供存储文件的标签 允许通过 ID 检索文档 允许通过元数据和标签搜索定位文档 允许通过全文搜索定位文档
提供的接口	提供 API 以进行文档存储、检索、查询和管理
交互	无
组件：支付网关	
描述	网络服务接口，通过标准接口对支付网络进行标准化和简化的访问
职责	提取支付网络接入标准模型的细节 为其他系统组件提供执行标准支付网络操作（支付、取消、报表）的能力
提供的接口	提供 API，以独立于支付网络的方式，提供对支付网络操作简单而标准化的访问
交互	无内部交互——通过其专有接口访问一个或多个外部支付网络

使用场景

架构中设计的系统组件间常用交互如下：

- 用户界面调用 UI 服务来与系统的其余部分进行交互。该服务提供了一组针对用户界面需求做了优化的 API，并成为系统其余部分的前端系统。
- 当用户界面需要操作系统中的关键域实体时，它们会调用 UI 服务的 API，而 UI 服务的 API 又会依次调用交易方管理系统、费用和佣金管理系统、文档管理系统、合同管理系统和支付服务。
- 更复杂的操作在相关的领域服务（例如，合同管理系统，负责创建和交付信用证合同，这是一个复杂的过程）中实现。
- 由于一些操作需要长时间运行，某些域服务需要提供异步以及简单的事务 API 接口。
- 当需要导入和处理大型文档（例如，自然语言处理）时，UI 服务会向负责此任务的文档管理系统发出请求。

这些操作本质上是异步的，当通过文档导入器 API 发出请求时，会返回一个文档 ID。文档导入器将处理结果写入文档管理系统，由该 ID 标识，调用者可以使用 API 和文档 ID 查询文档的状态。文档 ID 还用于多阶段操作，例如根据文档大小将文档分段上传。

TFX 系统很可能还会将其 API 对外开放给业务合作伙伴。这可能导致不同的收入来源和业务规划。我们没有进一步扩展 TFX 的这一方面，但最有可能的方法是创建一个外部 API 服务，作为域服务的外观，类似于我们用户界面的 UI 服务。

为了提供系统处理请求的具体示例，考虑由开证行雇员的代理人批准签发信用证合同。该过程由图 A.2 中的交互图说明，并在正文中进行了解释。

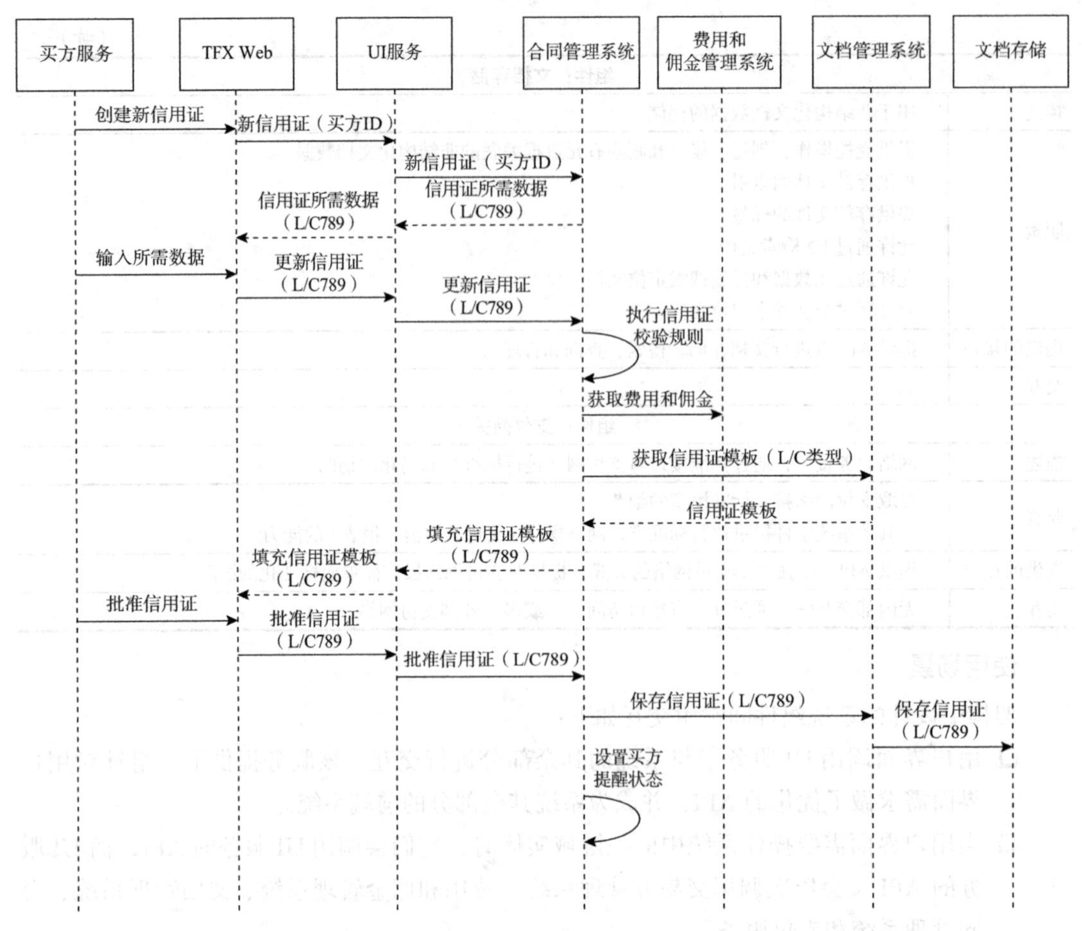

图 A.2　创建信用证场景——买方视角

对于案例研究中的交互图，我们使用了 UML 符号的简化版本。图表顶部的框代表正在通信的运行时系统组件，自它们而下的投影垂直线是它们的“生命线”，显示它们接收和发送消息的位置，时间的流逝由垂直距离表示。实心箭头是元素之间某种形式的调用，它们的标签指示交互的性质。虚线是组件对请求的响应。我们偶尔会使用原型来表明交互的类型。

第一个场景，由图 A.2 中的交互图说明，显示了如何从买方的角度创建新的信用证。

图 A.2 中的交互如下：

1）买方通过 TFXWeb 要求开立新的信用证。

2）UI 服务将请求传递给带有买方 ID 的合同管理系统。

3）合同管理系统根据买方 ID 确定信用证所需的数据——假设系统可根据买方的特征进行配置。合同管理系统还为请求分配一个唯一的信用证 ID（789）。

4）在用户界面中呈现所请求的数据，买方填写所有数据（例如，卖方详细信息、合同条款）。

5）买方输入所有必需的数据，然后将这些数据传给合同管理系统。

6）合同管理系统通过费用和佣金管理系统执行规则验证，包括验证费用和佣金。

7）合同管理系统向文件管理系统请求信用证模板。

8）填写了所有相关数据的信用证模板被提交给买方进行最终验证。

9）买方批准信用证，信用证转交给合同管理系统。

10）合同管理系统请求文档管理系统保管信用证。文档管理系统提取所有相关元数据，并将信用证存储在文档存储中。

11）合同管理系统设置卖方的通知状态，表明已为卖方开立信用证。

图 A.3 显示了从卖方视角说明的相同场景。

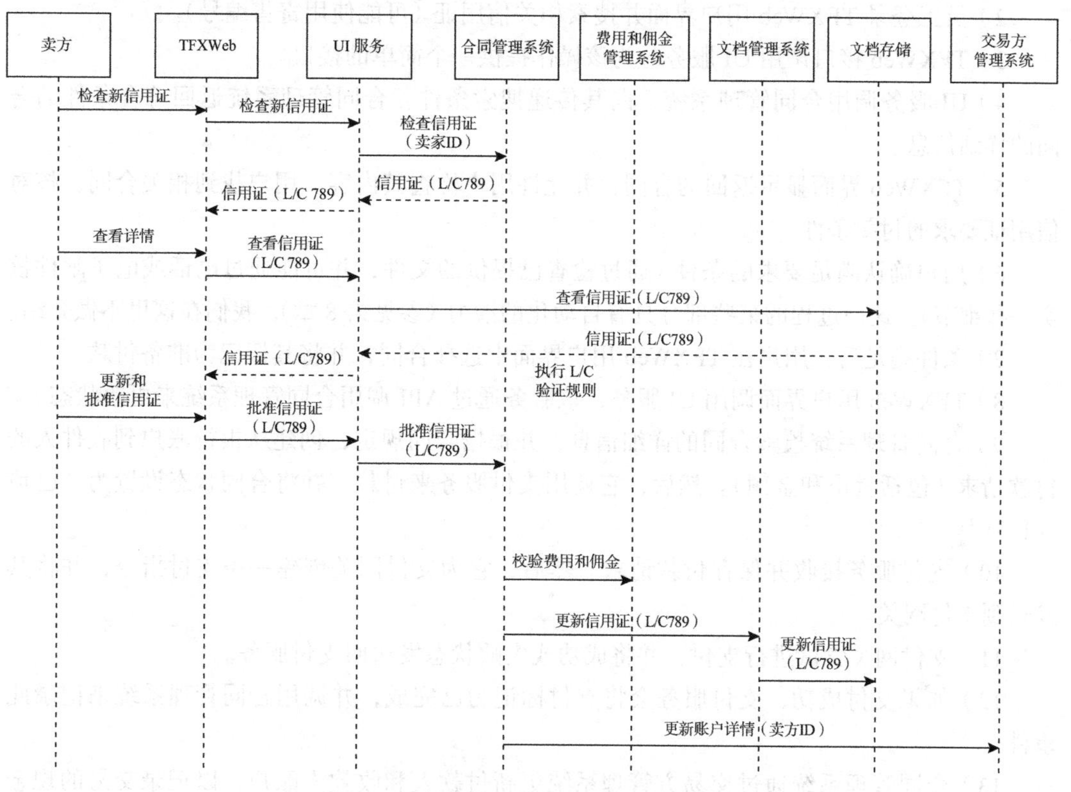

图 A.3　创建信用证场景——卖方视角

1）卖方通过 TFXWeb 要求 TFX 检查新信用证。

2）UI 服务将带有卖方 ID 的请求传给合同管理系统。

3）合同管理系统找到买方开立的新信用证，并将此信息返回给卖方。

4）卖方要求查看完整的信用证文件。

5）UI 服务将带有信用证 ID 的请求传给文档存储。

6）卖方批准信用证，UI 服务将其传给合同管理系统。

7）合同管理系统执行验证规则，包括通过费用和佣金管理系统验证费用和佣金。为简单起见，我们没有展示在复杂场景中会出现的异常或反馈循环；在这里只展示最简单的“完美路径”场景。

8）合同管理系统要求文档管理系统将更新后的合同和卖方批准信息保存在文档存储中。文档管理系统更新合同的相关元数据。

9）合同管理系统要求交易方管理系统更新卖方的账户详细信息。

第二个例子是货物到达，根据信用证合同条款触发供应商付款。该过程如图A.4所示，并在正文中进行解释。

1）卖方可能通过电子邮件里的提货单文件，将信用证担保的装运货物通知银行雇员。

2）员工登录TFXWeb用户界面并搜索相关信用证（可能使用寄售编号）。

3）TFXWeb接口调用UI服务，为该操作提供一个简单的接口。

4）UI服务调用合同管理系统，向其传递搜索条件，合同管理系统返回符合条件的合同的详细信息。

5）TFXWeb界面显示返回的合同，并允许用户检查其内容。用户找到相关合同，核对信用证要求的付款条件。

6）用户确认满足要求的条件（通过检查已提供的文件，并可能通过电话或电子邮件核实一些细节）。这一过程的某些部分具有自动化的潜力（参见第8章），我们在这里不做介绍。

7）条件满足后，用户在TFXWeb用户界面中选择合同，并将其标记为准备付款。

8）TFXWeb用户界面调用UI服务，该服务通过API调用合同管理系统来更改状态。

9）合同管理系统检索合同的详细信息，并根据合同规定，创建从银行账户到收件人的付款请求（包括货币和金额）。然后，它调用支付服务来付款，并将合同状态设置为“已请求付款”。

10）支付服务接收并保存付款请求。然后，它为支付网关创建一条支付指令，并将其发送到支付网关。

11）支付网关尝试进行支付，并将成功或失败状态发送回支付服务。

12）如果支付成功，支付服务会将支付标记为已完成，并调用合同管理系统来记录此事件。

13）合同管理系统通过交易方管理系统更新付款人和收款人账户，以记录交易的现金流动。

14）合同管理系统将合同标记为已支付和已完成，成功返回到UI服务，然后返回到TFXWeb服务，银行员工可以在其中查看状态并通知卖方。

如果支付指令因暂时性错误而失败，支付服务将重试几次。如果支付指令因永久性错误或多个暂时性错误而失败，则支付服务会将请求标记为失败，并调用合同管理系统记录此事件。然后，合同管理系统将信用证合同标记为处于错误状态，并需要人工介入来纠正付款信息。

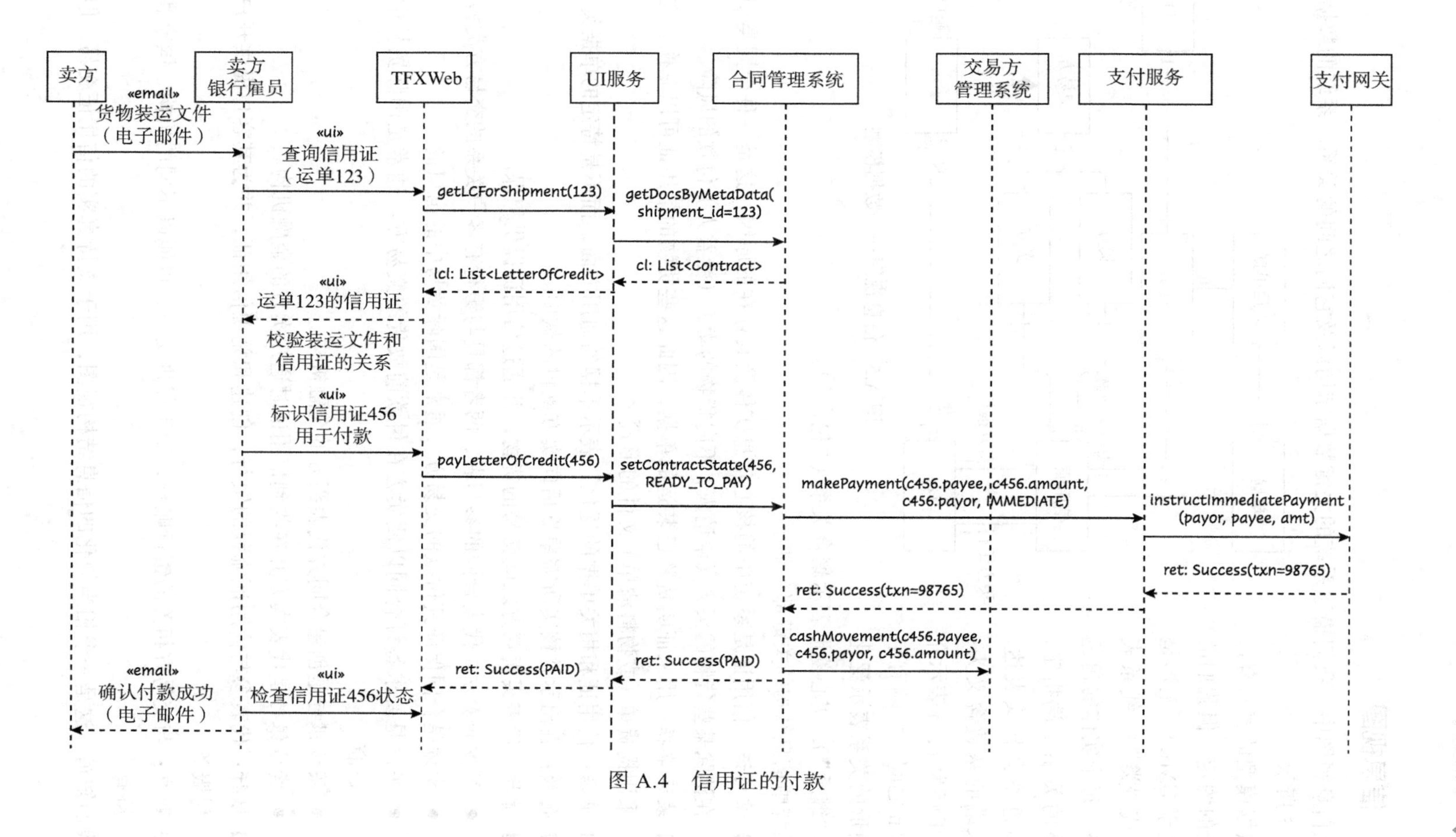

卖方
卖方银行雇员
TFXWeb
UI服务
合同管理系统
交易方管理系统
支付服务
支付网关
«email»
货物装运文件
（电子邮件）
«ui»
查询信用证
（运单123）
getLCForShipment(123)
getDocsByMetaData(
shipment_id=123)
cl: List<Contract>
lcl: List<LetterOfCredit>
«ui»
运单123的信用证
校验装运文件和
信用证的关系
«ui»
标识信用证456
用于付款
payLetterOfCredit(456)
setContractState(456,
READY_TO_PAY)
makePayment(c456.payee, c456.amount,
c456.payor, IMMEDIATE)
instructImmediatePayment
(payor, payee, amt)
ret: Success(txn=98765)
ret: Success(txn=98765)
cashMovement(c456.payee,
c456.payor, c456.amount)
ret: Success(PAID)
ret: Success(PAID)
«ui»
检查信用证456状态
«email»
确认付款成功
（电子邮件）

图 A.4 信用证的付款

A.2.2 信息视图

在信息视图中，我们描述系统的关键数据结构以及它们之间的关系。系统的数据模型如图 A.5 所示。

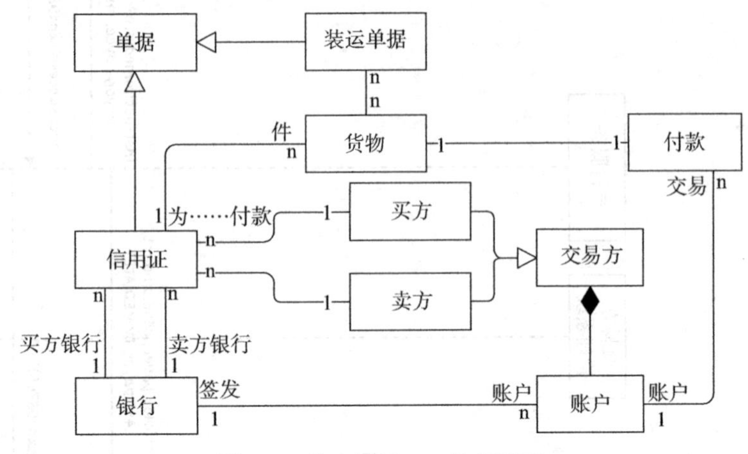

图 A.5 信息视图——数据模型

数据模型的表示有许多不同的约定，但我们的约定基于 UML2。矩形是实体（或“类”），线条表示关系，每个实体的角色在实体的关系末端指定，其中角色不会显式表达，关系末端的基数含义为：1 表示正好为 1，n 表示介于 0 和 n 之间。一端有空心三角形的关系表示泛化关系（“继承”），实心菱形表示聚合关系（“包含”）。

系统中信息结构的关键部分如下：

- 信用证：信用证是系统中的核心信息实体及其存在的原因。这是一种合同类型，旨在消除某些货物的买方（申请人）不向货物的卖方（受益人）付款的风险。
- 装运单据：用来证明货物已装运的单据，因此这些货物的信用证可以兑换。它通常采用提货单（或物料清单）文件的形式。
- 单据：信用证和相关单据的泛化，表示单据的通用方面，而不是特定的单据类型。
- 付款：在出示并核实所需单据后向卖方支付的款项。
- 货物：代表买卖双方之间交易的货物，并通过信用证提供担保。
  - 买方和卖方：代表合同的参与者，两者都是与银行有客户关系的交易方类型。
  - 卖方是合同保证其付款的交易方。通常是国际贸易中的出口商。
  - 买方是要求签订合同以便卖方在付款前放货的交易方。通常是国际贸易中的进口商。
  - 买方银行是创建合同并代表买方的金融机构。
  - 卖方银行是代表卖方并在收到信用证时通知卖方的金融机构。
- 银行：代表参与信用证流程的银行，创建和兑现信用证，并为其客户提供开户和支付服务。
- 账户：与交易方相关的银行账户，用于促进交易，可能以不同的机构、国家和货币持有。

我们知道，这是一个相当简化的信息结构视图，用于支持真实的信用证交易，但它抓住了本质，满足了我们的目的，同时避免了过度复杂。

在实践中，我们一再发现像这样的模型在捕捉领域的本质，而不是试图捕捉领域专家知道的所有细节时最有价值。这种模型有助于向新手解释该领域的基本要素，并提供学习的起点和背景，在学习时可以将更详细的知识置于其中。

这样的模型还可以为创建领域驱动设计方法所需的更详细领域模型和通用语言提供一个起点。一旦开始实施，就需要对模型进行改进（例如，在这种情况下，“买方”和“卖方”可能成为“交易方”的角色，而不是实体本身的角色，并且需要添加缺少的元素，如费用和佣金数据）。然而，我们发现，与领域专家合作生成一个不错的抽象模型（如本模型）是流程中重要的第一步，随着项目的发展，这样的模型仍然是一个有用的参考物。

A.2.3 部署视图

图 A.6 中的 UML 部署图描述了系统在其操作环境中的部署。

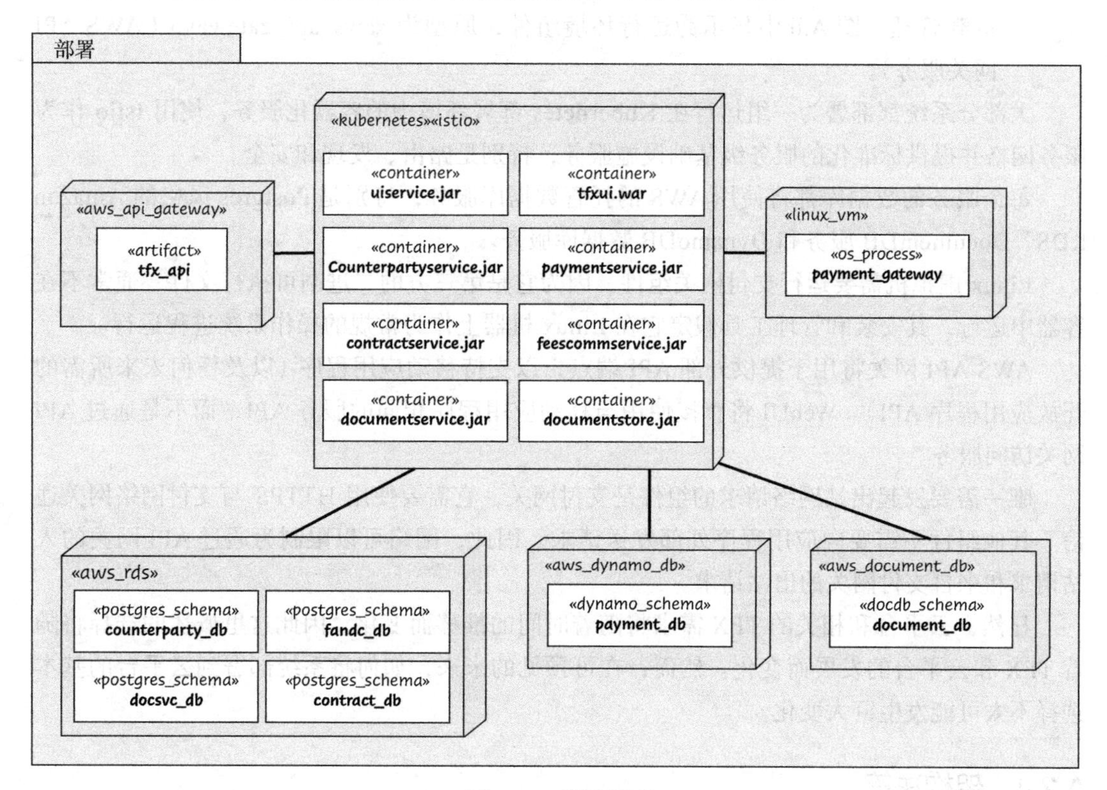

图 A.6 部署视图

假设 TFX 将部署在 AWS 云平台上，我们已经尽量注意不依赖 AWS 提供的任何具体的服务，保留使用其他云服务商或自建机房部署的可能性（未来可能需要）。

应用程序需要其部署环境提供以下服务：

- 容器执行环境（例如 Kubernetes）和某种用于服务发现、路由请求、安全性和请求跟踪（例如 Istio 服务网格）的服务级基础设施提供商。这在图 A.6 中显示为运行环境组件，原型是 «kubernetes» 和 «istio»。
- 提供 SQL 关系型数据库存储的数据库服务。这在图 A.6 中显示为运行环境组件，原型是 «aws_rds»（AWS 关系型数据库服务）。
- 提供面向文档数据存储的数据库服务。图 A.6 中显示为运行环境组件，原型为 «aws_document_db»（AWS DocumentDB 服务）。
- 提供面向键值存储的数据库服务。图 A.6 中显示为运行环境组件，原型为 «aws_dynamo_db»（AWS DynamoDB 服务）。
- Linux 虚拟机，在图 A.6 中显示为运行环境组件，原型为 «linux_vm»（对应于 AWS EC2 虚拟机服务）。
- API 网关，在外部流量从互联网访问我们的应用程序时，为应用程序提供安全性和负载管理。图 A.6 中显示为运行环境组件，原型为 «aws_api_gateway»（AWS API 网关服务）。

大部分系统都部署为一组运行在 Kubernetes 部署环境中的容器化服务，使用 Istio 作为服务网格并提供标准化的服务级基础设施服务，特别是路由、发现和安全。

每个服务的数据库都将使用 AWS 的托管数据库服务，特别是 Postgres 风格的 Amazon RDS、DocumentDB 服务和 DynamoDB 数据库服务。

Linux 虚拟机需要运行支付网关组件，因为它是第三方的二进制可执行文件，通常不在容器中运行，其安装和管理工具假定它在 Linux 机器上作为常规的操作系统进程运行。

AWS API 网关将用于提供外部 API 端点，以支持移动应用程序（以及任何未来所需的开放应用程序 API）。WebUI 将直接使用与移动应用程序相同的服务 API，而不是通过 API 网关访问服务。

唯一需要发起出站网络请求的组件是支付网关，它需要使用 HTTPS 与支付网络网关通信。其他组件不需要向应用程序外部发送请求。因此，网络可以限制为通过 API 网关的入站请求和来自支付网关的出站请求。

显然，云平台和相关的 TFX 需求将随着时间的推移而变化，因此这里概述的选择将随着 TFX 和云平台的发展而变化。然而，在可预见的未来，如何将系统部署到云平台的基本选择不太可能发生巨大变化。

A.2.4 架构决策

在第 2 章中，我们指出架构决策是架构的工作单元，因此，如果不在案例研究中描述架构决策，那将是我们的疏忽。但是，囿于篇幅，不可能列出搭建系统（如 TFX）的所有架构决策。因此，我们在表 A.2 中提供了一系列架构决策。基本决策（FDN）支持本附录所述的案例研究。其他的决策涵盖了基于第 3 ～ 8 章所述主题的系统演变示例。

表 A.2 架构决策日志

类型	名称	ID	简要描述	选项	逻辑依据
基本型	原生的移动 App	FDN-1	移动设备上的用户界面将实现成原生的 iOS 和 Android 应用程序	选项 1，开发原生的应用程序 选项 2，通过浏览器实现响应性设计	更好的最终用户体验。更好的平台集成。然而，这两个平台存在重复工作，而且跨平台可能存在不一致
基本型	面向领域的结构	FDN-2	功能结构基于域的结构（合同、费用、文件、付款）构建，而不是围绕流程或交易（例如信用证创建、信用证关闭、付款发放）设计	选项 1，面向域的结构 选项 2，面向流程 / 交易的结构	系统的存储状态被划分为单独的内聚存储块，可以最大限度地减少耦合。 系统的服务与明确定义的职责紧密相连。对于不同的流程或事务，系统的服务可以用不同的方式组合。 然而，与围绕流程构建的系统相比，许多流程需要更多的服务间通信
基本型	基于服务的结构	FDN-3	基本结构单元是一个服务，通过 API 同步或异步消息请求访问。它不用围绕着事件或任何其他机制来构建	选项 1，传统单体结构 选项 2，事件驱动的架构 选项 3，基于服务的架构	大多数人能很好地理解服务，并且服务设计相当简单。监控和调试比使用隐式连接（如事件流）和事件驱动系统要容易得多。一组服务比单体应用更容易快速演进和快速发布。付出的代价是，随着时间的推移，会出现许多服务间依赖关系，使某些类型的演进变得困难（例如替换某个服务）
基本型	独立服务	FDN-4	该系统被构造为一组独立的运行时服务，仅通过定义明确的接口进行通信（而不是共享数据库或作为单体集合进行本地过程调用）。通过这种方式，它是基于微服务模式的本质来构建的（不是所有细节都是如此）	选项 1，独立服务 选项 2，传统单体服务 选项 3，服务共享数据库 选项 4，事件驱动的架构	随着系统的本地化，演进和部署应该更容易，我们将避免服务之间在数据层耦合。如果我们认为这是合理的，不同的团队能够做出不同的实施决策（例如数据库技术选择）来落地不同的服务，那么这个系统会比单体系统演进得更快。代价是，我们需要部署、监控和操作更多的单元，而操作监控和调试比使用单体结构更加困难

（续）

类型	名称	ID	简要描述	选项	逻辑依据
基本型	用于服务间交互的RPC	FDN-5	在当前的实现中，所有元素间通信都将使用某种远程过程调用（RPC）(大多数是REST样式的JSON/HTTP调用)，而不是使用命令和查询消息通过消息传递实现请求/响应的交互	选项1，RPC通信 选项2，基于消息的通信	最初的决定是使用RPC，基于RPC的方法更易于构建、监控和操作，并以降低可伸缩性和灵活性为代价提供更低的延迟。它会阻止某些监控和恢复策略（例如，队列长度监控和消息重放）
基本型	通用云服务	FDN-6	在决定如何部署应用程序时，团队选择使用AWS，但特意使用在其他云（例如Azure）上也很容易获得的服务	选项1，使用AWS特定服务的AWS特定架构 选项2，精心设计以避免使用AWS特定服务	目前，团队使用选项2，这里没有权衡的必要，因为他们不需要云服务上任何奇特的东西。如果将来团队确实想使用AWS上的特殊服务（例如Glue或Redshift），他们需要改变这个决定或找到一种独立于云的方式来实现它（例如，使用Talend和Snowflake代替AWS的服务）
基本型	容器化、Kubernetes和Istio	FDN-7	考虑到Docker容器和Kubernetes容器编排系统是目前的主流做法，团队选择将服务和Web UI打包为容器，在Kubernetes中运行。他们还设想使用服务网格中间件（例如Istio）用于服务发现、服务间安全、请求路由和监控	选项1，把二进制文件直接部署在操作系统上 选项2，使用Kubernetes和容器 选项3，使用容器和DC/OS或Nomad等替代方案	团队使用选项2，尽管这些技术对部署和运维增加了相当多的复杂性。但是，它们被广泛使用，社区强大，参考意见不少。此外，他们计划使用Amazon EKS服务，而不是自己搭建Kubernetes，这大大简化了工作量。团队仍然需要手动安装Helm和Istio以及配置和使用生成的环境。本书作者在撰写本文时，Kubernetes占据霸主地位，当团队考虑其他替代方案时，他们很快决定接受它更高的复杂性，毕竟随大流比较保险
数据型	对事务型服务使用关系型数据库	DAT-1	交易方管理系统、合同管理系统、费用和佣金管理系统的数据库是关系型数据库	选项1，关系型数据库 选项2，文档型数据库 选项3，其他NoSQL数据库	满足质量属性要求 ACID事务模型与访问模式一致 团队掌握基本技能

数据型	文档存储的数据库技术	DAT-2	文档存储将使用文档型数据库作为持久化层	选项 1，关系型数据库 选项 2，文档型数据库 选项 3，其他 NoSQL 数据库	支持文档的自然结构，如果需要，可以增加扩展字段
数据型	支付服务的数据库技术	DAT-3	支付服务将使用键值型数据库作为持久化层	选项 1，文档型数据库 选项 2，键值型数据库 选项 3，关系型数据库	实际中使用的支付服务独立于平台之外。支付服务可以使用基础数据库作为日志和审计跟踪。这样可以满足未来扩展的需求
数据型	商品追踪数据库	DAT-4	商品追踪数据库将使用文档型数据库作为持久化层	选项 1，文档型数据库 选项 2，键值型数据库 选项 3，关系型数据库	能够满足数据模型演进的需求 开发者容易上手 完全可以满足伸缩性和可靠性的需求
安全型	流量加密	SEC-1	通过加密组件间通信，消除内部系统组件间请求的隐私威胁	选项 1，依赖环境的边界安全检查 选项 2，使用 TLS 加密所有组件间通信流量 选项 3，在请求参数中加密敏感信息	选项 2 的 TLS 点对点方案比较容易落地。在云平台上，祈祷攻击者不要侵入网络是痴人说梦。加密敏感参数比 TLS 效率更高，但是容易漏掉许多地方，实施安全性更复杂
安全型	云密钥存储	SEC-2	保护密钥，如使用云密钥仓库保存数据库登录凭证	选项 1，混淆后存储在配置文件中 选项 2，使用云密钥存储服务	选项 1 简单、非侵入且可快速实施，但如果攻击者获得对环境的访问权限，则不是很安全。选项 2 更具侵入性，需要更多的工作，但考虑到某些数据的敏感性，这是必要的
可伸缩型	分析型数据库更新机制	SCA-1	随着 TFX 事务型数据库的更新，我们使用数据库复制机制将更新复制到分析型数据库	选项 1，使用 TFX 数据库复制机制 选项 2，使用事件总线来同步更新的数据	由于数据序列化、数据传输、数据反序列化和写入处理，使用事件总线可能会在高容量下增加几毫秒甚至几秒的延迟。使用 TFX 数据库复制机制将减少传播延迟，因为在大多数情况下，它将传送数据库日志而不是处理事件。这对于一致性和可伸缩性非常重要。代价是它确实增加了组件之间的耦合

（续）

类型	名称	ID	简要描述	选项	逻辑依据
可伸缩型	实现 TFX 表分区	SCA-2	TFX 安装伊始不实施表分区	选项 1，TFX 安装伊始就实施表分区 选项 2，TFX 安装伊始不考虑实施表分区，推迟到开始支持多租户的场景	由于最初的 TFX 部署将是完全复制安装，因此团队决定此时不实施表分区。此决定适用准则 3（在绝对必要的时候再做设计决策）。但是，随着使用 TFX 的银行数量增加，当有必要切换到其他多租户方法时，团队将需要重新评估使用表分区甚至分片
性能型	请求的优先级	PRF-1	对信用证支付交易等高优先级请求使用同步通信模型。将异步模型与队列系统一起用于低优先级请求，例如大容量查询	选项 1，对所有请求都使用同步模型 选项 2，高优先级请求使用同步模型，低优先级请求使用异步模型 选项 3，对所有请求都使用异步模型	对所有请求都使用同步模型比较容易实现，不过容易造成性能问题。对低优先级请求引入异步模型可以解决性能问题。这个决策是 FDN-5 的进化版本
性能型	减小开销	PRF-2	将交易方管理系统和账户管理系统整合为单一服务	选项 1，将较小的组件分开以方便修改 选项 2，将较小的组件整合进较大的服务以提高性能，这样可以减小组件间通信的开销	最初，交易方服务分为两个部分：交易方管理系统，负责处理交易方的主数据；账户管理系统，负责处理交易方的账户。这很容易成为一个可行的替代方案。但是，这个方案造成的跨组件通信流量非常高，并且可能会产生性能瓶颈。在架构设计过程的早期，团队选择将这两个组件整合到一个交易方服务中，以解决性能问题
性能型	缓存	PRF-3	交易方管理系统、合同管理系统以及费用和佣金管理系统组件考虑使用数据库对象缓存	选项 1，不使用数据库对象缓存，简化 TFX 的实现 选项 2，为特定 TFX 组件开启数据库对象缓存	为特定 TFX 组件使用数据库对象缓存可解决潜在的性能问题，但会使这些组件的实现复杂化，使用缓存会带来设计和编程挑战

性能型	非 SQL 技术	PRF-4	文档管理系统使用文档型数据库，支付服务使用键值数据库	选项 1，为特定 TFX 数据库使用非 SQL 技术 选项 2，为 TFX 数据库使用 SQL 技术	TFX 开发人员熟悉和知道如何使用 SQL 数据库技术。但是，将 SQL 用于文档管理系统和支付服务等 TFX 数据库可能会产生性能问题。这与 DAT-2 和 DAT-3 说的一致
弹性型	流量消减	RES-1	TFX 使用云 API 网关来监控所有请求，当进入系统的流量超过阈值时，则开始消减流量	选项 1，通过云 API 网关使用流量消减 选项 2，不使用流量消减 选项 3，将流量消减功能做到应用程序里去	流量消减将在不更改应用程序的情况下保护应用程序免于过载，它是很有价值的。将该功能构建在应用程序中是一种更灵活的方法，但需要大量的编码工作。API 网关足以满足当前的需求。它还充当应用程序部署中的防水隔离舱（部分损坏不至于影响整体）
弹性型	UI 客户端熔断器	RES-2	TFX 用户界面将应用熔断器模式来保证遭遇错误后能够恢复	选项 1，在客户端使用熔断器 选项 2，当客户端遇到错误时，使用简单暂停的方法 选项 3，客户端无视错误并重试	一个简单的错误暂停将对单个瞬态服务错误反应过度，但在发生真正故障时不会为服务提供足够的保护。忽略错误可能会在重启期间继续发送大量请求流量，从而使服务恢复复杂化
弹性型	健康检查功能	RES-3	所有 TFX 运行时组件将提供标准的健康检查操作，以确认组件是否正常工作	选项 1，使用标准健康检查操作 选项 2，使用外部机制来检查组件可用性 选项 3，依赖日志文件	外部检查机制会破坏封装，并且在组件发生改变时需要进行改造。日志文件是一个滞后的指标，不适合进行健康检查。日志文件还需要跨组件标准化才能用于此目的
机器学习型	TFX 文档分类模型	ML-1	TFX 利用预先打包的可重用软件进行文档分类	选项 1，使用 R 或 Python 语言为 TFX 创建神经网络 选项 2，利用专家级开源软件，如斯坦福自然语言研究小组开发的软件	考虑到选项 1 中涉及的架构取舍，例如可维护性、可伸缩性、安全性和易于部署，利用预打包的可重用软件是一个更好的选择。选项 1 需要大量的构建工作

我们还没有根据所有架构决策来表示 TFX 系统的完整架构。这是有意为之，目的是让读者概览开发团队需要做出的架构权衡。

最后，我们希望架构决策在真实系统中有更多的细节和支撑内容。更全面的概述，请参阅第一本书《持续架构》[⊖]的第 4 章。

A.3 其他架构考量

A.3.1 多租户

TFX 的计划涉及了一个初始版本，由创建它的金融科技公司的第一个客户使用，这是一家参与贸易金融的主要金融机构。第一个客户计划使用 TFX 来自动化为其客户开立、管理和处理信用证的贸易金融流程。在未来，金融科技公司希望向提供类似服务的其他金融机构提供贸易金融流程平台。

金融科技公司不想打包销售软件业务，因此需要将软件作为 SaaS 部署提供给其他银行。这意味着某种形式的多租户，因为 TFX 需要同时托管多家银行的工作，这些银行的工作必须彼此完全隔离。

团队可以通过至少三种方式实现这一目标：

- 完整复制：为每个客户复制整个系统，每个客户都在自己的隔离云环境中。这是最简单的多租户形式，核心应用代码几乎不需要改动，对于少量客户效果很好，消除了大部分安全风险，确保了客户端之间的资源隔离，允许独立升级并支持每个顾客。这种方法的问题在于，当需要支持大量客户时，意味着大量（数十或数百个）安装，所有这些都需要独立监控和管理。它们还需要快速升级，以避免生产环境因同时存在多个版本而产生巨大操作复杂性（有时对于安全补丁等情况，也需要快速升级）。
- 数据库复制：包括一组应用程序服务，但每个客户都有一组单独的数据库。因此，每个客户的数据都是物理隔离的，但所有传入的请求都由一组应用程序服务处理。这种方法为许多客户提供了重要的保证，即他们的数据不会泄露给其他客户，而且对于大量客户来说，操作上比完整复制更简单。但是，它需要对核心应用程序的某些部分进行相当深入的改造，因为应用程序服务需要携带当前客户标识符作为请求上下文的一部分，并且需要用它为每个操作选择正确的数据库。随着客户数量的增加，这种方法会减少运营开销，但无法完全消除这种负担。一组单一的应用程序服务大大降低了监控、升级和打补丁的复杂性，但当大量客户使用该系统时，升级可

⊖ Murat Erder and Pierre Pureur, *Continuous Architecture: Sustainable Architecture in an Agile and Cloud-Centric World* (Morgan Kaufmann, 2015)

能仍会涉及大量数据库的工作。

- 完全共享：技术上最复杂的方法，但从长期来看，操作上最有效。这是谷歌、微软、亚马逊和 Salesforce 等巨头使用的方法。单个系统用于支持所有客户，所有系统组件在客户之间共享。这意味着数据库中的客户数据以及共享应用程序服务混合在一起。这种方法的巨大优势（从运营商的角度来看）是单一系统来监控、运营、打补丁和升级。缺点是，它需要应用程序中复杂的机制来确保特定请求始终在正确的安全上下文中处理，因此永远不能从错误客户的安全域来访问数据。

总之，初始部署将是一个完整的复制安装，因为我们没有客户，需要尽快为第一个客户推向市场，但一旦系统需要支持大量银行，我们可能需要实施一种更复杂的方法。

A.3.2　满足我们的质量属性要求

如果读者在阅读本书其余部分之前阅读了本附录，可能会想知道我们在本附录中没有提到的所有其他架构问题和机制，例如日志记录和监控、安全机制（例如，身份验证）、如何确保数据库的弹性，等等。我们没有忘记这些问题，但我们在讨论它们如何有助于系统满足其质量属性要求（如可伸缩性、性能、安全性和弹性）的场景下解决了这些问题，因此读者将在这些质量属性的相关章节中找到它们。

Appendix B 附录 B

共享分类账技术实现对比

正如我们在第 8 章中看到的，共享分类账可以实现为公共区块链（如比特币或以太坊）、私有区块链（如 Quorum）、公共分布式分类账（如 Corda Network 或 Alastria）和私有分布式分类账（如 Corda R3）。私有区块链和分布式分类账技术通常由具有类似目标的各方（如银行）组成的联盟来运营，这些联盟希望改善贸易金融流程并降低风险[⊖]。表 B.1 从架构的角度比较了三种常见实现的功能。

表 B.1　三种区块链和分布式分类账技术（Distributed Ledger Technology，DLT）实现的比较

组件	公共 / 无许可区块链	私有 / 许可区块链	私有分布式分类账
数据	冗余数据持久化，所有数据都存储在所有节点上	冗余数据持久化，所有数据都存储在所有节点上	在某些节点之间有选择地共享数据
网络访问	公网	仅允许私有网络	仅允许私有网络
网络结构	用于匿名点对点交易的大型自治和去中心化公共网络	为可识别的点对点交易集中规划的专用网络集合	为可识别的点对点交易集中规划的专用网络集合
网络治理	去中心化自治	由中心化组织或联盟管理	由中心化组织或联盟管理
网络信任	信任分布在所有网络参与者之间	信任分布在所有网络参与者之间。所有交易在被接受之前都要经过验证。网络运营商的控制受到严格限制	信任分布在所有网络参与者之间。所有交易在被接受之前都要经过验证。网络运营商的控制受到严格限制
交易验证	交易验证规则由协议定义，所有节点根据这些规则验证它们收到的每笔交易（包括从矿工那里接收到的区块）	节点在接受交易之前验证交易	节点在接受交易之前验证交易

⊖ 请参阅第 8 章中的侧栏“当非技术涉众想要引入新技术的时候”。

（续）

组件	公共 / 无许可区块链	私有 / 许可区块链	私有分布式分类账
交易确认	确认交易的决定通过共识完成。也就是说，网络中的大多数计算机必须同意交易得到确认（概率确认）	确认交易的决定由一组授权方做出	DLT 在不涉及整个链的情况下确认交易，通常由公证节点（例如 Corda）或背书人（例如 Hyperledger Fabric）确认。 在 Corda 中，公证节点决定确认哪些交易
加密货币	原生就有	没有	没有
安全性	易受 51% 攻击①以及传统攻击（例如，泄露私钥将允许冒充）	易受 51% 攻击以及传统攻击	节点（尤其是公证节点）可能易受传统攻击

① 51% 攻击是一群矿工对区块链发起的攻击，他们控制着网络 50% 以上的计算能力。

术 语 表

2FA——请参阅 two-factor authentication。

ACID transaction（ACID 事务）——资源管理器（通常是数据库）中的事务，保证从一个状态到另一个状态的转换是原子的（Atomic）、一致的（Consistent）、隔离的（Isolated）和持久的（Durable），首字母合起来就是“ACID”。

architectural runway（架构跑道）——在 SAFE 方法中，通过在程序中实现架构特性，企业逐步构建架构跑道。敏捷团队不是采用大型的前期架构，而是开发技术平台来支持每个版本的业务需求。

architecturally significant（有重要的架构意义的）——架构上重要的需求（ASR）是对架构产生深远影响的需求，也就是说，如果没有这样的需求，架构很可能会大不相同[⊖]。

ATAM——架构权衡分析方法（ATAM）是一种在软件开发生命周期的早期使用的风险缓解过程。ATAM 由卡内基 – 梅隆大学软件工程研究所开发。它的目的是通过权衡利弊和发现风险敏感点来为软件系统选择合适的架构。

ATAM utility tree（ATAM 效用树）——在 ATAM 中，效用树用来记录和组织质量属性需求。它们用来确定需求的优先级并根据其质量属性需求评估架构的适用性。

attack vector（攻击向量）——一种手段，通过这种手段，对手可以在合适的技能、条件和技术下，未经授权访问计算机系统 .

Attribute-Based Access Control（ABAC，基于属性的访问控制）——一种安全机制，通过附加到资源的属性和一组定义属性组合的规则来控制对安全资源的访问，这些属性组合标识特定安全主体、角色或组可访问的（动态）资源集。

availability zone（可用区）——公共云的共同特征是在云平台的不同部分之间提供一定程度的分离和弹性。云运营商保证，作为平台设计和运营的结果，多个可用区基本不可能同时出现故障。这为云客户提供了将工作负载从失败的可用区转移到幸存的可用区的可能性，从而在云平台出现问题的情况下提高其系统的弹性。

botnet（僵尸网络）——一种软件机器人（bot）网络，可被安排协同行动以执行预定的任务。该术语通常与大型机器人网络有关，这些机器人被程序控制以执行攻击安全性的行动，如拒绝服务攻击。

business benchmarking（业务基准）——确定一个领域内多个机构的共同业务趋势。这是多租户技术平台的常见做法。例如，对于我们的 TFX 案例研究，业务基准可以是亚洲小型公司与欧洲公

⊖ Len Bass, Paul Clements, and Rick Kazman, *Software Architecture in Practice*, 3rd ed. (Addison-Wesley, 2012), 291

司的平均交付率。

cloud infrastructure（云基础设施）——云计算是指将计算机服务（例如计算或数据存储）转移到可通过互联网获得的多个冗余的非本地机房的操作，这允许使用支持互联网的设备操作应用程序软件。云可以分为公有云、私有云和混合云。

clustering（集群化）——一种硬件和软件技术，通过让一组硬件或软件实体以某种方式协作，其中一个实体发生故障时，一个或多个其他幸存实体接管工作，从而最大限度地提高系统可用性。变体可以包括并列的集群和成员在地理上分离的集群。将工作从失败的实体转移到幸存实体的过程称为*故障转移*。将工作移回已恢复实体的过程称为*故障恢复*。集群化通常是高可用性计算的重要机制。

connector（连接器）——在本书场景中，*架构连接器*是用于连接两个架构组件的架构元素，例如远程过程调用、消息通道、文件、事件总线或任何其他通信通道，以便在架构组件之间传输数据或信号。

container（容器）——在本书场景中，*软件容器*是一组打包和运行时约定，为特定的软件包和依赖项提供高效的操作系统虚拟化和运行时隔离。

Continuous Delivery（CD，持续交付）——持续交付是一种软件工程方法，团队在短周期内不断生产有价值的软件，并确保软件可以在任何时候可靠发布。它在软件开发中用于自动化和改进软件交付过程。自动化测试和持续集成等技术使软件能够按照高标准开发，并易于打包和部署到测试环境中，从而能够快速、可靠、重复地向客户推出增强功能并修复错误，风险低且人工开销最小。

Continuous Integration（CI，持续集成）——持续集成是软件工程中的一种实践，每天将所有开发人员的工作副本与共享主线合并几次。它最早由 Grady Booch 在其 1991 年的 Booch 方法中命名并提出，尽管当时的实践还不支持完全自动化，也不支持每天多次集成的性能。它被作为极限编程（XP）的一部分采用，XP 提倡每天集成一次以上，甚至可能每天集成数十次。CI 的主要目的是防止集成问题。

continuous testing（持续测试）——持续测试使用自动化的方法，通过采用所谓的左移方法（shift-left approach）显著提高测试速度，该方法集成了质量保证和开发流程。此方法包括一组自动化测试工作流，可与分析和指标相结合，以提供清晰、基于事实的软件质量全景。

cryptography（密码学）——一种安全机制，可保护信息隐私并启用其他安全机制，如信息完整性和不可否认性。两个基本操作是加密和解密。加密是一种操作，通过加密算法将源数据（明文）与密钥组合成一种形式（密文），在没有密钥的情况下，无法在合理的时间内恢复源数据。解密是加密的逆过程，通过加密算法的逆向算法，将密文与密钥相结合，恢复出明文。密码学的两个主要变体是*私钥密码学*和*公钥/私钥*（或仅公钥）密码学。这两种变体也称为*对称密钥*和*非对称密钥*密码学。密钥密码学是刚刚描述的过程，使用加密和解密参与者之间共享的单个密钥。密钥密码学的缺点是很难在参与者之间安全地传递密钥。公钥密码学是一种更复杂但应用广泛的变体，它解决了共享密钥的问题。公钥密码学中的每个主体使用两个数学上相关的密钥——一个公钥和一个私钥。公钥的加密和解密算法允许使用公钥加密明文，并使用私钥解密。因此，公钥密码学解决了共享密钥的问题，但不幸的是，它的代价是比密钥密码学慢几个数量级。因此，大多数实用协议，如传输层安全（TLS），都使用这两种协议；公钥密码学用于交换密钥，然后密钥用于加密需要保密的有效负载数据。

cryptographing hashing（加密散列）——一种允许检测数据更改的安全机制。加密散列算法将任意大小的数据与某种形式的密钥相结合，映射到一个大数值（位数组，称为散列），并且无法反转。这允许对大数据项进行散列处理，然后在稍后对数据进行重新散列处理并与散列值进行比较，以检查数据是否已更改。

database replication（数据库复制）——一种自动机制，用于将一个数据库（主数据库）中的全部或部分数据连续复制到另一个数据库（副本），且最小化主从延迟。通常，复制是一种异步操作（出于性能原因），因此，在主节点发生故障的情况下，它和副本之间通常会丢失一些数据。

DBCC（DataBase Console Command，数据库控制台命令）——数据库控制台命令的缩写，是随Microsoft SQL Server数据库提供的应用程序，其中包括数据库一致性检查命令DBCC CHECKDB。

denial of service（拒绝服务）——一种安全攻击形式，攻击者的目的是通过破坏系统的可用性来阻止系统的正常运行，而不是通过破坏隐私、完整性或其他安全属性。拒绝服务攻击通常以网络攻击的形式出现，网络攻击试图通过大量请求使系统过载。

DevOps（开发运维一体化）——DevOps是一种应用程序交付理念，强调软件开发人员与其IT同行在操作中的沟通、协作和集成。DevOps是对软件开发和IT运维的相互依赖性的结局方案。它旨在帮助组织快速生产软件产品和服务。

DevSecOps（开发安全运维一体化）——DevSecOps是DevOps方法的扩展，它将安全性与开发和运维集成到流程中。

Disaster Recovery（DR，灾难恢复）——一套策略、工具和程序，用于在自然灾害或人为灾难后恢复或延续重要的技术基础设施和系统。

Domain-Driven Design（DDD，领域驱动设计）——Eric Evans首创的一种软件设计方法，强调软件代码的结构和语言应与业务领域紧密匹配。这允许业务人员和软件开发人员在讨论要解决的问题时使用一种共享的、明确的语言（所谓的通用语言）。

event（事件）——特定系统或领域内的事件，代表已经发生的事情。事件一词也用于在计算机系统中表示此类事件的编程实体。

feature（特征）——一种满足用户或客户某种需求的软件特点。其内涵是一组相对紧密关联的单个软件需求，包括了功能性需求和非功能性需求。

financial instrument（金融工具）——金融工具是可以交易的资产，也可以被视为可以交易的一揽子资产。大多数类型的金融工具为全球投资者提供有效的资本流动和转移[⊖]。

high availability（高可用性）——使用应用软件之外的技术来减少故障的影响并最大限度地提高系统可用性，例如硬件和软件集群、数据复制以及故障转移和故障恢复机制。（与resilience形成对比）

incident management（事故管理）——响应、识别和管理计划外的服务中断或服务质量属性的降低，从而恢复全部服务的过程。

Information Technology（IT）organization（IT部门）——企业内负责创建、监控和维护信息技术系统、应用程序和服务的部门。

Information Technology Infrastructure Library（ITIL，信息技术基础设施库）——一个服务管理框架，为IT服务管理（IT Service Management，ITSM）提供一套详细的操作流程，重点是使IT服务与

⊖ https://www.investopedia.com/terms/f/financialinstrument.asp

业务需求保持一致。它描述了独立于组织和技术之外的流程和过程，以指导组织在IT服务交付方面的战略、服务设计和基本能力。

injection attack（注入攻击）——对软件的一种安全攻击，通过在参数中传递异常值，导致软件以不安全的方式出现故障。最著名的注入攻击形式是**SQL注入攻击**，但几乎所有软件中的解释器都容易出现此问题，从而导致潜在的数据库注入攻击、配置注入攻击、JavaScript注入攻击等。

Kubernetes——一个基于谷歌Borg平台设计的中间件，为软件容器的执行、编排和管理提供运行时环境。Kubernetes也称为K8S。

master（of data）（主数据）——如果某个特定组件掌握了数据，则意味着只有该组件才允许管理此数据的值，并且它为该数据提供了权威来源。任何其他需要该数据值的组件都可以从主数据请求数据，并出于性能原因对其进行缓存。其他组件也可以请求主组件去更新数据；但是，主数据负责应用相关领域要求的相关业务规则。应用这种模式可以确保数据始终以一致的方式在一个系统（或多个系统）中表示。

metadata（元数据）——关于数据的数据。元数据表示提供有关其他数据的信息的数据，其中其他数据通常是表示域的数据。元数据的示例包括系统相关信息（如上次更新数据的时间和更新者）、安全相关信息（例如安全分类），以及数据来源信息（例如源系统和其他关联系统的详细信息）。

microservice（微服务）——在计算机领域中，微服务是一种软件架构风格，其中复杂的应用程序由使用与语言无关的API相互通信的小型独立进程组成。这些服务很小，高度解耦，并且专注于完成单个任务。

Minimum Viable Product（MVP，最小可行性产品）——在产品开发中，最小可行性产品是指投资回报与风险相比最高的产品。一个最小可行性产品只有支持部署该产品的核心特性，仅此而已。该产品通常部署到一小部分的可能客户，例如早期使用者，他们通常更宽容，更可能提供反馈，并且能够从早期原型或营销信息中把握产品愿景。这是一种战略，旨在避免构建客户不想要的产品，并寻求最大限度地提高单位成本所了解到的客户信息。

phishing attacks（钓鱼攻击）——一种欺诈性的安全攻击，通过在电子通信中将恶意攻击实体伪装成可信实体来获取敏感信息或数据，如用户名和密码。网络钓鱼的一种常见形式是，看似来自受信任实体（如雇主、支付提供商、银行或主要软件供应商）的电子邮件，试图说服受害者点击电子邮件中的链接，然后通过网络表单提供敏感数据，该表单被模拟成是由受信任实体创建的。

public key cryptography（公钥密码学）——一种**密码学**形式，使用一对数学上相关的密钥，一个必须保密，另一个称为公钥，可以自由分发。使用公钥执行加密，使用私钥进行解密。

quality attribute（质量属性）——系统的可测量或可测试属性，用于衡量系统是否符合其涉众的需求。

race condition（竞态条件）——系统的行为取决于事件的顺序或时间。它可以有多种解释，但对于数据处理，一个标准示例是一个组件正在使用的数据处理实体被另一个组件更新了。结果，由于第二个组件的写操作丢失，数据处理操作以不正确的数据结束。

ransomware（勒索软件）——一种感染计算机的恶意软件，威胁受害者向攻击者支付赎金，否则就公开受害者的数据或永久阻止受害者访问数据。一种常见的勒索软件会加密在机器上找到的文件甚至所有的存储设备。

resilience（弹性）——一种接受可能发生的故障，并将软件系统设计为以可预测的方式运行，从而减少意外故障的影响，来最大化系统可用性的方法。（与**high availability**形成对比。）

Role-Based Access Control（RBAC，基于角色的访问控制）——一种安全机制，允许使用分配给安全主体的角色控制对安全资源（如文件、操作、数据项）的访问。访问控制授权被分配给角色，安全主体被分配一个或多个角色来授予它们相关的授权。

RUP（统一软件开发过程）——统一软件开发过程（The Rational Unified Process，RUP）是由Rational软件公司创建的一个迭代式软件开发过程框架，Rational软件公司自2003年起隶属于IBM。RUP不是一个单一而具体的过程规定，而是一个可适应众多场景的过程框架，旨在由开发组织和软件项目团队进行定制，以选择适合其需求的过程元素。

Scaled Agile Framework（SAFe，规模化敏捷框架）——一个企业级的大规模敏捷框架，它基于精益和敏捷的最佳实践，还包括了价值流、投资组合、项目集等层级的敏捷管理方法和架构，详情可参考www.scaledagileframework.com。

schema（模式）——系统中数据结构的描述，包括字段和数据类型。通常用于数据库，希望存储在其中的数据符合定义的模式。

schema on read versus schema on write（读模式与写模式）——数据集成的架构模式，其中写模式意味着输入存储介质的所有数据在存储前都符合模式。读模式假定数据可以在没有这种限制的情况下存储。在这种情况下，数据必须转换为访问它的组件所需的格式。

secret key cryptography（私钥密码学）——使用单个密钥进行加密和解密的一种密码学形式。

Service Delivery Management（SDM，服务交付管理）——为了设计、计划、交付、运营和控制某个组织面向内部或外部客户提供的信息技术服务，而执行的一组标准化活动。

Single Sign-On（SSO，单点登录）——一种安全机制，其中安全主体（例如，最终用户或网络服务）可以对自身进行一次身份验证，然后使用某种形式的安全令牌向一系列网络服务证明其身份，从而避免重复的身份验证步骤。

software supply chain（软件供应链）——系统中所有第三方软件的来源集合。今天，该术语通常指系统中包含的大量开源软件（以及它所需的所有第三方依赖项）。

SQL injection attack（SQL注入攻击）——使用参数（通常在Web请求中）的安全注入攻击，该参数将用于构造在系统数据库中执行的SQL语句。通过精心设计，一个不小心被用于构造SQL语句的参数值，通常可以用来完全改变SQL语句的含义，并显示比预期更多的信息，甚至可以更新数据库。

state machine（状态机）——软件组件的数学抽象，通过在任何时间点都处于特定状态，并根据状态机的定义，在允许的状态之间进行转换。转换通常与基于软件组件状态的条件相关联，该条件定义是否可以完成转换以更改状态。在UML2建模语言中称为状态图。

system of engagement（参与系统）——通过提供定制化和流畅的交互，促进客户与企业联系的信息技术系统。

system of record（记录系统）——负责为企业内的数据元素或信息提供权威来源的信息技术系统。

technical debt（技术债务）——①与系统相关的一整套技术债务项；②在软件密集型系统中，一种设计或实现结构，在短期内是权宜之计，但它建立了一种技术环境，使未来的更改变得更昂贵或不可能。技术债务是一种不确定的负债，其影响仅限于内部系统质量，主要是可维护性和可演化性，并不止于此[⊖]。

⊖ Philippe Kruchten, Robert Nord, and Ipek Ozkaya, *Managing Technical Debt* (Software Engineering Institute/Carnegie Mellon, 2019)

technical feature（技术特性）——一种功能，它不直接提供业务价值，但解决系统当前或未来的一些技术问题。

two-Factor Authentication（2FA，双因素身份验证）——一种安全身份验证机制，它使用两种不同的因素来识别用户，通常是用户知道的东西和用户拥有的东西。双因素身份验证的一种常见形式是使用密码（用户知道）和验证器应用程序（用户拥有）生成的数值。

use case（用例）——一种基于系统用户（称为参与者）来识别系统功能需求的方法。用例定义了一组需要在系统上执行的功能，以便为一个（并且只有一个）参与者提供业务价值。

user story（用户故事）——敏捷软件开发中使用的一种工具，用于从最终用户的角度捕获软件特性的描述。用户故事描述了用户的类型、用户想要什么以及为什么需要。用户故事有助于创建需求的简单化描述。